海上油气井井筒弃置与管理

李　军　杨宏伟　李军伟　刘军波　马德新　编著

石油工业出版社

内容提要

本书分析了国内外海上井筒弃置技术的发展现状；详细介绍了国内外典型井井筒弃置流程，井筒弃置相关法律法规、标准、指南；重点介绍了弃置井井筒完整性评估和检测技术、井筒切割打捞技术和井筒弃置封固技术。

本书可供从事海上油气井工程的科研人员、技术人员和管理人员参考使用。

图书在版编目（CIP）数据

海上油气井井筒弃置与管理／李军等编著.—北京：石油工业出版社，2020.9

ISBN 978-7-5183-4168-9

Ⅰ.①海… Ⅱ.①李… Ⅲ.①海上油气田–油气井–井筒–研究 Ⅳ.①TE2

中国版本图书馆 CIP 数据核字（2020）第 152160 号

出版发行：石油工业出版社

（北京安定门外安华里 2 区 1 号　100011）

网　址：www.petropub.com

编辑部：(010)64523583　　图书营销中心：(010)64523633

经　销：全国新华书店

印　刷：北京中石油彩色印刷有限责任公司

2020 年 9 月第 1 版　2020 年 9 月第 1 次印刷

787×1092 毫米　开本：1/16　印张：12.5

字数：290 千字

定价：70.00 元

（如出现印装质量问题，我社图书营销中心负责调换）

PREFACE 前言

一个完整的油气田开发周期，通常要经历勘探、钻完井、开发、弃置4个阶段。我国海洋石油工业起步于20世纪70年代，在渤海、黄海、东海、南海4个海域开发建设了大量海上采油平台。一般海上油气井生产设施的设计寿命为30～50年，目前有超过3500口油气井进入生产中后期。受经济效益和环保风险的影响，海上油气井弃置作业的数量逐年增加。

弃置是油气井运行周期的最后环节，是确保油气井停产后海洋生态环境安全至关重要的步骤。如弃置方案不完善，有可能导致油气泄漏，对海洋环境产生严重影响。永久性弃置作业主要遵循两大基本原则：一是井筒内外无地层流体上窜的通道，确保地层流体没有上窜至海底泥线、污染海洋环境的风险；二是封隔渗透性地层和油气层，保证不同压力层系间的地层流体互不窜通。相对于陆上油气井的弃置作业，海上油气井面临的问题则复杂得多，弃置过程面临诸多问题和挑战：（1）国内海上油气井永久性弃置经验少、配套技术体系及装备相对不成熟；（2）国内海上油气井完整性管理起步晚，体系不完善，导致部分井况复杂多样；（3）所处海洋环境环保及作业要求高；（4）多套油气层有效封堵、多环空通道有效封堵的技术难度大；（5）泥线以下多层带水泥环套管的高效切割回收。因此，需要针对我国海上高风险油气井开展弃置关键技术研究，保障海上油气井安全、高效、低成本永久性弃置。

本书通过调研中国、英国北海和美国墨西哥湾的典型油气井井筒弃置流程、环保要求法律法规、标准和指南，对比分析了三大地区在水污染防治、有害气体防治和废弃物防治3个方面的差异，并在此基础上初步形成适合于我国的海上井筒弃置技术方案，旨在为实现海上油气井安全高效弃置提供技术支撑。全书共6章，包括海上平台弃置概况、井筒弃置关键问题及技术难点；国内外井筒弃置作业流程；国内外井筒弃置相关法律法规、标准、指南；弃置井井筒完整性评估和检测技术；井筒切割打捞技术；井筒弃置封固技术。本书注重实用性，在法律法规、作业流程、计算分析等方面，力求详细完整。

在本书成稿过程中，得到了中海油田服务股份有限公司钻井事业部的大力支持。李军教授的研究生宋学锋、连威、蒋记伟、赵超杰、王江帅、黄涛等参与了资料的收集整理和大量文字编写工作。同时，在编写过程中参考了前人的部分研究成果，在此一并表示感谢！

由于作者水平有限，书中难免存在不足之处，恳请读者批评指正。

2020年9月1日

CONTENTS 目录

1 海上平台弃置概况、井筒弃置关键问题及技术难点

随着海上油气的不断开发，越来越多的海上油气田面临退役。根据国际海事组织《大陆架和专署经济区海上设施和构造物拆除准则和标准》的规定，海上油气田停产后其设施必须进行弃置。国内外海上油气田都对井筒弃置提出了作业需求。海上油气井由于其特殊的开发环境，对安全、环保和效率等要求极高，因此，有必要针对井筒弃置过程中的法律法规、操作流程进行梳理，并在此基础上初步形成海上井筒弃置技术方案，为实现海上油气井安全高效弃置提供技术支撑。

1.1 国内外海上平台弃置概况

20 世纪 60 年代至 21 世纪初，随着海洋石油工业的发展，全球共建设了超过 7270 座海洋石油生产平台，分布在 53 个国家和地区。其中，墨西哥湾有 4000 余座，亚洲约 1000 座，中东 700 余座，北海和大西洋东北部有 1000 余座，如图 1.1 所示。

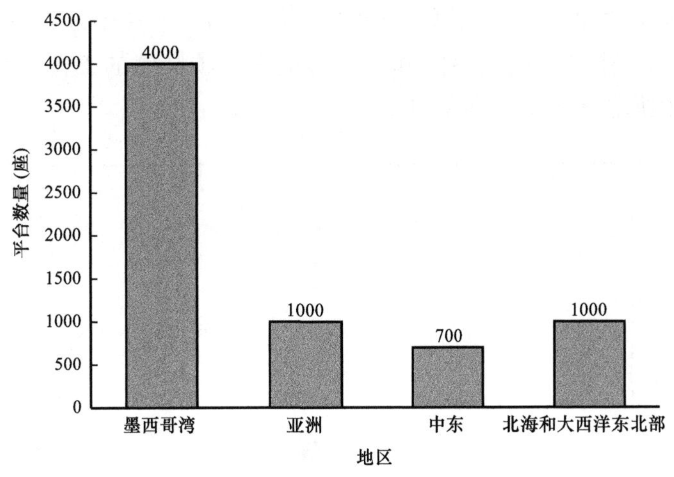

图 1.1　21 世纪初世界各地区服役海洋平台数量统计

1.1.1 中国海上平台弃置

早在 20 世纪 80 年代，中国就在部分海域试验性地投放了一些人工鱼礁。进入 21 世纪人工鱼礁建设得到了更快的推进，进行了一些有关人工鱼礁的集鱼机理、礁体设计、礁体稳定性等研究，取得了一定的研究成果。但在废弃石油平台造礁改造方面的研究和实践

远落后于欧美等国，相关技术研究和储备无法满足未来退役的海上石油平台弃置规范化作业要求。

从20世纪90年代末开始，国内着手海上平台弃置的研究和一些法规的制定。由于海上平台结构物和油井弃置的工程量较少，海上结构物弃置技术的发展处于探索阶段。国内海洋平台设施弃置主要遵循的一般原则是：在遵守国际公约、满足国家相关法规的前提下，尽量减轻相关企业的经济负担。具体做法是：（1）平台上部结构全部拆除。（2）平台下部结构在领海以内海域拆至泥面4m以下。专属经济区和大陆架水深小于100m，重量小于4000t，拆至泥面；水深大于100m，重量大于4000t，拆至水面以下55m。（3）系泊系统。在领海以内海域拆至泥面4m以下；领海以外海域，水深小于60m，拆至泥面；水深大于60m，锚链、锚缆、锚基可以留置海底。（4）水下生产系统。在领海以内海域拆至泥面以下4m；领海以外海域，水深小于100m，拆至泥面；水深大于100m，清洗后留置海底。（5）海底管道。清洗、封堵，在不影响海洋功能规划和主导功能使用的留置原地，影响主导功能使用的应拆除。（6）海底电缆。在不影响海洋功能规划和主导功能使用的留置原地，影响主导功能使用的应拆除。实现上述做法的技术关键在于专用机具和人员操作水平。目前，由于专用机具投入资金大且使用数量有限，虽有少数公司在积极研制，但不能形成系列，施工队伍还不能完全适应海上水下施工技术的要求，弃置技能、经验和施工时效还有待进一步提高和完善。

中国海洋石油集团有限公司经过多年的发展，投产或正建待投的油田已达50余个，桩基固定式平台有近200座。一般海洋油气生产设施的设计寿命为20～50年，因此海上油气田生产结束后，生产设施的拆除和弃置会成为一项必然的工作。据相关部门预测，2018—2034年中国海上弃置井数量统计如图1.2所示。

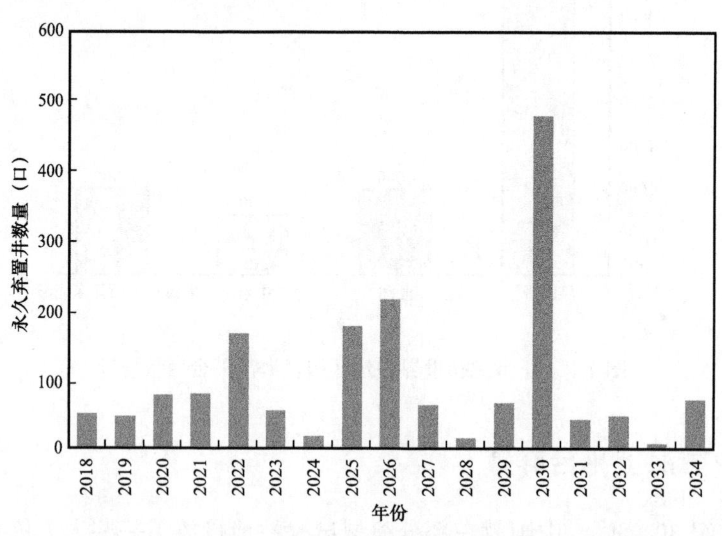

图1.2　2018—2034年中国海上弃置井预测数量统计结果

1.1.2 美国墨西哥湾海上平台弃置

根据相关资料，在进行石油开发的海域中，墨西哥湾的海洋平台拆除数量最多。从1990年到2006年，墨西哥湾一共新建了2251座平台，拆除了2188座，如图1.3所示。2006年以后，每年的平台拆除数量均保持在100座以上。全球每年拆除的废弃平台数与新建的平台数相差无几，甚至超过了新建平台，这些被拆除的平台大多数处于小于120m水深的区域。

从平台拆解市场来看，墨西哥湾拆解市场已经建立了完备、规范的供应链，2009年至2013年，墨西哥湾拆解市场规模年均达到15亿美元，在5年间共达到90亿美元；2014年，墨西哥湾拆解市场规模为15亿美元；2015年，墨西哥湾拆解市场的浅水和深水规模分别为180亿美元、80亿美元，共计260亿美元。

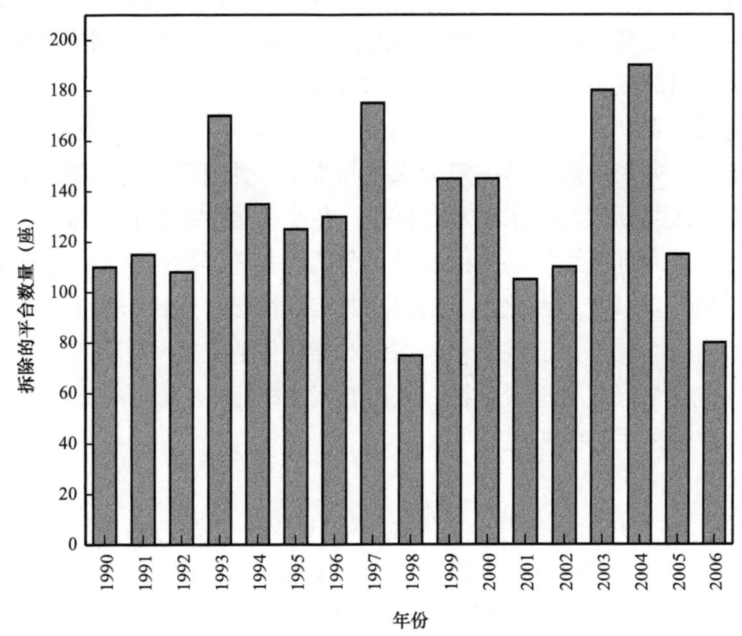

图1.3 墨西哥湾1990—2006年平台拆除统计结果

1.1.3 英国北海海上平台弃置

北海地区平台拆解市场是仅次于墨西哥湾的成熟市场。不过，截至目前，拆解工作量仅占整个安装工作量的7%。据估计，未来15年，年均有15～25座平台需要进行拆解；而且到2045年之前，仅英国就有478座平台需要进行拆解。每个油井拆解费用约为270万英镑，因此在未来30年，英国的拆解市场规模约为350亿英镑。

1.2 海上井筒弃置关键问题及技术难点

1.2.1 关键问题

弃置作业的主要工作是在井内适当层段注水泥塞以限制地下流体向上运移并保护淡水层。为达到上述目的，要求所有关键性层段之间是隔离开的。弃置作业的最终结果是在井筒中形成稳固的井筒密封屏障。为此，必须考虑屏障材料（封堵材料）、屏障位置、屏障数量、屏障长度等因素的影响。

（1）井筒封固位置。

为了防止油气从储层窜流到未开发层、非储层和淡水层，应对海洋油井井筒进行封堵。需封堵的位置一般包括裸眼段层间、射孔段层间、顶部油气层、尾管悬挂器和分级箍处、套管割口处和表层套管鞋处。根据实际的井筒环境，可选择不同的井筒位置组合进行封堵，达到井筒密封的效果。

（2）井筒封固材料。

在弃置作业中，井筒屏障材料一般为水泥和桥塞。井筒屏障的一般组合为：在裸眼井注水泥塞；在套管被割断位置打水泥塞或桥塞；在注采层位的射孔井段以上打水泥塞或桥塞；在最深淡水层的底部打水泥塞或桥塞等。合适的井筒屏障材料将阻止流体通过套管或阻止套管和井眼的环空窜通。因此，要根据井的实际情况，选择合适的水泥型号，从而保证水泥塞的有效封固。此外，近些年来，国内外弃置作业工程师还开发了一系列新的井筒弃置封固材料，包括粉煤灰、地聚合物、人造岩浆和树脂等，这些新型封固材料为海上井筒的安全高效弃置带来了新的机遇。

（3）井筒封固长度。

国内外现有的海上井筒弃置作业规范对不同封固位置处的水泥塞长度做了细致的要求，但差异较大。例如，国内井筒弃置作业标准要求：在渗流层、射孔段、套管鞋、尾管鞋、分级箍、裸眼段层间、射孔段层间等位置建立的永久屏障长度至少为 60m；对裸眼段层间、射孔段层间的屏障应该在该层位置上下各 30m；对储层来说，应建立长度不小于 100m 的永久屏障，上下至少 50m。而英国北海井筒弃置作业标准则要求：对于单一屏障而言，封隔塞长度为 500ft（152.4m），并且要求主要封隔塞在潜在渗流层最高点之上应至少有 100ft（30.48m）封固良好的水泥；对于组合式屏障而言，要打 800ft（243.84m）长的水泥塞，并且包含一段至少 200ft（60.96m）的优质水泥塞，同时，要求管内水泥塞与环空水泥段要有累计 200ft（60.96m）的重叠段，且重叠段管内外的水泥都要有较好的胶结质量。

1.2.2 技术难点

首先，由于海上油气井服役时间过长，其结构已不再具备完整性，因此海上井筒原生缺陷是弃置作业面临的一大难点。其次，井筒弃置后，由于邻井生产方式的变化，会导致弃置井筒附近的地层环境出现剧烈变化，从而会威胁井筒弃置后的密封完整性。再者，国内外对于海上井筒弃置作业都设有严格的法律红线，这也对海上井筒弃置作业提出了更加严苛的要求。具体如下：

（1）井内管柱服役状态复杂。

通常，海上油气井采出液中含有大量 CO_2、H_2S 等酸性气体。在油气井生产多年以后，井内生产管柱腐蚀严重，难以回收。但现有的海上井筒弃置作业标准规定，井筒弃置作业时需取出井内生产管柱，并在关键层位打水泥塞或机械塞对井筒进行封隔，这对井筒弃置封固技术造成了巨大的挑战。地层内的酸性流体流至井筒，不仅严重腐蚀生产管柱，而且严重威胁到生产套管的完整性；同时，由于生产过程中存在循环载荷，管柱还会面临疲劳失效的风险；此外，长期生产作业中，由于存在地层出砂和其他井下复杂工况，井内管柱还会出现砂卡、硬卡等问题。在井筒弃置作业时，若生产套管严重失效，则不能直接取出，需要对其进行段铣，再注入水泥塞封堵，这在一定程度上增加了井筒弃置作业的风险和成本。

（2）老井环空带压现象突出。

海上油气井在生产后期往往面临环空带压的问题。据美国联邦矿业总局（Minererals Management Services，MMS）统计，在墨西哥湾外大陆架有 6692 口井产生了环空带压问题，约占该地区总井数的 43%。老井产生环空带压的主要原因包括：海洋油气井建井过程中，井壁存在滤饼、固井水泥浆与钻井液混合等导致水泥环自身存在缺陷；生产过程中井筒温度、压力剧烈变化导致水泥环界面剥离，产生微环隙。这些因素所导致的环空带压问题，会增加井筒弃置作业的风险，并可能会降低弃置井水泥塞的封固质量，为其弃置后的井筒完整性埋下安全隐患。

（3）井筒弃置后井筒压力高。

海上油气井大多是高产井，一般采取压力衰竭式的方式开采。当油层压力下降到一定程度时，地层流体已经很难通过自身压力来克服渗流阻力和井筒内的流动压耗，从而导致油气井低产甚至停产。此时，基于油田综合开发效益的考虑，井筒会被临时弃置或永久弃置。海上油田在停止这种衰竭式开采之后，地层压力又会出现一定程度的恢复。因此，在海上井筒弃置后，水泥塞或桥塞需要承受井筒内部的高压。

（4）井筒弃置后地层环境易变化。

地层环境变化主要表现为地层孔隙压力、温度、地应力等参数的改变。在一口井弃置后，其周围的井筒可能还在继续进行开采、注水或注蒸汽。此时，若邻井继续开采，则可能导致弃置井附近地层孔隙压力和井筒内部压力降低；若邻井注水，则可能会导致弃置井附近地层孔隙压力和井筒内部压力升高；若邻井注蒸汽，则可能会导致已弃置井筒周围温度升高。由于邻井工况变化所导致的弃置井筒周围地层环境变化会致使弃置后的井筒屏障应力状态发生变化，严重时则会破坏弃置井筒屏障的密封完整性。

（5）井筒弃置后的完整性问题突出。

陆地的环境较为简单，井筒弃置后往往可以通过设置在井筒内或地表的监测装置监测井内流体状态。当发生流体泄漏问题后，可及时采取措施对井筒进行密封加固，并制定下一步预案。针对海上弃置井水下井口设施，当前国际通用做法是“弃置作业后，拆除水下井口”，即海上弃置井没有水下井口，无法对弃置井内部的流体环境进行有效监测。若井内流体穿过封隔屏障流至海里，也无法对已弃置的井筒进行修复，进而造成严重的海洋环境污染。

2 国内外海上井筒弃置作业流程

本章通过对中国、英国北海、墨西哥湾地区典型井井筒弃置作业的分析、总结，归纳了其井筒弃置作业的工艺流程，分析了问题井的解决方案，为海上井筒弃置作业提供参考。

2.1 国内海上井筒弃置作业流程

井筒弃置作业需要遵循一定的技术规范及作业流程。中国对海上井筒弃置作业制定了相应规范和条例（表 2.1）。

表 2.1 国内井筒弃置作业相关规范和条例

序号	标准号	规范和条例	版本
1	SY/T 6845—2011	海洋弃井作业规范	
2	Q/HS 2025—2010	海洋石油弃井规范	
3		海洋石油安全管理细则（25 号令）	2015 年修正版
4	SY 6983—2014	海上石油生产设施弃置安全规程	1
5	SY/T 6646—2017	废弃井及长停井处置指南	

2.1.1 一般海上井筒弃置作业流程

海上井筒弃置作业需要遵循一定的技术规范及作业流程。本节结合 JZ20-2-S5 井的井筒弃置情况，详细阐述国内海上井筒的一般弃置作业流程，如图 2.1 所示。

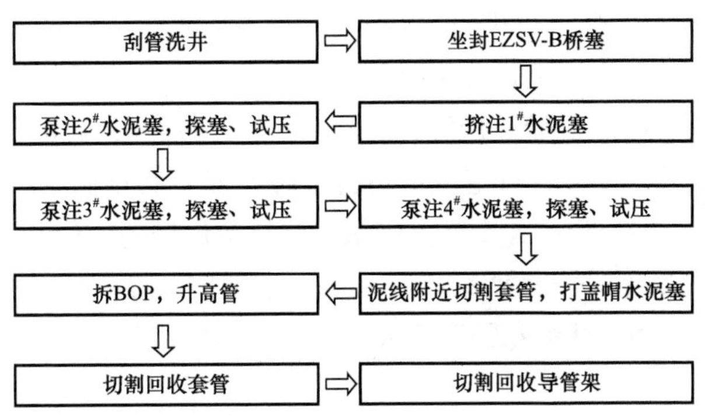

图 2.1 国内一般海上井筒弃置作业流程

（1）作业前准备。

在正式实施井筒封堵作业前，需要做好以下准备工作：

① 提交油田弃置方案，并等待审核；

② 制订详细的项目管理 / 工程设计和进度计划；

③ 完成许可办理和合法性审查；

④ 停止生产。

（2）压井作业。

为了防止地层流体进入井筒并通过套管通道运移，需要把井底流体压回油层并对其进行封堵，从而保证后续弃置作业安全顺利地进行。施工时应综合考虑井眼大小、地层特征和储层压力等影响因素。

① 优先考虑压井液通过进海管平台生产系统处理。提前对多路阀、下海管阀等进行开工确认，若现场条件无法满足进海管压井流程，则采取挤注式压井方案。

② 配制压井液。

③ 连接反循环压井管线，并试压。

④ 司钻以小排量、低泵压开始压井作业，排量控制在平台流程允许范围内。

⑤ 打压，使井底原油流回产层。

（3）拆采油树、安装防喷器组。

① 关闭作业井生产管汇阀，拆除采油树控制管线、压力表并妥善处理，再次确认电缆已断电，并由电泵责任人员拆除潜油电泵井口电缆接头。

② 使用专用钢丝绳连接采油树本体与弃井机大钩，使钢丝绳保持适当拉力。

③ 钻台司钻上提升大钩，平稳缓慢地增加上提负荷直至提松采油树，将采油树本体吊起并在合适位置固定。

④ 安装防喷器组，并进行开关功能试验。

⑤ 清理油管四通密封槽、钢圈，安装升高管。

（4）解封、起原井生产管柱。

① 回接油管挂，在油管上标好上扣到位记号并记录上紧圈数。

② 对防喷器组进行功能试验。

③ 下试压塞至井口位置，关闭万能防喷器，对井口试压后起出。

④ 卸松采油树顶丝，缓慢上提管柱解封封隔器。

⑤ 解封后，静待 15min 等胶筒恢复，缓慢将油管挂提至转盘面观察 15min，检查油井是否压好（若出现井涌、溢流、气泡现象可打开井下安全阀正循环压井）。注意：油管挂起出转盘面之前，禁止转动管柱，观察并记录油管挂定位槽的方位。

⑥ 卸油管挂，对照原井管柱明细表，起出井下管柱。在起管柱过程中若发现气泡或溢流情况，接循环头、用压井液正循环压井一周，确认无油气溢出后，继续起立柱，注意保护井口，防止落物。

⑦ 拆井下安全阀前，安装循环头（关闭状态），回接安全阀液控管线，打开井下安全

阀，缓慢打开循环头，观察有无油气溢出。

⑧ 封隔器起出井筒后，测量油井漏失量并记录。

（5）建立初级屏障。

若套管外无水泥，或经过测井检测确认套管外水泥胶结太差或水泥环遭到破坏，则需要重新挤水泥固井。水泥浆用量需满足能在套管内形成至少 30m 长的水泥塞。挤水泥一般流程如下：

① 井口安装好闸板防喷器和旋转防喷器；

② 挤水泥管柱中接好回压阀或工作筒，保证施工时管柱密封不反吐；

③ 施工压力控制在井控装置允许的压力范围内；

④ 挤水泥、活动管柱必须在井口和管柱密闭的压力下进行；

⑤ 对管柱管脚以上 50m 井段进行挤封；

⑥ 挤水泥程序：试挤→挤水泥浆→正顶替压井液→反顶替压井液→上提管柱至油层以上 30m →控压反洗井→憋压关井候凝。

若套管外有水泥，在测完套管封固质量后，若确认套管封固质量无问题，则进行初级井筒屏障的建立。这个屏障的目的是隔离油层和现有的无屏障井筒，以防止流体由产层流入较浅的渗透层或海底。挤水泥一般流程如下：

① 下入机械封隔塞至设计位置；

② 在机械封隔塞以上注 200m 水泥塞，候凝。

（6）检验水泥塞。

① 探水泥塞面。

探水泥塞面是为了确认水泥塞在井眼的位置和水泥塞的凝固程度。一般采用钻杆、油管或电缆工具等工作管柱探水泥塞。探水泥塞面时，首先，水泥需完全凝固以保证承受工作管柱的机械接触加压；其次，井内流体应处于平衡状态，确保探水泥塞面作业安全进行。

② 压差检验。

压差检验的目的是确认封堵施工的有效性。只要井眼条件允许，能够安全作业，就应进行压差检验。封堵水泥塞凝结后，进行加压试验，通过钻井泵以一定的压力作用到水泥塞上，对井内液面监控一段时间，如果液面没有产生变化，说明水泥塞是合格的。压差检验操作步骤如下：关闭闸板防喷器；对水泥塞试压 20 MPa × 15 min，压力稳定不降。

（7）建立次级屏障。

次级屏障的主要目标是封隔其他易漏层系（具有流动潜力的区域），同时在某些情况下，次级屏障可以作为初级屏障的备用，与初级屏障一起作为一个组合的屏障，从而为储层封固提供额外的屏障。次级屏障建立步骤如下：

① 下机械封隔塞至目标层位，注弃井水泥浆，封固 200m 井段；

② 候凝后，下钻，探水泥塞顶深；

③ 关闭剪切闸板防喷器，固井泵对机械封隔塞试压 20MPa × 15min，压力稳定不降。

（8）建立表层水泥塞。

① 表层水泥塞为悬空水泥塞，目的在于防止海水进入废弃井井眼；

② 建立表层水泥塞屏障前，应确认淡水层已被有效封隔，且井眼内的流体是静止的；

③ 在表层套管鞋附近的内层套管内或环空有良好水泥封固处向上注一个长度不小于200m的水泥塞，候凝、探水泥塞面。

（9）井口处理。

① 拆卸防喷器组。

② 组合探水泥面钻具，下入隔水导管与桩腿环空之间探水泥面，确定水泥面深度。

③ 下入水下摄像头，观察隔水导管在桩腿内的居中情况。

④ 根据水泥面深度和隔水导管在桩腿内的居中情况，确定是否采用磨料切割程序：

若隔水导管与桩腿最小间隙大于27cm，且表层套管外水泥环高于隔水管外水泥环，则采用磨料射流切割上部表层套管、隔水管串；

若隔水管与桩腿最小间隙小于27cm，则采用备用方案，水力切割和磨铣表层套管、隔水管。

⑤ 打完表层水泥塞后卸掉井口，井眼内全部工作管柱从海底以下5m处割掉。

⑥ 管柱被割掉后，如果环空无水泥，则应用水泥浆填满这些空间。

⑦ 注水泥帽，水泥帽长度不应小于50m，且水泥塞顶面位于海底泥面下4～30m之间。

2.1.2 双生产管柱井弃置作业流程

目前渤海地区的双管井都是20世纪80年代中日合作时期设计投产的。双管井完全避免了层间干扰，真正实现了分层开采。但该生产方式如果停止自喷后继续作业难度极高，人工举升措施很难实施，导致油藏利用率和原油采收率较低，投资成本高，经济效益低。双管井管柱结构如图2.2所示。

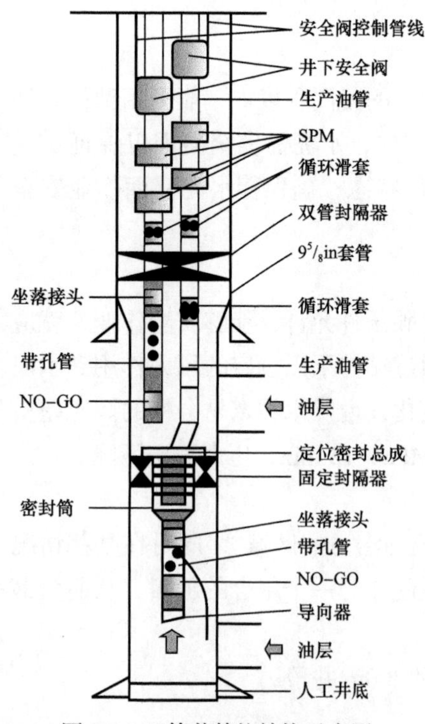

图2.2　双管井管柱结构示意图

双管自喷生产井中除油管和滑套之外，井下任意2个工具的最大外径之和均大于套管内径，并且长管和短管内均有落鱼。同时起原井管柱，需要满足双管封隔器解封或者化学切割双管。当双管封隔器震击多次无法解封，并且长短管井下均有落物时，化学切割工具串最多只能下到管内鱼顶以上，且井下双管工具互相干扰，因此化学切割点的选择至关重要。如果双管不能同步起出，一旦井下任意2个工具遇卡，都会导致无法起出原井管柱。因此，起原井管柱面临如何选择化学切割点以及倒扣打捞的难题。

根据长管和短管偏心工作筒顶深度不同，制定了优先打捞深度浅的偏心工作筒的方案，成功地捞出长管和短管的偏心工作筒及生产管柱。每次打捞出生产管柱后需大排量循环洗压井，并根据返出及漏失情况设计合适密度的压井液。双生产管柱井弃置作业流程如下。

（1）循环洗压井。

大多数双管井都是停产时间比较长的老井，初期都为自喷井，地层能量充足。如果洗压井效果不理想，后期拆装井口等作业都十分危险。

① 作业前先尝试开滑套，达到全井循环压井的目的；

② 若不成功，则需采用打孔技术在双管封隔器上对长管进行打孔；

③ 实现长管、短管、环空全部连通后，关闭环空，实现长、短管相互循环，将长、短管内油气充分排出；

④ 待循环彻底，关闭短管，打开环空，从长管进液环空排液，将套管内的保护液排出；

⑤ 最后，长管进液，环空及短管一起排液，确保洗压井彻底，为顺利拆井口及后续作业提供可靠保障。

（2）井口拆装。

① 拆采油树。

a. 压井成功后，卸掉采油树与四通间的螺栓，试提采油树前要做好充分的防喷措施；

b. 由于采油树均多年未拆，过提吨位较大，提起采油树时注意人员的站位及安全；

c. 用提升油管将采油树提活后，更换钢丝绳进行后续提升作业。

② 回接油管挂。

a. 准备捞矛或者公锥等内捞工具，一旦发现回接油管螺纹与原井油管挂螺纹不匹配，可用捞矛在油管四通处回接油管挂，捞矛接箍上部做好保护工作，避免捞矛接箍受损，用榔头锤击使其进入油管挂内腔（公锥在这种情况下钻压和扭矩均不好施加），长、短管同时上提解封油管挂总成。

b. 如果井下双管封隔器可以解封或者可以用油管回接油管挂，则可以安装井口之后作业，否则须将双管油管挂提出油管四通，之后用双管吊卡坐管柱于四通之上甩掉油管挂，用油管回接井下管柱以确保后续作业的安全顺利实施。

③ 安装井口。

（3）起原井双管生产管柱。

根据双管封隔器的结构特点，长管过提解封。

① 对双管封隔器以下油管进行化学切割；

② 成功后试提长管尝试解封双管封隔器；

③ 如果上提无法解封，则依据井自身的管柱结构在双管封隔器以上对长管和短管进

行化学切割；

④ 起出切割点以上双管管柱之后，再尝试震击长管解封双管封隔器；

⑤ 如果无效则化学切割或者倒扣打捞至双管封隔器顶部。

（4）套铣双管封隔器。

① 在震击解封双管封隔器无法实现的情况下，先倒扣至双管封隔器顶部后，对双管封隔器进行套铣作业；

② 清除井底套铣部位的残存钨钢碎块，若套管内径与铣鞋底部外径间隙较小，用报废的铣鞋改造成反循环冲洗工具，正循环将大的钨钢碎块带出地面；

③ 根据双管封隔器的结构尺寸，选择优质高效的硬质合金套铣鞋，铣齿铺焊需均匀，长城齿和锯形齿交替使用，铣鞋强度高能够适应套铣双管封隔器作业钻压高、转速高、时间长的施工要求。

（5）打捞双管封隔器。

① 双管封隔器套铣作业结束，需要选择合适的工具将其捞出；

② 一般现场采用卡瓦打捞筒，依据铣鞋内径选择相应尺寸的螺旋卡瓦，双管封隔器结构复杂，在卡瓦打捞筒上加 2 个加长筒，考虑到套铣后双管封隔器落鱼不居中，尽量选用直径较大的捞筒，增加强度，将落鱼引入捞筒；

③ 优化打捞双管封隔器的管柱组合：ϕ206.4mm 卡瓦打捞筒（ϕ165.1mm 螺旋卡瓦 + ϕ206.4mm 捞筒 + 长筒 2 根）+ϕ88.9mm 短钻杆 +ϕ120.7mm 震击器 +ϕ120.7mm 钻铤 +ϕ88.9mm 钻杆；

④ 打捞双管封隔器下部管柱。

（6）刮管。

① 下入刮管钻具组合：平底磨鞋 + 刮管器 + 钻铤 + 变扣 + 钻杆；

② 对桥塞坐封位置附近进行来回清刮 3 次，循环洗井至返出干净。

（7）测固井质量。

① 电缆作业设备就位，组装测井仪器串。

② 下放仪器，实时监测接收到的声波波形和第一波峰的探测结果。

③ 通过 CBL 信号大小来确认是否存在自由套管，如存在自由套管可根据自由套管数据对整体的固井质量数据进行刻度。

④ 到达测量段后校正井深，由测量段底部以固定速度上提完成主段测量。

⑤ 下放仪器以相同测速测量重复段。

⑥ 比对重复段以及主测段数据，确保重复性和数据质量。

⑦ 完成测量，上提仪器出井。

⑧ 拆测井工具串、测井设备。根据固井质量测量结果确定是否需要射孔挤水泥、段铣打水泥塞或射孔循环注平衡水泥塞。

（8）钻杆下 EZSV 桥塞或电缆下桥塞，挤注“封源”水泥塞。

① 组合管柱组合：EZSV 桥塞 + 送入工具 + 变扣 + 钻杆。

② 将 EZSV 下至设计深度（距尾管挂位置 15m 处），标记并循环活动，记录循环参数。

③ 停泵正转钻具，送入工具衬套向下移动，打开桥塞的锁紧环，坐封上卡瓦。

④ 上提钻具，坐封下卡瓦。

⑤ 上提送入工具到封隔器以上 1～2m，观察并记录钻柱悬重，关环空对 EZSV 试压。当试压合格后，缓慢泄压，循环洗井准备下步作业。

⑥ 下压管柱插入 EZSV 本体，对地层试挤，记录试挤参数。

⑦ 连接顶驱，倒阀门至固井，挤注“封源”水泥塞。

⑧ 快起钻至水泥面以上 50m 处大排量反循环，冲洗钻杆内水泥浆。

⑨ 起钻。

（9）下光钻杆，打“隔离”水泥塞。

① 下入光钻杆，在上层套管鞋附近或潜在渗流层处采用注替平衡水泥塞；

② 使用固井泵混合泵入“隔离”水泥塞和海水；

③ 起钻至水泥面以上 50m 处大排量反循环 30min，冲洗钻杆内水泥浆；

④ 关井候凝，同时观察地面水泥样品凝固合格，探水泥塞并记录深度；

⑤ 试压合格，起钻。

（10）井口处理。

① 拆卸防喷器组。

② 组合探水泥面钻具，下入隔水导管与桩腿环空之间探水泥面，确定水泥面深度。

③ 下入水下摄像头，观察隔水导管在桩腿内的居中情况。

④ 根据水泥面深度和隔水导管在桩腿内的居中情况，确定是否采用磨料切割程序：

a. 若隔水导管与桩腿最小间隙大于 27cm，且表层套管外水泥环高于隔水管外水泥环，则采用磨料射流切割上部表层套管、隔水管串；

b. 若隔水管与桩腿最小间隙小于 27cm，则采用备用方案，水力切割和磨铣表层套管、隔水管。

⑤ 打完表层水泥塞后卸掉井口，井眼内全部工作管柱从海底以下 5m 处割掉。

⑥ 管柱被割掉后，如果环空无水泥，则应用水泥浆填满这些空间。

⑦ 注水泥帽，水泥帽长度不应小于 50m，且水泥塞顶面位于海底泥面下 4～30m。

2.2 英国北海井筒弃置作业流程

英国北海地区井筒弃置作业相关规范及条例见表 2.2。

北海地区井筒弃置作业流程如图 2.3 所示。

表 2.2　北海井筒弃置作业相关规范及条例

序号	标准号	相关规范及条例	版本
1		《Guidelines for the Abandonment of Wells》(《油气井永久弃井指南》)	4
2		《Guidelines for the Abandonment of Wells》(《油气井永久弃井指南》)	5
3		《Norsok D-010 – Well Integrity in Drilling and Well Operations》(《井生命周期中的井筒完整性》)	3
4	BDE-F-GEN-AA-5880-00015	《Brent Field Decommissioning Programmes》(《布伦特油田弃置方案》)	1

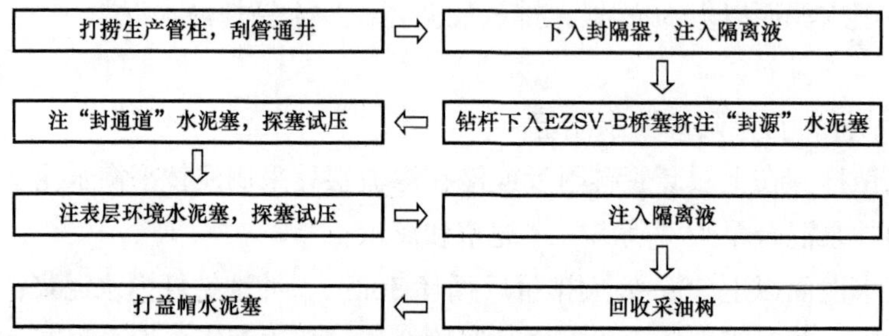

图 2.3　北海地区井筒弃置作业流程

2.2.1　作业前准备

（1）弃置施工方案先交由上级部门进行审核；

（2）进行封堵和弃置作业前办理相应的环保审批手续；

（3）油井封堵和弃置作业的申请应通过环境跟踪系统（PETS），PETS 可以在英国石油门户网站中找到；

（4）在 DECC 网站找到有关油污染应急预案的指导说明，建立油污染应急预案。

2.2.2　压井及刮管通井作业

（1）组合下入 THERT 或光钻杆，下钻至油管挂顶；

（2）IWOCS 对井下安全阀控制管线加压打开井下安全阀；

（3）海水大排量洗井，返至钻井液池；

（4）待返出油污较少后，替入 $10m^3$ 清洗液大排量正—反循环洗井 2～3 周；

（5）海水顶替出清洗液至钻井液池；

（6）将钻井液池所有油污水泵入井；

（7）再次替入 $10m^3$ 清洗液；

（8）海水将清洗液压入地层；

（9）起出水下测试树；

（10）下采油树抗磨补心；

（11）组合刮管通井组合：牙轮或平底磨鞋 + 刮管器 + 配合接头 + 钻杆；

（12）下钻，过 BOP 及变径时控制下放速度；

（13）下钻至桥塞坐封位置上下清刮 4 次，循环清洗一周，观察记录井眼漏失情况；

（14）起出刮管组合。

2.2.3 建立初级屏障

在机械塞以上部位注水泥，形成第一道屏障。主力封隔塞在潜在渗流层最高点之上（至少有 30m）封固良好的水泥。

（1）组合管柱组合：EZSV 桥塞 + 送入工具 + 变扣 + 钻杆；

（2）将 EZSV 下至设计深度（距尾管挂位置 15m 处），标记并循环活动，记录循环参数；

（3）停泵正转钻具，送入工具衬套向下移动打开桥塞的锁紧环，坐封上卡瓦；

（4）上提钻具，坐封下卡瓦；

（5）上提送入工具到封隔器以上 1～2m，观察并记录钻柱悬重，关环空对 EZSV 试压。当试压合格后，缓慢泄压，循环洗井准备下步作业；

（6）下压管柱插入 EZSV 本体，对地层试挤，记录试挤参数；

（7）连接顶驱，倒阀门至固井，挤注“封源”水泥塞；

（8）快起钻至水泥面以上 50m 处大排量反循环，冲洗钻杆内水泥浆。或海水顶替水泥浆入桥塞底部，停泵，上提管串至桥塞以上 2m，冲洗干净；

（9）起钻，送入工具。

如果不同的渗透层间隔小于 100ft（30m），则在两层间尽可能多封固较好的水泥。

如果套管是永久性封隔屏障的一部分，为形成一个永久性的封隔屏障，要求环空至少有 100ft（30m）良好封固的水泥环。管内的水泥塞要靠近环空优质水泥段，与环空水泥段要有累积 100ft（30m）的重叠段，且重叠段管内外的水泥都要有较好的胶结质量。

2.2.4 检验水泥塞

（1）探水泥塞面。

探水泥塞面是为了确认水泥塞在井眼的位置和水泥塞的凝固程度。如封隔塞全部在裸眼段，那么需要通过施加重量的方式来验证。用钻杆、连续油管或插入头，施加重量的大小由工具和井眼几何形状确定，通常为 5～7t。

（2）压差检验。

压差检验的目的是确认封堵施工的有效性。只要井眼条件允许，能够安全作业，就应进行压差检验。封堵水泥塞凝结后，进行加压试验，通过钻井泵施加一定的压力作用到水泥塞上，对井内液面监控一段时间，如果液面没有产生变化，说明水泥塞是合格的。压差检验的具体步骤：

① 关闭闸板防喷器；

② 对水泥塞试压 20MPa × 15min，压力稳定不降。

2.2.5 建立次级屏障

（1）在合适位置注入第二段水泥塞，形成次级屏障，组合式永久封隔屏障包含一段至少 200ft（60m）的优质水泥塞。封堵潜在的渗流层，大多位于套管鞋处；管内的水泥塞要靠近环空优质水泥段，与环空水泥段要有累积 200ft（60m）的重叠段，且重叠段管内外的水泥都要有较好的胶结质量。

① 下光钻杆至上层套管鞋附近；

② 循环，清洗至返出干净；

③ 泵注水泥浆；

④ 起钻至水泥塞顶部以上 5 柱，正循环或反循环冲洗管串；

⑤ 候凝、探顶，试压 20MPa × 15min，压力稳定不降。

（2）根据实际情况回收油管，记录该井的数据以评估套管后面现存的水泥固井质量。如果环空水泥胶结质量较差，那么需要采取措施使水泥胶结质量得到补救（通常采用分段磨铣和开窗注入水泥塞方式）。

2.2.6 建立表层水泥塞

表层水泥塞又叫环境段塞，是安置在套管鞋以上需要与环境隔离的浅层水泥塞。根据需要，用于设置此水泥塞的方法可能会随井身结构而有所不同。

（1）下光钻杆至泥面以下 50m；

（2）注表层水泥塞 30m；

（3）起钻，甩钻杆，同时 ROV 海底检查并录像。

2.2.7 井口处理

（1）清除井口工具及设备，根据实际情况进行回收处理。

（2）进行井口回填处理，平整海底。

（3）对每口井进行监测，以评估任何潜在的压力变化以及流体的成分和流速，至少监测 90 天。一旦确认为稳定并已成功进行风险评估，就可以开始进行导管拆除操作。

2.3 墨西哥湾井筒弃置作业流程

墨西哥湾地区井筒作业弃置相关规范及条例见表 2.3。

表 2.3 墨西哥湾井筒弃置作业相关规范及条例

序号	标准号	相关规范及条例
1		《Isolating Potential Flow Zones During Well Construction》(《井建过程中潜在流动区域的隔离》)
2	Order No.811-11007	《Environmental Guidance Document：Well Abandonment and Inactive Well Practices for U.S. Exploration and Production Operations》(《环境指导性文件：美国开发和生产业务的弃井作业》)
3		《Well Plugging and Abandonment Paper》(《井的封堵和废弃方案》)
4		《Permanent Abandonment for MC252-1 BOEM》(《MC252-1 井的永久弃置》)

墨西哥湾地区的井筒封堵屏障一般分为三级，初级屏障用以封堵油气产层，次级屏障用以封堵中间复杂地层，三级屏障用以保护环境，如图 2.4 所示。

墨西哥湾地区井筒弃置作业流程如图 2.5 所示。

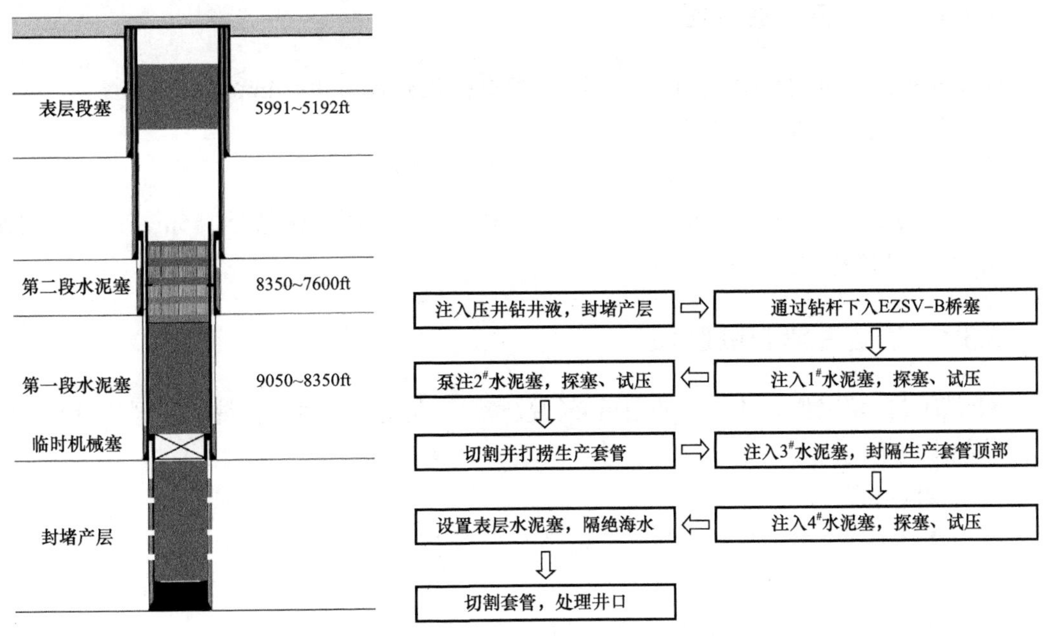

图 2.4 井筒封堵示意图

图 2.5 墨西哥湾井筒弃置作业流程

2.3.1 井筒弃置审批程序

(1) 提交油田弃置方案并等待审核；

(2) 制定详细的项目管理 / 工程设计和进度计划；

(3) 完成办理许可及合法性审查；

(4) 中止生产；

（5）打捞生产管柱结束后，下入刮管钻具组合（清理桥塞坐封点套管壁杂物，处理井筒内残余油）。

2.3.2 废弃油井信息采集

（1）生产油井的历史资料与记录；

（2）油井当前工作制度；

（3）完井信息；

（4）井筒测试报告；

（5）井底压力调查报告；

（6）电缆近期状况报告；

（7）井口及采油树细节信息；

（8）油管细节信息；

（9）套管细节信息及每层管柱配套的水泥信息。

2.3.3 管柱的切割打捞

（1）将钻井液重量减少至 11.1kg/gal，切割并拉出直径为 406.4mm 的套管；

（2）生产油管应当至少切割 120m；

（3）为完成临时封堵任务，机械塞应当放置在距井口 90m 位置处；

（4）作为永久性封堵项目的一部分，残余套管应当切割并移除至少 5m，具体切割深度还需上交区块经理进行审批。

2.3.4 确定井筒封隔区域

对于油井封堵来说，油气流动通道必须被密封，避免油气流体泄漏。不同井段所应用的封堵技术也不同，具体如下：

（1）裸眼井段。

水泥塞设置要求为至少低于井口 30m 或至少高于含水层 30m。

（2）混合完井段。

① 运用置换法注入的水泥塞位于最深套管鞋以下 30m 位置；

② 水泥塞应当在套管鞋之上 15～30m 位置处注入，并且水泥塞应在套管鞋下方至少延伸 30m；

③ 机械桥塞应当在套管鞋之上 15～30m 位置处下入，并且应在桥塞上部建立长度为 15m 的水泥塞。

（3）射孔段。

① 通过挤水泥的方法来封堵储层，此方法适用于套管和地层存在孔隙的情况；

② 通过置换法注入的水泥塞应当至少高于射孔段 30m；

③ 通过替换法注入水泥塞，并要求水泥塞长度超过 60m，水泥塞位置应至少高于射孔层段 30m；

④ 如果无法使用挤水泥法来封堵地层，则将具有背压控制的桥塞下入穿孔层段顶部上方 15～30m 位置处，且水泥塞应在射孔段之下延伸至少 30m；

⑤ 油管塞的注入深度不得超过射孔段上方 30m，且水泥塞应在封隔器顶部至少延伸 30m。

（4）套管段。

① 套管鞋处，水泥浆用量需根据地质情况进行设计；

② 在直径最小的套管中注入长度至少为 50m 的表层水泥塞，水泥塞顶部应位于泥线以下 50m 内。

2.3.5 压井作业

为了防止地层流体进入井筒并通过套管运移，对已射孔的生产层或注水层进行封隔或封堵。施工时应考虑井眼大小、地层特征和储层压力的影响。主要操作程序如下：

（1）组合下入 THERT 或光钻杆，下钻至油管挂顶；

（2）对井下安全阀控制管线加压，打开井下安全阀；

（3）海水大排量洗井，返至钻井液池；

（4）待返出油污较少后，替入 10m^3 清洗液大排量正、反循环洗井 2～3 周；

（5）海水顶替出清洗液至钻井液池；

（6）泵送所有钻井液池油污水入井；

（7）再次替入 10m^3 清洗液；

（8）海水顶清洗液入地层；

（9）起出水下测试树。

2.3.6 下入 EZSV-B 桥塞

（1）通过钻杆下入直径为 406.4mm 的 EZSV-B 桥塞；

（2）通过钻杆在 Q125 套管内下入一个直径为 406.4mm、重量为 0.45kg 的哈里伯顿 EZSV-B 桥塞，桥塞安装深度为 2298m；

（3）关闭环形防喷器，试压，施工压力为 7MPa；

（4）释放压力，起出测试工具。

2.3.7 建立次级井筒屏障

水泥塞屏障的主要目的在于防止封堵储层的水泥塞失效后井筒封固失效。流程如下：

（1）将带有 $5^7/_8$in 工作管柱和带有 $5^1/_2$in 指示球捕捉器（IBC）的转向器下入泵注水泥浆深度处；

（2）安装和测试固井设备，进行低压 2MPa、高压 30MPa 的压力测试；

（3）在水泥支架上关闭上部 TIW，并在顶部驱动器上设置 7MPa 的压力，混合并泵入水泥段塞；

（4）投球，泵入调配好的水泥，循环水泥浆；

（5）当水泥从钻柱出来时，以 25r/min 的转速旋转钻柱；

（6）投下第二个球，接着泵入水泥段塞，在大于 15bbl/min 速率下用水泥浆顶替管柱内流体；

（7）泵送调配好的隔离液；

（8）起出水泥头和泵注管线；

（9）用肥皂刮壁球循环清洁钻杆；

（10）关闭环形防喷器，使用 7MPa 的压力测试初级水泥塞 15min 之后打开环形防喷器。

2.3.8 封堵技术套管及套管鞋

（1）工作准备：连接水泥立管与 Blackhawk 水泥头。

（2）连接直径为 127.5mm 的钻杆、139.7mm 哈里伯顿指示球捕捉器（IBC）、固井分水器，待压力稳定后进行 20MPa 的压力测试，时长 5min。

（3）混合并泵入 68kg 的水泥浆。放下第一球，再加入 137kg 的水泥浆，放下第二个刮泥球，接着泵入 4.5kg 的水泥浆。

（4）使用钻井泵以大于 15bbl/min 的速度排出水泥。当水泥离开钻柱时，使旋转速度达到 25r/min。

（5）水泥浆候凝完成后，探水泥塞顶，关闭环形防喷器，试压 15min。

（6）打开上部环形空间，并监测井筒流体 15min，起出井中的工具和井底部钻具组合（BHA）。

2.3.9 注表层水泥塞

表层水泥塞也叫环境段塞，可阻止地层污染物进入海底，从而防止污染海洋环境，长度在 20～30m 之间。注表层水泥塞的步骤如下：

（1）将 $5^{7}/_{8}$in 工作管柱的及带有 $5^{1}/_{2}$in IBC 的转换器下入封隔位置；

（2）下入机械封隔塞，测试耐压能力能否满足后期作业要求；

（3）循环泵注调配好的水泥浆；

（4）关闭顶部 TIW 阀门，并憋压至 1000psi，候凝；

（5）使用海水顶替，当刮壁球接近 IBC 时，泵速降低到 4bbl/min ；

（6）起出水泥头和工作管柱。

2.3.10 问题井井筒弃置注意事项

（1）产生油井问题的影响因素。

由于井筒完整性问题而导致不能生产的油气井称为问题井，产生井筒完整性问题的原因主要有以下几点：

① 套管水泥不匹配及环空流体渗入地层；

② 套管或油管产生损坏；

③ 对于套管压力持续增长问题，需应用缓冲修井或液压修井等方法来解决；

④ 对于油管中落鱼问题，需进行捕捞作业来解决；

⑤ 对于油管结蜡或油管积沙问题，需应用连续油管技术来对井筒进行清理；

⑥ 井口阀门产生冻结；

⑦ 在生产过程中出现硫化氢或二氧化碳气体；

⑧ 油基钻井液被替换；

⑨ 严重偏斜。

（2）问题井解决方案。

对问题井采取措施，使问题井井况接近常规井，从而进行下部封堵作业。这些额外的技术虽然会增加油井封堵及废弃的成本，但根据安全性原则及顺利施工的必要性仍需进行。具体做法如下：

① 收集并分析油井信息；

② 检验井口及阀门的状况；

③ 冻结阀门；

④ 对于由套管压力持续上升而产生泄漏的油气井，需要采取补救措施；

⑤ 需对井筒完整性差的油管或套管采取额外的封堵措施；

⑥ 落鱼需要用电缆或连续油管进行捕捞；

⑦ 需要对出砂或结蜡的油套管进行清洗；

⑧ 硫化氢气体或二氧化碳气体会对工作人员的生命健康造成威胁，工作人员对硫化氢气体或二氧化碳气体的处理必须经过专门的训练。

2.4 小结

本章通过对国内、英国北海、墨西哥湾地区井筒弃置作业的分析、总结，归纳了三个地区井筒弃置作业的工艺流程及国内渤海湾地区常见的双管井弃置作业流程，并分析了问题井的解决方案，为海上井筒弃置作业提供参考。通过对比、总结分析认为海上井筒弃置作业流程主要包括：

（1）作业前准备工作；

（2）压井作业；

（3）拆、装井口设备；

（4）切割、打捞生产管柱；

（5）刮管，下封隔桥塞；

（6）挤注“封源”水泥塞；

（7）挤注中间井筒水泥塞，探塞，试压；

（8）挤注表层环境段塞；

（9）井口处理。

3 国内外井筒弃置相关法律法规、标准及指南

海上井筒弃置作业涉及弃置井筒的长久安全，关乎海洋生态环境的可持续健康发展。因此，国内外针对海上井筒弃置作业提出了一系列规范，包括海洋环保相关法律法规、作业标准和作业指南。对于不同国家或地区的弃置作业，其法律法规、作业标准和指南又存在较大差异。为理清不同国家或地区间海上弃置作业的规范，本章对现有的海上弃置作业规范进行了对比研究，分析了国内外海上井筒弃置作业规范的异同点。

3.1 中国海上井筒弃置作业相关规定及标准

国内海上井筒弃置作业相关规定及标准见表 3.1。

表 3.1 国内海上井筒弃置作业相关规定及标准

序号	类别	标准号	名称	版本
1	弃置标准指南	SY/T 6845—2011	海洋弃井作业规范	2011 年
2		SY 6983—2014	海上石油生产设施弃置安全规程	2014 年
3		SY/T 6646—2017	废弃井及长停井处置指南	2017 年
4		SY/T 7026—2014	油气井管柱完整性管理	2014 年
5	法律法规	—	海洋石油安全管理细则（国家 25 号令）	2015 年
6		—	中华人民共和国海洋环境保护法	2016 年
7	环保要求	—	海上固定平台安全规则	2000 年
8		GWPB 3—2014	锅炉大气污染物排放标准	2014 年
9		GB 11607—1989	渔业水质标准	1989 年
10		GB 9078—1996	工业炉窑大气污染物排放标准	1996 年
11		GB 8978—1996	污水综合排放标准	1996 年
12		GB 5084—2005	灌溉水质标准	2005 年
13		GB 4914—2008	海洋石油开发工业含油污水排放标准	2008 年
14		GB 3097—1997	海水水质标准	1997 年
15		GB 3095—2012	环境空气质量标准	2012 年

3.1.1 中国海上油田弃置相关法律法规

国内海上油田弃置相关法律法规主要包括弃置遗留物、弃置废弃物、弃置污染物的相关管理办法，从法律层面对弃置作业应达到的技术和环境标准作出了规定。

3.1.1.1 《海洋石油安全管理细则（2015 年修正本）》

《海洋石油安全管理细则（2015 年修正本）》第 9 节详细介绍了海洋油井弃置的相关管理内容，具体条款为：

第八十三条：业者或者承包者在进行弃井作业或者清除井口遗留物 30 日前，应当向海油安办有关分部报送下列材料：

（1）弃井作业或者清除井口遗留物安全风险评价报告；

（2）弃井或者清除井口遗留物施工方案、作业程序、时间安排、井液性能等。海油安办有关分部应当对作业者或者承包者报送的材料进行审核；材料内容不符合技术要求的，通知作业者或者承包者进行完善。

第八十四条：弃井作业或者清除井口遗留物施工作业期间，海油安办有关分部认为必要时，进行现场监督。施工作业完成后 15 日内，作业者或者承包者应当向海油安办有关分部提交下列资料：

（1）弃井或者清除井口遗留物作业完工图；

（2）弃井作业最终报告表。

第八十五条：对于永久性弃井的，应当符合下列要求：

（1）在裸露井眼井段，对油、气、水等渗透层进行全封，在其上部打至少 50 米水泥塞，以封隔油、气、水等渗透层，防止互窜或者流出海底。裸眼井段无油、气、水层时，在最后一层套管的套管鞋的上下各打至少 30 米水泥塞；

（2）已下尾管的，在尾管顶部上下 30 米的井段各打至少 30 米水泥塞；

（3）已在套管或者尾管内进行了射孔试油作业的，对射孔层进行全封，在其上部打至少 50 米的水泥塞；

（4）已切割的每层套管内，保证切割处上下各有至少 20 米的水泥塞；

（5）表层套管内水泥塞长度至少有 45 米，且水泥塞顶面位于海底泥面下 4 米至 30 米之间。

3.1.1.2 《中华人民共和国海洋环境保护法（2016 年修正本）》

《中华人民共和国海洋环境保护法（2016 年修正本）》第六章对防治海洋工程建设项目产生环境污染作了详细规定，具体条款如下：

第五十条：海洋工程建设项目需要爆破作业时，必须采取有效措施，保护海洋资源。海洋石油勘探开发及输油过程中，必须采取有效措施，避免溢油事故的发生。

第五十一条：海洋石油钻井船、钻井平台和采油平台的含油污水和油性混合物，必须经过处理达标后排放；残油、废油必须予以回收，不得排放入海。经回收处理后排放的，其含油量不得超过国家规定的标准。钻井所使用的油基泥浆和其他有毒复合泥浆不得排放入海。水基泥浆和无毒复合泥浆及钻屑的排放，必须符合国家有关规定。

《中华人民共和国海洋环境保护法（2016年修正本）》第七章对海上倾倒废弃物作了详细规定，具体条款如下：

第五十五条：任何单位未经国家海洋行政主管部门批准，不得向中华人民共和国管辖海域倾倒任何废弃物。需要倾倒废弃物的单位，必须向国家海洋行政主管部门提出书面申请，经国家海洋行政主管部门审查批准，发给许可证后，方可倾倒。禁止中华人民共和国境外的废弃物在中华人民共和国管辖海域倾倒。

3.1.2 中国海上油田弃置环保要求

由中海石油研究中心编制的《海上油（气）田开发工程环境保护设计规范》对海上油气田工程中的相关环境保护问题作了具体要求。该规范的环保要求主要包括水污染防治、废气污染防治、固体废弃物污染防治和溢油事故防治等。

3.1.2.1 水污染防治要求

（1）采出水。

① 应根据油气特性、采出水的速率、含油浓度和环境功能要求等选择有效的污水处理工艺，以保证海上排放污水满足GB 4914—2008《海洋石油开发工业含油污水排放标准》的要求（一级：一次容许量≤30mg/L，月平均值≤20mg/L；二级：一次容许量≤45mg/L，月平均值≤30mg/L；三级：一次容许量≤65mg/L，月平均值≤45mg/L），有地方排放标准的按地方标准执行。

② 原油脱水处理设施或单元排出的采出水应满足第一级采出水处理设施或单元进水水质的要求；各级采出水处理设施或单元应满足后一级污水处理设施或单元进水水质的要求。各级采出水处理设施或单元最大进水含油浓度应考虑流程波动及非正常生产情况，在处理效率上宜取150%的保险系数，只用于处理游离水的处理设施可取120%～130%的保险系数。

③ 污水处理设施的水处理能力应满足最大日产水量的要求，并应考虑到回流、停工、检修和故障等情况，留有不小于20%的处理余量。当用污水处理设施处理甲板冲洗水和初期雨水时，还应考虑冲洗水和初期雨水的产生量。

④ 海上钻井设施的机舱、机房和甲板含油污水，在渤海禁止排放，全部实施铅封。其他海域要求排放浓度低于15mg/L。（GB 3097—1997《海水水质标准》）

（2）冲洗水。

① 海上油气生产设施甲板周围应设置围堰，防止初期雨水和冲洗水外溢，应汇入相应的处理系统。

② 未受污染的雨水可汇入雨水系统直接排放；冲洗水和机舱水不得排入雨水系统。

从陆地向附近水域排放的，其含油浓度应符合 GB 8978—1996《污水综合排放标准》的要求（一级≤10mg/L；二级≤10mg/L；三级≤30mg/L）；有地方标准的则执行地方标准。

3.1.2.2 废气污染防治要求

废气污染防治的对象主要包括：伴生天然气、燃烧烟气和有毒有害气体。

（1）伴生天然气。

① 油气生产、处理过程应采用密闭流程，避免敞开式操作。

② 原油应进行稳定处理，未经稳定处理的原油不得进入常压罐（缓冲罐、沉降脱水罐等）。

③ 从原油中分离出的伴生天然气宜进行气体净化和轻烃回收；天然气集输流程应回收凝析液，分离出的轻油应进行稳定处理，防止挥发烃类对大气的污染。在海上油气生产设施上也应采取适当处理措施，保证作业环境的安全。

④ 各工艺装置或单元排出的天然气应回收利用，不能回收利用的宜采用火炬系统燃烧处理。

（2）燃烧烟气。

① 燃气或燃油的锅炉、焚烧炉、工艺加热炉以及发电机组所排放的大气污染物及排气筒的高度应符合 GWPB 3—2014《锅炉大气污染物排放标准》和 GB 9078—1996《工业炉窑大气污染物排放标准》的要求（锅炉房装机总容量＜0.7MW，烟囱最低允许高度为20m；锅炉房装机总容量介于 0.7～1.4MW，烟囱最低允许高度为 25m；锅炉房装机总容量介于 1.4～2.8MW，烟囱最低允许高度为 30m；锅炉房装机总容量介于 2.8～7MW，烟囱最低允许高度为 35m；锅炉房装机总容量介于 7～14MW，烟囱最低允许高度为 40m；锅炉房装机总容量介于 14～28MW，烟囱最低允许高度为 45m）；有地方标准的则按地方标准执行。

② 火炬高度不应低于等当量污染物排量的排气筒所需达到的高度；海上油气生产设施上的火炬高度应满足甲板对热辐射的安全要求。火炬的设计还应考虑防风或防熄火的措施。

（3）有毒有害气体。

① 易挥发的有机溶剂、化学药剂等应密闭储存。

② 含硫量高的天然气宜在净化工艺中设置硫黄回收装置；制硫尾气中的污染物高于排放标准的应进行处理。

③ 硫化氢、二氧化硫及其他有害气体的最高容许排放量和排气筒高度可按 GB/T 3840—1991《制定地方大气污染物排放标准的技术方法》或环境影响报告书的要求确定。（GB 3095—2012《环境空气质量标准》）

3.1.2.3 固体废弃物污染防治要求

（1）陆上终端污水处理系统产生的泥渣宜进行浓缩、脱水处理，脱水后的干渣应有处置措施，防止二次污染。

（2）容器、管道、污水处理设施中清出的废油泥、油砂、滤料等废弃物宜综合利用，不能综合利用的应回收处置。

（3）固定式海上钻井或修井平台上宜设置含油钻井液或油基钻井液的回收设施。

（4）固定式和移动平台及其他海上钻井设施排放固体垃圾需要满足：生产垃圾禁止排放或弃置入海；生活食品废弃物（一级禁止排放或弃置入海；二级和三级颗粒直径小于25mm）；生活其他垃圾禁止排放或弃置入海。（《海上固定平台安全规则》）

3.1.2.4 溢油事故防治要求

（1）溢油事故防范措施。

① 工程设施的工艺设计应符合有关防火、防爆和其他安全法规或规范、标准的要求，防止溢油事故的发生。

② 对油气生产工艺系统应提供必要的安全保护。有关装置、管汇和容器应按《海上固定平台安全规则》6.3 的有关规定设置相应的压力、温度、液位和流动安全保护装置。

③ 油气井的井上、井下安全阀位置应按《海上固定平台安全规则》2.3.5.2 的要求执行。

④ 对于海底管道，宜在下甲板以下的立管上设置应急关断阀。

⑤ 海底管道应采取防止渔船抛锚和拖网损害的措施。

⑥ 输油设施的设计应考虑防止跑冒滴漏的措施。（《海上固定平台安全规则》）

（2）溢油应急处理措施。

① 海上油气田应具备相应规模的溢油应急能力，所设置的溢油回收设施和围油、消油器材应符合该油田的油气特性和所在海区的环境条件，应与其他设施相配套，并具有良好的机动性。

② 溢油应急设施的设置可结合作业者在本海区的整体应急能力统一考虑，并宜与本海区附近油气田的溢油应急设施相匹配。

③ 溢油回收设施和围油、消油器材的配置地点应靠近溢油易发区域和需要优先保护的环境敏感目标。

3.1.3 中国海上油田弃置相关标准

根据 SY 6983—2014《海上石油生产设施弃置安全规程》，当设施出现如下情况之一，应考虑进行弃置：

（1）经专项评估论证不满足设施主体使用功能或无继续使用价值的；

（2）设施已严重损坏，无法恢复正常使用或经济评估无修复价值的；

（3）油田开发方案调整的；

（4）政府主管部门要求的；

（5）其他情况造成的。

弃置作业的主要工作是在井内适当层段注水泥塞以防止井筒中形成流体窜流通道。其目的在于保护淡水层和限制地下流体的运移。为达到上述目的，要求所有关键性层段之间应是隔离开的。弃置作业的最终结果是在井筒中形成稳固的井筒密封屏障。要形成稳固的井筒屏障，就必须考虑屏障材料（封堵材料）、屏障位置、屏障数量、屏障长度等因素的影响。（SY/T 6646—2017《废弃井及长停井处置指南》）

（1）永久屏障材料。

在弃置作业中，井筒屏障材料一般为水泥和桥塞。井筒屏障的一般组合为：在裸眼井注水泥塞；在套管被割断位置打水泥塞或桥塞；在注采层位的射孔井段以上打水泥塞或桥塞；最深淡水层的底部打水泥塞或桥塞等。合适的井筒屏障材料将阻止流体通过套管或套管和井眼的环空窜通。要根据井的实际情况，选择合适的水泥型号，从而保证水泥塞的坚固性。（SY/T 6646—2017《废弃井及长停井处置指南》）

（2）永久屏障位置。

为了防止油气从储层窜流到未开发层、非储层和淡水层，应对海洋油井井筒内部进行封堵（SY/T 6845—2011《海洋弃井作业规范》），需封堵的位置包括：

① 裸眼段层间。当裸眼段较长时，可能出现油、气、水层共存的情况，这就需要打长度为 60m 以上的水泥塞来彻底封堵油、气、水层，防止层间窜流。

② 射孔段层间。射孔孔眼是油气从地层流向井筒的通道之一，在油井弃置后，为了防止射孔段的油气继续流入井筒，需要在射孔段打一个水泥塞。

③ 顶部油气层。对顶部油气层进行封堵后，储层与非储层之间多一层封隔，能有效地避免油气对水层的污染。

④ 尾管悬挂器和分级箍。在油井进行长期生产后，尾管悬挂器和分级箍可能面临密封失效的风险，因此有必要对其进行封堵。

⑤ 套管割口处。弃置作业时，需要对内部套管进行切割。内层套管切割之后，原本位于内层套管与外层套管之间的环形空间不复存在。为了防止流体从切割套管的环空流入井筒内，需要对套管割口进行封堵。

⑥ 表层套管鞋处。在表层套管鞋深度对应的内层套管处，为封堵安全有效，一般也应设置一个水泥塞。

（3）永久屏障数量。

根据 SY/T 6845—2011《海洋弃井作业规范》，不同封堵位置处的屏障数量统计结果见表 3.2。

（4）永久屏障长度。

根据 SY/T 6845—2011《海洋弃井作业规范》，不同封堵位置处的屏障长度统计结果见表 3.3。

表 3.2 屏障数量统计表

屏障位置	屏障数量
裸眼段层间	根据油、气、水层的数量而定
射孔段层间	根据射孔段油气层组数而定，一般一组油气层设置 1 个
顶部油气层	一般设置 1 个
尾管悬挂器、分级箍	一般设置 1 个
套管割口	每层套管切割割口位置处设置 1 个
表层套管鞋深度附近	一般设置 1 个

表 3.3 屏障长度统计表

屏障位置	屏障长度
裸眼段层间	封隔油、气、水层之间的通道时，水泥塞长度至少为 50m；封堵油、气、水层时，水泥塞长度至少为 60m
射孔段层间	水泥塞长度至少为 60m
顶部油气层	水泥塞长度至少为 50m
尾管悬挂器、分级箍	水泥塞长度至少为 60m
套管割口	在每层套管割口处，水泥塞长度至少为 60m； 最后一个水泥塞（水泥帽）长度至少为 50m
表层套管鞋附近	水泥塞长度至少为 50m； 对于特殊井，应先下入桥塞，水泥塞长度至少为 100m

（5）永久屏障的验证。

屏障的验证（检验水泥塞）是为了确认水泥塞的位置以及水泥浆凝固质量的一道工序。探水泥塞面是检验水泥塞的深度和固结程度的常用方法，而压差检验是确认封堵施工的有效性。只要井眼条件允许，能够安全作业，就应进行探水泥塞面检验和压差检验。探水泥塞面和压差检验要求按 SY/T 5587.14—2013《常规修井作业规程　第 14 部分：注塞、钻塞》执行。（SY/T 6646—2017《废弃井及长停井处置指南》）

① 探水泥塞面。

探水泥塞面是为了确认水泥塞在井眼的位置和水泥塞的凝固程度。一般采用钻杆、油管、连续油管或电缆工具等工作管柱探水泥塞。探水泥塞面时，水泥应已凝固，保证承受工作管柱的机械接触加压。另外，井内流体应处于平衡状态，确保探水泥塞面作业安全地进行。

a. 油管或钻杆探塞法。加深油管、钻杆等工作管柱并与水泥塞相接触，然后下放加压直至修井机的指重表发生变化。此时井内油管、钻杆等工作管柱的深度就是水泥塞的深度。

如果用油管、钻杆等工作管柱下水泥承留器或易钻桥塞，其井内管串的深度将是桥塞的坐封深度。坐封并释放桥塞后，应探桥塞验证坐封位置。

b. 电缆法。在套管内进行封绪时，若用电缆下水泥承留器或桥塞，则其深度以定位深度为准。桥塞释放以后，用电缆装置碰撞桥塞验证它的位置。当然，无论是在裸眼井还是套管井，都可以用电缆装置碰撞水泥塞来验证水泥塞的深度。

② 压差检验。

压差检验确认封堵施工的有效性，如果井筒条件允许，应对封堵层进行压差检验。有负压和加压两种方式。

a. 负压检验。用水泥塞封堵后，采用抽吸等负压方法将水泥塞以上的液柱压力降至被水泥塞封隔或封堵的储层设计压力以下，对井内液面监控一段时间，如液面未变化，说明水泥塞是合格的。

b. 加压检验。用水泥塞封堵后，下工作管柱或整个井筒进行泵注加压，使井内液柱压力慢慢超过被水泥塞封堵层的设计压力。具体试压数据见表 3.4。

表 3.4　水泥塞试压数据表

套管规格（mm）	试验压力（MPa）	停泵观察时间（min）	试压介质	允许压力降（MPa）
≤127.0	18.0	30	清水	≤0.5
139.7	15.0	30		
177.8	12.0	30		
244.5	10.0	30		
339.7	8.0	30		

（6）海上油田弃置常规做法。

① 裸眼段层间封隔。用水泥塞封堵裸眼井段或封隔裸眼筛管井段的油、气、水渗透层之间的流动通道，单个水泥塞长度不应少于 50m。用水泥塞封堵油、气、水层时，自应封堵的层位底部 30m 以下向上覆盖至封堵层顶以上不少于 30m。

② 射孔段层间封隔。分段自每组油气层底部以上不少于 30m 向上注水泥塞，水泥塞顶面应高出每组油气层顶部不少于 30m。用分层管柱开采但层间距较短时，可关闭分层管柱上部滑套，一次性向下挤注水泥封堵相邻产层，水泥塞顶面应高出所封堵层段顶部不少于 30m。

③ 顶部油气层封堵。顶部油、气、水层的水泥塞顶面应高于所封堵层顶部不少于 100m，候凝、探水泥塞顶面并试压合格。特殊井应在顶部油气层、裸眼上层套管鞋或筛管顶部封隔器以上 30m 内坐封一只挤水泥封隔器，试压合格，采用试挤注、间歇挤水泥的方法向油气层挤水泥，设计最小挤入量不应少于 30m 的井筒容积，最高挤入压力为该井段原始地层破裂压力。挤水泥结束后，在挤水泥封隔器上注长度不小于 50m 的水泥塞。

④ 尾管悬挂器、分级箍封堵。尾管悬挂器、分级箍以下约 30m 处向上注一个长度不少于 60m 水泥塞。

⑤ 上部套管回收。逐层切割、回收套管和套管头。最后一层套管切割位置应深于海底泥面 4m。

⑥ 套管割口封堵。在已切割的每层套管割口位置以下约 30m 处向上注一个长度不少于 60m 的水泥塞。最后一个弃井水泥塞（亦称水泥帽）长度不应小于 50m，且水泥塞顶位于泥面下 4～30m 之间。

⑦ 上部套管段封堵。在表层套管鞋深度附近的内层套管内或环空有良好水泥封固处向上注一个长度不小于 50m 的水泥塞，候凝、探水泥塞面。特殊井应在此位置坐封一只桥塞，试压合格后在其上注入长度不小于 100m 的水泥塞。

⑧ 海底遗留物清除。按所在海区政府主管部门的要求清除海底遗留物。

⑨ 资料备案。弃井结束后，应根据政府主管部门的要求提交资料备案。（SY/T 6845—2011《海洋弃井作业规范》）

3.2 英国北海井筒弃置作业相关规定及标准

英国北海海上井筒弃置作业相关规定及标准见表 3.5。

表 3.5 英国北海海上井筒弃置作业相关规定及标准

序号	类别	制定单位或标准号	名称	版本	年份
1	法律法规	Oil & Gas UK	《Petroleum Act 1998》（《1998 年英国石油法案》）	1	1998
2	环保要求	Oil & Gas UK	《Control of Pollution Act of 1974》（《1974 年污染控制法》）	1	1974
3		—	《Waste Framework Directive》（《废弃物框架指令》）	1	1975
4	弃置标准	Oil & Gas UK	《Guidelines for the Abandonment of Wells》（《油气井永久弃井指南》）	5	2015
5		Oil & Gas UK	《Guidelines on Qualification of Materials for the Abandonment of Wells》（《关于弃井过程中材料的要求指南》）	2	2015
6	弃置作业指南	Oil & Gas UK	《Brent Field Decommissioning Programmes》（《布伦特油田弃置方案》）	4	2017
7		RP–E103	《Guidelines for the Abandonment of Wells》（《油气井永久弃井指南》）	5	2015
8		ISO 31000	《Risk—Based Abandonment of Offshore Well》（《基于风险的海上油气井弃置》）	1	2016
9		1998 OSPAR DECISION 98/3	《On the Disposal of Disused Offshore Installations》）（《海上设施弃置决议》）	1	1998

3.2.1 英国北海井筒弃置作业相关法律法规

《1998 年英国石油法案》对英国北海地区的井筒弃置作业作出了详细规定，规定内容如下。

（1）弃置方案的内容。

① 弃置方式。

a. 对于不能挖沟填埋原位弃置的小管径管线，应完全拆除回收；

b. 不能挖沟埋管的海底管线，如主管道，可选择原地弃置；

c. 对于已挖沟埋管的管道可选择原地弃置；

d. 未挖沟埋管的管道，如果一定时间内有回淤覆盖，且能达到足够高度，可原地弃置；

e. 挖沟填埋的深度为管顶距泥面 0.6m。

② 弃置方案要求通告。

由主管部门制定弃置方案要求通告，并指明提交弃置方案的截止日期。通告内容应包括弃置措施、成本估计、完成时间等。如果已经批准该方案并作出了充分的准备，则要确保弃置方案的执行。

如果在方案的执行过程中，主管部门发现了严重问题后可以提交程序撤回批准方案并通告相关人员。

③ 弃置方案编制人员。

主管部门发出的要求通告只能发给以下人员：管理该设施的人；共同经营协议或类似协议的一方；对该设备拥有所有权但不是作为贷款担保的人员。相关人员在规定时间内须提供属于上述任何一方的有关海上设备或管道的相关资料，无合理辩解而没有遵从通告书的人即属犯罪。

（2）弃置方案的审批。

① 批准。

在批准弃置方案之前，应先让提交方案的人就所提出的方案作出书面陈述，主管部门在审批后决定是否批准该方案，且不得无故拖延。若拒绝一个方案，应通告其理由。

② 拒绝。

如果主管部门根据规定拒绝了提交的弃置方案，可以自行编制弃置方案。可要求相关人员在规定时间内准备好相关资料包括记录和图表，并且弃置方案注明的相关人员需在规定时间内付完相关项目的开支。

③ 修改。

如果该方案被批准了，主管部门可以根据具体情况提出修改方案，双方都可以提议；提出的建议须以书面形式陈述，并在主管部门备份存档。若其他人员提出建议应先提交书面陈述；主管部门再决定然后告知其原因。如果弃置方案没有得到执行或者不符合批准的条件，可书面通知要求相关人员在规定的时间内做出规定的补救行动，并可以收回由此产生的任何开支。

④ 撤回批准。

如果有人请求撤回批准的弃置方案，主管部门应给予他和提交方案的人书面陈述的机会，以便决定是否批准撤回方案，并将决定及时公布。

3.2.2 英国北海油田弃置环保要求

3.2.2.1 水污染防治

《1974 年污染控制法》第二部分水污染防治给出的条款如下：

（1）控制河流和沿海水域污染。

① 任何人如果做出或故意允许以下事情即属于犯罪：将任何有毒或有污染的物质排入任何河流、受控水域或任何指明的地下水域；将任何固体废物排入溪流或受限制的水域。

② 该条经过污染控制法授权，根据此法令规定授权，或者得到了国务大臣或者水权力机构授权的许可证后，才可以在相关水域进行排放，否则即属犯罪。

③ 任何人不得将任何平台或者作业场地的固体垃圾遗落在任何土地上或者运载到溪流和相关水域，除非是如下几种情况：

在作业所在地的水权力机构同意（不得无理由拒绝）的情况下，将固体垃圾存放在土地上或排入相关水域中；

其他法律条款存在着争议，并不是合理切实可行；

已经采取了一切合理切实可行的措施，以防止垃圾进入溪流或受限制的水域。

（2）控制污水排放到河流和沿海水域。

① 任何人如果做出或故意允许将任何的工业废水和污水排放到相关水域之中即属于犯罪，相关水域包括受限制的海域、从英国的土地通过管道进入受控水域外的海域或者不允许排放的任何溪流、池塘和湖泊。

② 通过下水道将污水排入河流和沿海水域等有关水域是违法的。

3.2.2.2 废气污染防治

在海上油气钻探生产过程中，会产生废气，其中有毒有害气体的存在会污染大气环境，甚至会威胁人员的健康。因此，《苏格兰空气质量》（《Air Quality in Scotland》）、《环境空气中 SO_2、NO_2、NO、PM10、Pb 的限值指令》《环境空气中 CO 的限值指令》《环境空气中 O_3 的限值指令》《关于欧洲空气质量及更加清洁的空气质量》《中外环境空气质量标准比较》中列出了主要的有害气体类别，其浓度限值如下：

（1）PM10 日平均 130μg/m³，年平均 42μg/m³；

（2）PM2.5 年平均 26μg/m³；

（3）氮氧化物 1 小时平均 200μg/m³，年平均 45μg/m³；

（4）二氧化硫 1 小时平均 350μg/m³，24 小时平均 130μg/m³；

（5）臭氧 8 小时平均 100μg/m³；

（6）一氧化碳 8 小时平均 10μg/m³。

3.2.2.3 固体废弃物污染防治

为防止倾倒废物对海洋环境的污染，《防止倾倒废物及其他物质污染海洋的公约》作出如下协议：

（1）禁止倾倒任何状态的任何废物和其他物质，具体规定：

① 禁止倾倒如下所列的废物及其他物质，如疏浚挖出物、污水污泥、船舶平台或其他海上人工构造物、惰性无机地质材料、自然起源的有机物以及主要由铁钢混凝土构成的大块物体；

② 倾倒某些废物及物质，需要事先获得特别许可证，包括进行产品改造、清洁生产技术、工艺改良、原辅材料的替代和现场、闭路再循环的废物；

③ 倾倒其他废物或物质需要事先获得许可证。

（2）在发许可证之前，须慎重考虑仲裁程序以及所规定倾倒地区特性。

（3）在由恶劣天气引起的不可抗力的情况下，如果倾倒该类废弃物有利于避免危险的发生，并且倾倒过程造成的损失小于使用其他办法造成的损失时，则第一条的规定不适用。进行这类废物倾倒时，应将对人类及海洋生物的损害减小到最低限度，并应立即向国家有关部门报告。

（4）当对人类健康具有不能接受的威胁，并且找不到其他可行的解决办法的紧急情况下，可以发给特别许可证。在发给这类特别许可证之前，应与可能涉及的国家及组织协商，经与其他国际组织协商后，立即采取最适当的程序。

（5）为保护海洋环境，应对下列废弃物进行控制：

① 包括油料在内的碳氢化合物及其废物；

② 由船只运送的其他有害或危险物质；

③ 在船只、飞机、平台及其他海上人造建筑物操作过程中产生的废物；

④ 包括船只在内的各种来源的放射性污染物质；

⑤ 由海底矿物资源的探测、开发及相关的海上加工而直接产生或与此有关的废物或其他物质。(《75-442-EEC 废弃物框架指令》)

3.2.2.4 溢油事故防治

英国溢油污染应变处理计划分为三个部分："地理范围与危险预测"部分旨在制定计

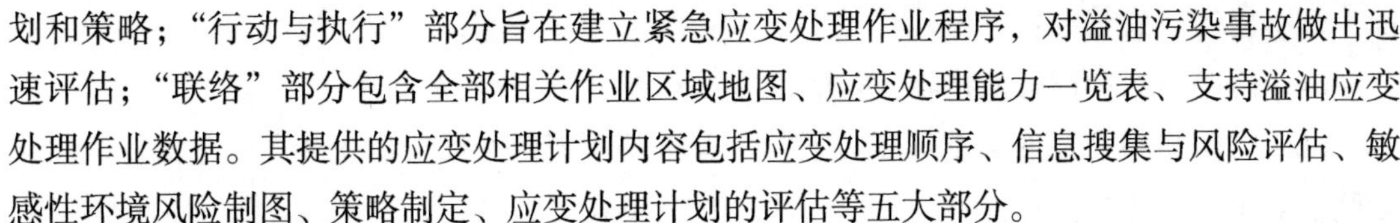
划和策略；“行动与执行”部分旨在建立紧急应变处理作业程序，对溢油污染事故做出迅速评估；“联络”部分包含全部相关作业区域地图、应变处理能力一览表、支持溢油应变处理作业数据。其提供的应变处理计划内容包括应变处理顺序、信息搜集与风险评估、敏感性环境风险制图、策略制定、应变处理计划的评估等五大部分。

（1）应变处理顺序。

溢油范围的大小、位置与时间等均是不可预测的，其可能来自原油装载、非装载或输油管的操作以及船舶碰撞或搁浅等情况。溢油事故的环境风险及应变处理等均需视油污范围的大小等级及处理能力而定，每一等级溢油污染事故的应变处理设备数量及个人训练等均有所差异。

（2）信息搜集与风险评估。

当地气象、油品特性、历史记录数据及敏感区域环境特点是决定溢油污染事故风险及危害的重要因素。

（3）敏感环境的风险可视化。

敏感环境的风险可视化是紧急应变处理计划过程中的重要部分，其向应急处理者传达重要的沿岸资源、指示敏感区域环境信息，包括商业信息、生态及娱乐资源信息，显示优先保护的区域并确定临时贮放的场所等。

（4）策略制定。

在确定溢油意外事故的影响范围后，应考虑可行的应急处理策略，如监测与评估、围堵与回收、化油剂、海岸线清除及现场燃烧等，这些应急处理策略必须单独使用，以求适用于不同地点、不同情况及不同时间等。

（5）选择损害最小的应变处理计划。

应用溢油应急处理技术需要综合考虑其可能对生态、商业活动造成的影响。在取舍过程中，应综合权衡环境利益、经济利益与社会利益，并确保损害程度降至最小，该鉴定过程必须以环境利益分析结果为主要参考。在发生争议冲突时，须慎重考虑遭受损害程度及资源保护的重要性。

3.2.3 英国北海油田弃置相关标准主要内容

3.2.3.1 永久屏障材料

永久屏障材料的主要特征包括：

（1）低渗透性：防止流体通过屏障材料；

（2）长期完整性：屏障材料应具备长期的隔离性质，需考虑屏障材料随时间变化而发生破裂和不粘结的风险；

（3）提供密封界面：阻止永久屏障周围流体流动，能与其接触的物体形成一个密封界面，如金属管或岩石等；

（4）屏障材料须能够保持在预定的位置；

（5）屏障材料在井底温度和压力下，具有抗井下流体（如二氧化碳、硫化氢、碳氢化合物、盐水等）腐蚀性；

（6）屏障材料须能适应井底温度和压力及井周期中的各种变化（如由生产井转注水井、注汽、松散地层等）；

（7）在井的整个周期内，井底温度和压力改变的区域内能够承载所受载荷；

（8）不缩径，可以使套管和地层连接起来：

① 阻止套管环空和柱塞之间的流动；

② 阻止井内屏障位置的改变。

水泥是目前用于弃置井永久屏障的首选材料，当然也可以使用其他材料。原则上其他材料也要符合上述要求，可使用目前的测试程序来鉴别屏障材料。对于屏障材料而言，注入技术尤其是过油管方式是十分关键的。而在确定屏障材料的用量时，应考虑到受污染及缩径的影响。如果专门设计套管鞋和套管悬挂器并通过压力测试后，也可当作屏障，但套管鞋下部的水泥段不能当作永久屏障。

3.2.3.2 永久屏障数量

对于钻遇地层存在流体且需要封隔时，则需要使用一个或两个永久屏障来封隔地层。但钻遇地层如果含油层、气层和高压水层，则需要两个永久屏障来封隔地层。其中，第二个永久屏障是备用的，用来确保有效封隔。

两个永久屏障可以组合成一个大的永久性封隔塞，即组合式永久性封隔塞，其如果能达到规定的有效性和可靠性，则也是一种可行的方法。根据测试程序来测试该组合式永久性封隔塞，而这个方案应进行风险评估并存档。组合式永久性封隔塞可以隔离油气层或高压水层，而正常承压含水层只需采用一个永久屏障。

3.2.3.3 永久屏障位置

对于主力封隔塞而言，应下入潜在渗流层井段上的盖层。若封隔塞底部位置远高于潜在渗流层，则要确保封隔塞底部位置的地层破裂压力要大于被封隔层位的最大压力。

如果需要备用封隔塞，则备用封隔塞应位于合适的盖层位置。作为备用封隔塞，其位置也要遵守主力封隔塞的原则，比如备用封隔塞底部位置的地层破裂压力要大于被封隔层位的最大压力。

3.2.3.4 永久屏障长度

一般而言，一个永久屏障应至少有 100ft（30.48m）的优质水泥段，在尽可能的情况下，封隔塞长度应为 500ft（152.4m）。而主力封隔塞在潜在渗流层以上应至少有 100ft

（30.48m）的优质水泥段。在实际作业中，如果渗流层间隔小于 100ft（30.48m），则在两层之间应封固尽可能多的优质水泥段。如果永久屏障包含套管，则为了形成永久性的封隔屏障，套管环空要求封固至少有 100ft（30.48m）的优质水泥环。

当选一个组合式永久屏障替代两个屏障时：

（1）这个组合式永久屏障应至少有 200ft（60.96m）的优质水泥段。并且在尽可能的情况下，封隔塞长度一般要有 800ft（243.84m）。

（2）此水泥塞上部要有 200ft（60.96m）的优质水泥段，并且该优质水泥段要在潜在渗流层以上。

（3）如果套管内的水泥塞重叠环空内的优质水泥段，则该重叠段应至少有 100ft（34.48m），且重叠段的管内外的水泥都要有较好的胶结质量。（《油气井永久弃井指南》）

3.2.3.5　永久屏障验证

一般而言，所有的永久屏障都需要被验证，确认其在相应深度是否满足密封要求。永久屏障验证分为井内屏障验证和环空屏障验证：

（1）井内屏障验证。

水泥塞通过以下方法验证：记录注水泥塞作业，包括固井作业（泵入量、作业期间返出量、亲水添加剂的量等）；记录水泥塞的强度变化，首先在井底温度和压力下对选用的样品进行作业前的测试，而在作业期间取的地面样品也可以作为一个参考指标；永久屏障的位置需要通过探塞或者其他测量方法来验证，以确定封固良好的水泥塞顶深。对水泥塞进行验证：

① 在裸眼段内，需通过施加重量的方式来验证。通常用电缆或连续油管并施压（10～15）$\times 10^3$lbf（5～7.5tf）来下入钻杆，这个重量将受到工具和井眼几何形状的限制。

② 在套管段内，需通过规定的加压或负压试验来验证。加压试验的试压值应高于封隔塞以下井段的注入压力，且不低于 500psi（4MPa 左右），但不能超过允许磨损量下的套管强度，不能损坏原始的套管水泥环。负压试验的压力值必须达到封隔塞可能会承受的最大压差值。

（2）环空屏障验证。

环空水泥面顶深需通过测井（如水泥胶结、温度和声波）或固井期间的作业记录（如泵入量、固井期间的返出及压差等参数）来验证。环空水泥环的封固能力可以通过相关资料进行评估：测井资料、井周期内脉冲的套管压力、套管鞋处的漏失量、固井初期没有异常情况发生（如果在固井期间套管或者尾管在发生漏失，要进行固井评价）和考虑相关影响因素（如套管居中度、井眼冲刷、领浆或尾浆、环空压力、现场经验、水泥附加量）。如果环空水泥中有密封，则可以确定理论的水泥面位置。

3.2.4 英国北海弃置作业指南

3.2.4.1 弃置目的

弃置作业目的是在井筒临时或永久弃置时，保护产层不受污染。需说明的是每口井都有其特性，需按其具体情况具体考虑。(《油气井永久弃井指南》)

3.2.4.2 弃置流程

概括地来说，英国北海井筒弃置方案包括以下步骤：

（1）通过下入一个临时机械塞来隔离产层；

（2）打压，使井底原油流回产层，封堵产层；

（3）在机械塞以上位置注水泥，形成第一道屏障；

（4）对下部管道进行切割或冲压，让管道内的流体在井中循环并被压井液代替；

（5）根据实际情况回收油管，记录该井的数据以评估套管现存的水泥固井质量。如果环空水泥胶结质量不足，则需要对水泥胶结质量采取补救措施（通过分段磨铣和开窗下入水泥塞）；

（6）在合适位置下入第二段水泥塞，形成备用屏障；

（7）在最终井监测之后，切割剩余的导管和套管；

（8）导管和套管的回收部分返回岸边进行回收。(《布伦特油田弃置方案》)

3.2.4.3 弃置阶段

井的弃置分为以下三个阶段：

（1）弃置阶段 1：储层已被永久隔离。要求使用的永久性屏障能够完全隔离储层与井筒；油管既可以留在井内，也可以部分或者全部回收。

（2）弃置阶段 2：潜在渗流层已被永久隔离。要求对井内的油管进行部分回收，封隔尾管，回收套管；下入永久屏障封隔潜在渗流的中间层位及其在井筒内的流道，不需再下入永久屏障时本阶段完成。部分弃置的勘探井和评价井是一种特殊情况，但须符合弃置阶段 2 的要求。

（3）弃置阶段 3：移除井口设备和导管即永久弃井。为了保证弃置井能够安全地再次进入，阶段 1 和阶段 2 的弃置作业是必须进行的，而阶段 3 可以视具体情况而定，并且可以在不考虑永久屏障的情况下使用压控设备。考虑到更深位置的主力封隔塞可能由于失效带来的后果，可以下入备用封隔塞。

3.2.4.4 记录存档

根据石油和天然气管理局的要求，临时弃井和永久弃井作业记录应按规定的报告格式永久性存档。在作业完成后应当尽快提交报告，报告应至少包含以下详细的信息：

（1）状态图（包括套管鞋、地层顶部深度和完井管柱的深度）；

（2）每层环空水泥塞顶深以及其验证方法（如声波固井测井、推算、压差）；

（3）封隔塞的位置、下入方法以及验证方法（如正压或负压试验、探塞等）；

（4）海床清理；

（5）固井报告；

（6）化学品使用报告；

（7）地层压力和地层破裂压力；

（8）渗流层，尤其高压水层或含油气地层；

（9）井口的布置及已安装的防腐帽；

（10）环空和套管内的遗留流体的描述。(《油气井永久弃井指南》)

3.2.4.5 弃置风险评估

风险评估的目的是将油气井弃置设计方案与风险验收标准进行对比，并利用风险分析结果来做出决定。若风险评估认为油气井弃置设计方案没有达到验收标准，那么有必要采取补救措施来降低风险，重新分析并修订油气井弃置设计方案。

（1）风险验收标准。

在进行油气井永久性弃置设计评估时，风险验收标准由环境和安全性共同决定。应当基于已确定的环境影响因素中烃类物质的含量来建立环境风险验收标准。通过将烃类化合物的门限含量与环境影响因素中烃类化合物的含量来完成这项标准的建立工作。环境风险验收标准应基于以下几点：

① 环境影响因素中烃类化合物的含量与烃类化合物的门限含量的比值；

② 环境影响因素中烃类化合物高于烃类化合物的门限含量的比例。

如果海洋中的碳氢化合物总量等级达标，则环境风险验收标准应当包括上述内容。根据油气井弃置设计方案产生的不同结果，可对弃置设计方案进行等级划分。在进行封堵和废弃作业时，具有流动潜力的油气资源区应当用油气井封堵工具进行封堵。封堵和废弃作业完成后，永久屏障将会对油气储层进行保护。

（2）环境及安全风险评估。

为了对比风险验收标准和得到风险分析结果，环境风险评估和安全风险评估都是必须进行的。可将各种油气井弃置设计方案与风险验收标准进行定量对比，也可与相似的油气井弃置设计方案进行对比，得到风险等级，相关的风险等级将会依据现行的风险验收标准进行评定。为了更好地优化油气井弃置设计方案，可在方案制定阶段对方案进行更改；为了量化优化行为对方案的改进效果，修改后的油气井弃置设计方案将会再次接受风险评估，其风险评估结果可在成本效益分析中参与决策。(《基于风险的海上油气井弃置》)

3.3 美国墨西哥湾井筒弃置作业相关规定及标准

美国墨西哥湾地区海上井筒弃置作业相关规定及标准见表 3.6。

表 3.6 美国墨西哥湾海上井筒弃置作业相关规定及标准

序号	内容	标准号	名称	版本	年份
1	法律法规	API Bulletin E3	《Environmental Guidance Document Well Abandonment and Inactive Well Practices For U.S. Exploration》(《美国油气生产中弃井和停井的弃置作业实践》)	1	1993
2		A.C.A. 15–72–216	《West's Arkansas Code Annotated》(《阿肯色州法令规则》)	1	2009
3		C.F.R. 3162.3–4	《Code of Federal Regulations》(《美国联邦法规》)	1	1937
4	环保要求	—	《Clean Water Act of 1972》(《1972 年清洁水法》)	2	1972
5		—	《Clean Air Act of 1970》(《1970 年清洁空气法》)	1	1970
6		U.S.C6901	《Solid Waste Disposal Act of 1965》(《1965 年固体废弃物处理法案》)	1	1965
7		API Recommended Practice 51	《Onshore Oil and Gas Production Practices for Protection of the Environment》(《陆上石油和天然气保护环境的生产实践》)	3	2001
8	弃置指南	ECN–DR–POL–00006	《Well Suspension Policy》(《长停井政策》)	3	2012

3.3.1 美国墨西哥湾井筒弃置相关法律法规

美国墨西哥湾海上油井的封堵弃置作业适应的法律法规包括《生产井和注入井封堵法》《阿肯色州法令规则》《美国联邦法规》(1937 年),违反这些法律法规的作业人员会受到民事和行政处罚。

(1)《生产井和注入井封堵法》。

注入井要符合 1981 年环境保护局规定的最低指导原则,以便根据安全饮用水法第 1425 条获得地下注入控制优先权。地下注入控制计划还赋予环境保护局管理注入井的权力。环保署要求运营商提交封堵计划作为地下注入控制许可证申请的一部分,并要求在开始封堵作业 45 天之前通知机构。

(2)《阿肯色州法令规则》。

在阿肯色州境内钻井或经营原油或天然气的所有承租人或经营者,应按照本节规定,在石油或天然气检验员的监督下,按照石油和天然气委员会的封堵规则,以实际和熟练的模式立即将所有干井或废弃油气井封堵。

（3）《美国联邦法规》（1937 年）。

未经授权人员事先批准，不得暂停弃井超过 30 天以上。获授权人员可授权延长永久性放置井的期限为 12 个月。当经营者经过核实，授权人员可以授权额外的延误，其中任何一个不能超过 12 个月。在从永久弃井场地将钻井或生产设备撤出后，与实施作业行为有关的土地表面应按照授权人员首先批准或规定的计划进行回收。

3.3.2 美国墨西哥湾油田弃置环保要求

3.3.2.1 水污染防治

对水污染防治是永久弃置过程中的重要部分，主要分为以下几个要求：

（1）在墨西哥海域进行勘探、钻井、开采海洋资源等，或公共设施的建造、安装、保养、维护、修理和拆除，应当符合现行法律规定。

（2）在墨西哥海域勘探、开发、加工、精炼、运输、储存、分配和销售海底碳氢化合物和矿物质，应符合组织法关于石油和矿物材料类别的规定以及联邦海洋法的规定。(《清洁水法》)

3.3.2.2 废气污染防治

在海上油气钻探生产过程中，会产生废气，其中有毒有害气体的存在会污染大气环境，甚至会威胁人员的健康。其浓度限值如下：

（1）PM2.5 24h 平均 35μg/m^3，年平均 12μg/m^3；

（2）PM10 24h 平均 150μg/m^3，年平均没有规定；

（3）二氧化硫 1h 平均 0.075ppm（57μg/m^3），24h 平均 0.14ppm（57μg/m^3），年平均 0.03ppm（22.8μg/m^3）；

（4）臭氧 1h 平均 0.09ppm（68.4μg/m^3），年平均 0.07ppm（53.2μg/m^3）；

（5）二氧化氮 1h 平均 0.1ppm（76μg/m^3），年平均 0.053ppm（40.28μg/m^3）；

（6）硫化氢 1h 平均 0.03ppm（22.8μg/m^3）；

（7）一氧化碳 1h 平均 35ppm（26600μg/m^3），8h 平均 9ppm（6840μg/m^3）；

（8）氯乙烯 24h 平均 0.01ppm（7.6μg/m^3）。(《1970 年清洁空气法》)

3.3.2.3 固体废弃物污染防治

为保护人体健康和环境，以及最大限度地减小有害废弃物对作业者的长期影响，应制定一个恰当的废物处理预案。对固体废弃物污染防治有以下要求：

（1）源头削减。

源头削减包括减少产出的废物或其他残留物的体积或毒性，产品替代是一项源头削减的措施。

（2）回收和重复利用。

应对废弃材料进行回收或重复利用，如回收废油、液压油和含油的储罐。

（3）处理。

削减方式有过滤、离心分离、蒸发和絮凝等，这些方法能够有效减少废物体积。(《固体废弃物处理法案》)

3.3.2.4 溢油事故防治

事故溢出除了可能危害环境外，还会对人的健康和安全造成威胁。溢油事故防治有以下要求：

（1）预防。

要充分地培训管理人员和现场操作人员，并审查生产设备的溢油可能性。

（2）减少。

为减少原油溢出的可能性，当废弃管线和临时接头不再需要时，应予以拆除；易松动的管道部件应予以支撑，以减少移动和导致疲劳失效。

（3）控制。

溢出一旦发生时，应在保证安全的前提下，立即关闭溢漏源头，或尽可能减少溢出。溢出物品的扩散应控制在最小的区域内，以最大限度地减少不良后果。(《陆上石油和天然气保护环境的生产实践》)

3.3.3 API 弃置标准主要内容

3.3.3.1 永久屏障材料

（1）基本材料。

永久屏障的基本材料一般有水泥塞或机械桥塞两种。机械桥塞多用于临时弃置井，这里主要讨论永久屏障中的水泥塞。

（2）水泥塞。

用于封堵作业的水泥组合物的选择取决于井深、地层温度、地层特性和钻井液特性。可以加入水泥添加剂如促凝剂和缓凝剂来控制水泥浆的性能。在水泥浆设计中根据几个因素设计合适的稠化时间。设计水泥浆应考虑的因素包括：

① 井况、气体污染、地层压力、温度对水泥浆的影响；

② 估计将浆液泵入所需深度的时间；

③ 机械误差的容错。

挤水泥可能需要水滤失添加剂。体积扩展添加剂或凝胶水泥不应该用在隔离塞中。但是，它们可以用于控制流入井眼的流体，从而可以设置后续的隔离塞。(《美国油气生产中弃井和停井的弃置作业实践》)

3.3.3.2 永久屏障位置

永久屏障设置的要求是隔离保护海水环境，隔离保护潜在未开发储层，防止流体泄漏流出。一般来说，永久屏障的设置有以下位置：

（1）表层：封隔井口表层，防止油气流出井口污染海洋环境甚至发生泄漏事故；

（2）生产层：封隔生产层油气，防止生产层内油气流入井筒；

（3）含油层：封隔含油层油气，防止油气进入井筒，也可以保护储层为后期开采做准备；

（4）高压层：封隔高压层，防止高压层危险流体涌入井筒；

（5）层间：封隔不同储层的连通通道，防止层间流体互窜。

3.3.3.3 永久屏障数量

永久屏障设置的要求是所有不同渗透区应该彼此隔离，从表面或井底至少有一个永久障碍物。如果渗透区是含烃层或超压层和含水层，则需要两个表面或井底的永久性屏障。并且根据井筒内不同位置的要求，应适当增加屏障数量。所以永久屏障的数量要求为：

（1）一个井筒至少要设置一个永久屏障。

（2）含油、高压、含水井筒至少设置两个永久屏障。

（3）对于情况复杂的井筒，应在表面和井底设置两个永久屏障，并根据含油层、高压层的数量，每个位置设置一个永久屏障。最后检验是否存在可能发生层间互窜的情况，如果有互窜应增加相应数量的永久屏障防止油气层间互窜。

3.3.3.4 永久屏障长度

（1）裸眼井永久屏障长度。

① 裸眼井段 。

对于裸眼完井井段（即未下套管且与上部套管相连的井段），如在裸眼井段不存在生产层、注水层或处理层时，用下列方法之一进行封隔处置。

顶替法：水泥塞在套管鞋上下的长度至少应各为 50ft（15.24m）。当裸眼长度小于 50ft（15.24m）时，水泥塞总长度至少为 100ft（30.48m）。根据油藏性质和裸眼井段长度，也可以在整个裸眼井段内注一个水泥塞。

水泥承留器法：在套管鞋以上位置下一个水泥承留器，向水泥承留器下面挤水泥进行封堵，水泥浆的量应填满水泥承留器以下套管及套管鞋以下 50ft（15.24m）的裸眼井段，且留在水泥承留器上部的水泥塞长度应大于 20ft（6.09m）。

② 裸眼井段内。

在裸眼井段对已开采的或未开采的可采储层、注水层等进行封堵，可打一个跨层的悬空水泥塞。如果淡水层裸露，在淡水层的下面打一个水泥塞。水泥塞应从封堵层以下 50ft

到封堵层以上 50ft（共计 30.48m）。在可能导致油气层间窜槽的井段或地层渗透性很差的长井段处，可在该井段顶部打一个不小于 100ft（30.48m）的水泥塞。

（2）套管井的永久屏障长度。

① 射孔井段。

为了防止地层流体进入井筒，应该对已射孔的生产层或注水层封堵。施工时应考虑井眼大小、地层特征和储层压力等。

顶替法：对射孔井段，可以在射孔段上方或整个射孔段上打一个悬空水泥塞来封堵。水泥塞厚度，应从射孔井段以下 50ft（15.24m）或人工井底到射孔井段以上 50ft（15.24m），根据储层条件，也可以在长射孔井段上方打一个不小于 100ft（30.48m）厚的水泥塞来封隔射孔井段。

挤水泥法：在炮眼以上至少 50ft（15.24m）处下入水泥承留器或可取式封隔器等，向炮眼里挤水泥来封堵射孔井段。水泥浆的用量应满足水泥承留器以下至少 100ft（30.48m）的套管内容积和炮眼漏失量，并在其上留至少 20ft（6.09m）厚的水泥塞。

易钻桥塞法：在炮眼以上 50ft（15.24m）至 100ft（30.48m）处打一个易钻桥塞（或永久性封隔器等其他永久性封隔套管的工具），并在易钻桥塞上留 20ft 的水泥塞。

② 余留套管。

余留套管是当套管被切割后，在井内剩余的那一部分。封堵时从剩余的套管或剩余套管外的环空对余留套管进行封堵。依据余留套管以下的流体是从环空流出或注入环空的情况来封堵余留套管。

顶替法：从余留套管内 50ft（15.24m）到上一级套管内或裸眼内 50ft（15.24m）的位置打一个悬空水泥塞。

易钻桥塞法：在余留套管上 20～50ft（6.09～15.24m）的套管处打一个易钻桥塞，并在其上留至少 20ft（6.09m）的水泥塞。

3.3.3.5 永久屏障验证

检验水泥塞是为了确认水泥塞的位置以及水泥浆凝固质量的一道工序。探水泥塞面是检验水泥塞的深度和固结程度的常用方法，而压差检验是确认封堵施工的有效性。只要井眼条件允许，能够安全作业，就应进行探水泥塞面检验和压差检验。

（1）探水泥塞面。

探水泥塞面是为了确认水泥塞在井眼的位置和水泥塞的凝固程度。一般采用钻杆、油管、连续油管或电缆工具等工作管串探水泥塞。

（2）压差检验。

压差检验确认封堵施工的有效性，如果井筒条件允许，应对封堵层进行压差检验。有抽吸法和加压两种方式。

3.3.4　美国墨西哥湾油田弃置作业指南

3.3.4.1　弃置目的

弃井作业指南是为了避免地层流体流出地面发生危险同时保护自然资源。永久弃置井应采用水泥塞封堵作业来保护淡水层，同时也阻止地层流体在井内运移。

3.3.4.2　弃置要求

弃置计划的制定要满足油田公司对于政治、环境、法律和商业的考虑，并保证整个周期的井筒完整性。油气井的弃置应该满足以下具体方面的要求：

（1）隔离油气层和处理废水层段。

为达到保护淡水层这一个主要的目的，应隔离各个油气层和处理废水的层段，并且在最下部淡水层的底部打一个水泥塞。

（2）打地表水泥塞。

地表打一个水泥塞，来阻止地面水渗入井内并流入淡水层。

（3）防止层间窜流。

在弃井作业中，要使井内所有注采井段都被隔离开，将油气及注入液限制在各自的层段里，阻止各层之间的井内窜流。

（4）恢复地貌。

打完表层水泥塞后卸掉井口，要切除地下 1～2m 处（如果有特殊要求，可能会更深）井眼内的工作管柱。

3.3.4.3　弃置审查

墨西哥湾的暂停井在弃置前应满足相应的审查标准，只有在审查之后才可以进行封堵弃置操作。暂停井审查标准有以下几点：

（1）所有勘探井和评估井必须在录井和测井操作完成后弃置。

（2）现有暂停井的数量必须由井所有者积极管理，确保具有后续开发潜能的暂停井才能得到保留，不需要的暂停井被弃置。

（3）所有暂停井均需满足防止流体向外部环境泄漏的原则。

（4）钻井及完井部每年将完整的暂停井弃置井报表和相关数据完整地提交给能源和气候变化部。

（5）所有已经暂停使用六年的油井必须经过审查确定其是否适合继续停用。对于高压 / 高温井或 H_2S/CO_2 井，三年就必须审查一次是否适合继续停用。

（6）审查必须由钻完井部门进行，井所有者也必须参与。审查必须给出理由证明该井继续暂停或设定日期弃置，审查结果必须经井检人员独立检测。

3.3.4.4 记录存档

弃井作业工艺和封堵施工作业记录（井筒情况、管柱记录、套管的损害及修补记录、打水泥塞封堵记录、管柱结构等）应按管理机构要求的格式以永久性文件存档，保存在永久性的井史文件中。废弃井的建设单位应永远保存弃井作业的记录文件，同时应承担相应的责任。弃井各角色应当承担各自记录存档责任：

（1）井所有者保留一份负责的井的清单；

（2）钻完井部门向井所有者提出井筒弃置方法和操作估计费用和工作时间表；

（3）钻完井部门写出最终井筒弃置方案，副本要转交给井检人员；

（4）钻完井部门将最后弃置井状况的副本图表和海底清理调查副本一并转发到能源与气候变化部；

（5）井操作人员维护不断更新油井记录册，以反映由新井暂停，老井弃置、收购、交易和弃置引起的列表上状态变化或数量增减的变化；

（6）钻完井完整性工程师准备必要的每一口井所有者列出和提供的暂停井的能源与气候变化部报表。(《长停井政策》)

3.3.4.5 HSE 指南

为了化解石油开采与环境保护之间的矛盾，保护员工和公众的健康和安全，有以下几点 HSE 指南：

（1）回应公众对原材料、产品和生产的关注；

（2）处理原材料和产品要保护环境并保护员工和公众的安全健康；

（3）把安全、健康和环境考虑作为规划的重点，开发新产品和新工艺；

（4）及时向政府官员、员工、客户和公众提供有关行业安全、健康和环境危害的信息，并提出保护措施建议；

（5）就安全使用，运输和处理原材料、产品和废料向客户、运输商等有关人士提供咨询；

（6）经济地开发生产自然资源，并通过有效利用能源、节省能源；

（7）开展安全、健康和环境宣传来提高公众 HSE 知识；

（8）减少总体排放和废物产生；

（9）与他人合作解决处理运营中有害物质所造成的问题；

（10）与政府和其他机构一起制定相应法律，法规和标准，以保护公众和员工安全。(《美国油气生产中弃井和停井的弃置作业实践 API E3》)

3.4 国内外海上井筒弃置作业相关规定及标准的差异性分析

3.4.1 环保要求差异性分析

海上井筒弃置作业过程中的环保要求主要包括水污染防治、废气污染防治、固体废弃物污染防治和溢油事故防治等 4 个方面。

3.4.1.1 水污染防治

通过调研中国、英国北海、美国墨西哥湾相关环保要求和法律法规，对环保要求中的水污染防治作了相关研究与分析，认识如下：

（1）国内环保要求中水污染防治主要对采出水、含油污水、冲洗水和生活污水的排放作了明确要求，排放要求分为一、二、三级；

（2）英国北海地区的环保要求对控制污水排放到河流和沿海水域做了相关规定，但没有具体的要求，美国墨西哥湾的环保要求对采油废水的排放作了具体要求。

中国、英国北海和美国墨西哥湾水污染防治对比情况见表 3.7。

表 3.7 中国、英国北海和美国墨西哥湾水污染防治对比表

<table>
<tr><th>地区</th><th colspan="2">中国</th><th>英国北海</th><th>美国墨西哥湾</th></tr>
<tr><td>标准名称</td><td colspan="2">GB 4914—2008《海洋石油开发工业含油污水排放标准》</td><td>《1974 年污染控制法》</td><td>《海洋倾倒法》
（Ocean Dunping Act）</td></tr>
<tr><td rowspan="4">具体要求</td><td>采出水</td><td>含油浓度要求：
一级：一次容许量≤30mg/L；
二级：一次容许量≤45mg/L；
三级：一次容许量≤65mg/L</td><td rowspan="4">要求控制河流和沿海水域污染，控制污水排放到河流和沿海水域</td><td rowspan="4">海上采油废水中油和油脂的排放限值：日最大值不超过 72mg/L；月平均值不超过 48mg/L</td></tr>
<tr><td>含油污水</td><td>渤海禁排；
其他海域排放浓度低于 15mg/L</td></tr>
<tr><td>冲洗水</td><td>含油浓度要求：
一级：≤10mg/L；
二级：≤10mg/L；
三级：≤30mg/L</td></tr>
<tr><td>生活污水</td><td>一级和二级≤300mg/L；
三级≤500mg/L</td></tr>
</table>

中国、英国北海和美国墨西哥湾环保要求中对水污染防治的具体要求如下：

（1）中国。

GB 4914—2008《海洋石油开发工业污水排放标准》要求：

① 采出水。

一级：一次容许量≤30mg/L，月平均值≤20mg/L；二级：一次容许量≤45mg/L，月平均值≤30mg/L；三级：一次容许量≤65mg/L，月平均值≤45mg/L。

② 含油污水。

海上钻井设施的含油污水，在渤海禁止排放；其他海域要求排放浓度低于 15mg/L。

③ 冲洗水。

冲洗水中的含油浓度要满足：一级：≤10mg/L；二级：≤10mg/L；三级：≤30mg/L。

④ 生活污水。

生活污水的排放要求：COD（一级和二级≤300mg/L，三级≤500mg/L），粪便（一级和二级要求粪便经过消毒和粉碎等处理，三级没作具体要求）。

（2）英国北海地区。

《1974 年污染控制法》要求：

① 控制河流和沿海水域污染。

不允许以下几种情况的发生：将任何有毒或有污染的物质排入任何河流、受控水域或任何指明的地下水域；将任何固体废物排入溪流或受限制的水域；任何人不得将任何平台或者作业场地的固体垃圾遗落在任何土地上或者排放到溪流。

② 控制污水排放到河流和沿海水域。

任何人如果做出或故意允许将任何的工业废水和污水排放到相关水域之中即属于犯罪。

（3）美国墨西哥湾地区。

《海洋倾倒法》要求：

海上采油废水中油和油脂的排放限值：日最大值不超过 72mg/L；月平均值不超过 48mg/L。

3.4.1.2 废气污染防治

通过调研中国、英国北海、美国墨西哥湾相关环保要求和法律法规，对环保要求中的废气污染作了相关研究与分析，认识如下：

（1）废气污染中主要针对的是有毒有害气体，各个地区对几种常见的有毒有害气体（硫化氢、二氧化氮、二氧化硫、一氧化碳、氮氧化物、粉尘颗粒和铅等）的排放作了明确要求；

（2）其中国内地区除了对以上几种废气做了要求外，还针对伴生天然气和燃烧烟气作了要求，英国北海和墨西哥湾针对臭氧排放作了具体要求。

中国、英国北海和美国墨西哥湾废气污染防治对比情况见表 3.8。

表 3.8 中国、英国北海和美国墨西哥湾废弃污染防治对比表

地区		中国	英国北海	美国墨西哥湾
名称		GB 3095—2012《环境空气质量标准》	《苏格兰空气质量》	《国家环境空气质量标准》
具体要求	一氧化碳	1h 平均 10mg/m³; 24h 平均 4mg/m³	8h 平均 10μg/m³	1h35ppm（26600μg/m³）; 8h9ppm（6840μg/m³）
	硫化氢	1h 平均 500μg/m³; 24h 平均 150μg/m³; 年平均 60μg/m³	1h 平均 350μg/m³; 24h 平 130μg/m³	1h 平均 0.03ppm（22.8μg/m³）
	铅	季平均 1μg/m³; 年平均 0.5μg/m³	年平均 0.5μg/m³	30 天平均 1.5μg/m³; 3 个月平均 0.15μg/m³

中国、英国北海和美国墨西哥湾环保要求中对废气污染防治的具体要求如下：

（1）中国。

GWPB 3—2014《锅炉大气污染物排放标准》要求：

① 伴生天然气：需要对气体进行净化，不能回收利用的宜采用火炬系统燃烧处理。

② 燃烧烟气：烟囱高度要根据锅炉房装机总容量（0～28MW）的不同，采用不同的排气筒高度（20～45m）。

GB 3095—2012《环境空气质量标准》要求：

① 硫化氢：1h 平均 500μg/m³，24h 平均 150μg/m³，年平均 60μg/m³;

② 二氧化氮：1h 平均 200μg/m³，24h 平均 80μg/m³，年平均 40μg/m³;

③ 一氧化碳：1h 平均 10mg/m³，24h 平均 4mg/m³;

④ 粉尘颗粒：粒径≤10μm 的颗粒物 24h 平均 150μg/m³，年平均 70μg/m³；粒径≤2.5μm 的颗粒物 24h 平均 75μg/m³，年平均 35μg/m³;

⑤ 氮氧化物：1h 平均 250μg/m³，24h 平均 100μg/m³，年平均 50μg/m³;

⑥ 铅：季平均 1μg/m³，年平均 0.5μg/m³。

（2）英国北海地区。

《苏格兰空气质量》要求：

① PM2.5：年平均 26μg/m³;

② 氮氧化物：1h 平均 200μg/m³，年平均 45μg/m³;

③ 二氧化硫：1h 平均 350μg/m³，24h 平均 130μg/m³;

④ 臭氧：日最大 8h 平均 100μg/m³;

⑤ 一氧化碳：日最大 8h 平均 10μg/m³;

⑥ 铅：年平均 0.5μg/m³。

（3）美国墨西哥湾地区。

《国家环境空气质量标准》要求：

① PM2.5：24h 平均 35μg/m³，年平均 12μg/m³;

② 二氧化硫：1h 平均 0.075ppm（57μg/m³），24h 平均 0.14ppm（106.4μg/m³），年平均

0.03ppm（$22.8\mu g/m^3$）；

③ 臭氧：1h 平均 0.09ppm（$68.4\mu g/m^3$），年平均 0.07ppm（$53.2\mu g/m^3$）；

④ 二氧化氮：1h 平均 0.1ppm（$76\mu g/m^3$），年平均 0.053ppm（$40.28\mu g/m^3$）；

⑤ 铅：30 天平均 $1.5\mu g/m^3$，3 个月平均 $0.15\mu g/m^3$；

⑥ 硫化氢：1h 平均 0.03ppm（$22.8\mu g/m^3$）；

⑦ 一氧化碳：1h 平均 35ppm（$26600\mu g/m^3$），8h 平均 9ppm（$6840\mu g/m^3$）。

3.4.1.3 固体废弃物污染防治

通过调研中国、英国北海、美国墨西哥湾相关环保要求和法律法规，对环保要求中的固体废弃物污染做了相关研究与分析，认识如下：

（1）固体废弃物污染防治中主要针对的是钻屑排放，三大地区对钻屑排放中的含油量做了明确要求，不同标准差异不大，三大地区的一级要求都为含油量＜1%；

（2）中国除了对钻屑做了要求外，还针对生产垃圾、生活食品废弃物、油砂、废泥油做了相关说明，但无具体要求。

中国、英国北海和美国墨西哥湾固体废弃物污染防治对比情况如表 3.9 所示。

表 3.9 中国、英国北海和美国墨西哥湾固体污染防治对比表

地区		中国	英国北海	美国墨西哥湾
标准名称		《中华人民共和国海洋环境保护法（2016 年修正本）》	《油田废弃物全过程管理体系与管理技术研究》	《海洋倾倒法》
具体要求	钻屑（水基钻井液）	含油量：一级＜1%；二级：＜3%；三级：＜8%	在批准使用钻井液的情况下可排放，但排放前需毒性测试	允许排放含油量小于 1% 的钻屑
	钻屑（非水基钻井液）	含油量：一级＜1%；二级：＜3%；三级：＜8%	允许排放含油量小于 1% 的钻屑	允许排放含油量小于 1% 的钻屑

中国、英国北海和美国墨西哥湾环保要求中对固体废弃物污染防治的具体要求如下。

（1）中国。

《中华人民共和国海洋倾废管理条例》要求：

① 生产垃圾。

生产垃圾禁止排放或弃置入海。

② 生活食品废弃物。

一级：禁止排放或弃置入海；二级和三级颗粒直径小于 25mm。

《防治海洋工程建设项目污染损害海洋环境管理条例》要求：

油砂、废泥油：容器、管道、污水处理设施中清出的废油泥、油砂、滤料等废弃物宜综合利用，不能综合利用的应回收处置。

《中华人民共和国海洋环境保护法（2016 年修正本）》要求：

① 钻屑（水基钻井液）。

一级：除渤海不得排放钻井油层钻屑和钻井油层钻井液外，其他海区要求含油量：一级<1%；二级：<3%；三级：<8%。

② 钻屑（非水基钻井液）。

一级：除渤海不得排放钻井油层钻屑和钻井油层钻井液外，其他海区要求含油量：一级<1%；二级：<3%；三级：<8%。

（2）英国北海地区。

《油田废弃物全过程管理体系与管理技术研究》要求：

① 钻屑（水基钻井液）。

在批准使用钻井液的情况下可以排放，但排放之前需要进行毒性测试。

② 钻屑（油基钻井液）。

允许排放含油量小于 1% 的钻屑。

③ 钻屑（合成基钻井液）。

仅仅在特定的情况下，钻屑才可以被允许排放。

（3）美国墨西哥湾地区。

《海洋倾倒法》要求：

允许排放含油量小于 1% 的钻屑，但排放前需要获取相关许可证。

3.4.1.4 溢油事故的防治

通过调研中国、英国北海、美国墨西哥湾相关环保要求和法律法规，对环保要求中的溢油事故防治做了相关研究与分析，认识如下：

（1）国内溢油事故防治中主要针对溢油事故防范措施和处理措施进行了简要说明；

（2）英国北海地区主要针对溢油事故的应急处理进行了简要说明；

（3）美国墨西哥湾地区海上油气田针对溢油事故的防治应该从以下五个方面做起：预防、削减、意外溢出事故预案、控制和截留、清理。

中国、英国北海和美国墨西哥湾溢油事故防治对比情况见表 3.10。

表 3.10 中国、英国北海和美国墨西哥湾溢油事故防治对比表

地区	中国	英国北海	美国墨西哥湾
标准名称	《防治海洋工程建设项目污染损害海洋环境管理条例》	《浅谈英国海上溢油事故应急处理机制》	《陆上石油和天然气保护环境的生产实践》
具体要求	溢油事故防范措施：应采取防止工具撞击造成的油气储存装置的损害而导致的溢油事故的措施。 溢油应急处理措施：海上油气田应具备相应规模的溢油应急能力，所设置的溢油回收设施和围油、消油器材应符合该油田的油气特性和所在海区的环境条件，应与施放设施相配套，并具有良好的机动性	英国溢油污染应变处理计划的内容包括：应变处理顺序、政府部门间合作、信息搜集与风险评估、敏感性环境风险制图、策略发展、应变处理计划的评估、设备与供应以及油污回收与岩石处理，训练、演习与计划再评估等九大部分	溢油事故防治分为五部分：预防、削减、意外溢出事故预案、控制和截留、清理

3.4.2 永久屏障的差异性分析

弃井过程中需要对潜在渗流层、射孔层段、套管鞋和表层等井段进行封固，井筒弃置封固过程中需要建立井筒屏障体，井筒屏障体的正确建立是保证井筒弃置封固施工成功的关键之一。通过调研中国、英国北海、美国墨西哥湾相关井筒弃置标准，对井筒弃置过程中不同标准对永久屏障体的要求进行了差异性分析，主要包括永久屏障的材料、永久屏障的位置、永久屏障的数量和永久屏障的长度等 4 个方面。

3.4.2.1 永久屏障的材料

通过调研中国、英国北海、美国墨西哥湾相关井筒弃置标准和文献资料，对井筒弃置过程中永久屏障材料的选取做了相关研究与分析，认识如下：

（1）以下几种材料可作为永久屏障的材料：套管、油管、水泥、机械塞（桥塞、封隔器等）。

（2）井筒弃置过程中建立永久屏障的可选材料为水泥和机械塞。水泥常用来封堵储层、射孔层段等潜在渗流层，防止地层流体向井筒流动和井筒内流体的不可控流动；机械塞常常坐封在井内的确定位置，用来封堵流体在井筒内的流动。

（3）英国北海地区海上井筒弃置相关规范要求，永久屏障的首选材料是水泥，如果材料满足低渗透、抗腐蚀性、承受井下高温高压、自身能够保持长期的完整性，也可作为屏障材料。

（4）美国墨西哥湾地区海上井筒弃置相关规范要求，建立永久屏障时应选择静水压头（液柱）、机械式（封隔器、桥塞、膨胀管）或固化式化学材料（通常是水泥）作为屏障材料。

（5）此外，法国弃置指南中指出，胶结式固体屏障材料除了使用水泥，还可以选取树脂和可沉淀的胶结剂等；机械式固体屏障除了使用封隔器和桥塞，还可以选取水泥圈（位置可调的一种屏障体）作为机械式屏障，其为一种位置可调的屏障，适用性较强。

各个弃置标准和指南中对永久屏障材料的具体要求如下：

（1）中国。

SY/T 7026—2014《油气井管柱完整性管理》要求：屏障材料可用套管和油管。

SY/T 6646—2017《废弃井及长停井处置指南》要求：屏障材料用水泥。

（2）英国北海地区。

《油气井永久弃井指南》要求：首选材料是水泥。如果材料满足低渗透、抗腐蚀性、承受井下高温高压、自身能够保持长期的完整性等性能，也可作为屏障材料。

《关于弃井过程中材料的要求指南》要求：永久屏障的材料可以是水泥、聚合物、凝胶、金属材料等。

（3）美国墨西哥湾地区。

《油气井的封堵和废弃》（《Plugging and Abandonment of Oil and Gas Wells》）要求：永

久屏障材料选用水泥；临时屏障材料选用机械塞（封隔器）。

《在油井施工过程中隔离潜在流动区域（API 65-2）》（《Isolating Potential Flow Zones During Well Construction API 65-2》）要求：物理屏障可分为静水压头（液柱）、机械式（封隔器、桥塞、膨胀管）或固化式化学材料（通常是水泥）。

《美国勘探和生产作业的废弃井和非活动井实践（API E3）》（《Well Abandonment and Inactive Well Practices for U.S. Exploration and Production Operations API E3》）要求：屏障材料通常选用水泥或机械塞（桥塞、封隔器）。

（4）其他地区。

《法国指南》（《France Guidelines》）要求：

① 液体屏障。

液体屏障（液柱）位于可渗层顶部，阻止流体向井内流入。

② 固体屏障。

胶结式固体屏障：水泥、树脂、可沉淀的胶结剂。

机械式固体屏障：桥塞（坐封在井内的确定位置）、水泥圈（位置可调的一种屏障体）、封隔器。

3.4.2.2 永久屏障的位置

通过调研中国、英国北海、美国墨西哥湾相关井筒弃置标准和文献资料，对井筒弃置过程中永久屏障的位置做了相关研究与分析，认识如下：

（1）认为需要在以下位置建立永久屏障：储层、渗透层、套管鞋、尾管鞋、分级箍、裸眼段层间、射孔段层间、顶部油气层、套管切割处等。

（2）国内弃置标准指出，在以上几个位置都应建立永久屏障，以保证井筒的安全性；英国北海地区主要针对潜在渗流层的封堵做出了明确要求；美国墨西哥湾地区主要针对潜在渗流层和表层的封堵做出了明确要求。

各个弃置标准和指南中对永久屏障位置的具体要求如下。

（1）中国。

SY/T 6845—2011《海洋弃井作业规范》要求：位置为储层、尾管鞋、分级箍、表层套管鞋、切割套管处、水泥帽、裸眼段层间封隔、射孔段层间封隔、顶部油气层封堵、上部套管段封堵。

《海洋石油安全管理细则》国家 25 号令要求：位置为油、气、水等渗透层、套管鞋、尾管顶部、射孔层、套管切割处、表层套管。

（2）英国北海地区。

《油气井永久弃井指南》要求：主要封隔塞应该贯穿潜在渗流层井段上面合适的盖层，如果需要的话，次要封隔塞也应该位于合适的盖层的位置。

《深水弃井指南》(《Deepwater Abandonment Guidelines》)要求：所有的多孔 / 可渗地层、套管鞋处（下部是裸眼地层）、生产尾管上部、射孔段、切割套管处上部、表层封隔。

（3）美国墨西哥湾地区。

《油气井的封堵和废弃》要求：位置为渗流层层间、表层。

《美国勘探和生产作业的废弃井和非活动井实践（API E3）》要求：位置为储层、尾管鞋、表层套管鞋、切割套管处、地下盐水层和淡水层。

3.4.2.3 永久屏障的数量

调研中国、英国北海、美国墨西哥湾相关弃置标准和文献资料，认识如下：

（1）认为井筒弃置过程中根据不同情况分别需要在井筒内建立一个或两个永久屏障。

（2）国内弃置标准指出，当存在引起地层之间流体在井筒内不可控窜流的压差，则必须在适当位置设置一个屏障；当存在引起井筒中流体不可控地流向外部环境的压差，则必须设置两个可靠的屏障。

（3）英国北海地区弃置指南指出，对于存在流体且需封隔的地层，至少使用一个 / 两个永久性封隔塞来进行阻止层间流动；对于含油、气或者含高压水且需要封隔的地层，需要两个永久性的封隔塞来进行封隔，其中第二个永久性封隔塞是备用的。

（4）美国墨西哥湾弃置标准指出，对于要封隔的位置通常采用一个屏障进行封隔。

（5）此外，法国弃置指南指出，为了防止层间流动，每一个可渗层都需要用一个屏障进行封隔；为了阻止井内流体向地面流动，则应建立两个屏障体进行封隔。

各个弃置标准和指南中对永久屏障数量的具体要求如下。

（1）中国。

SY/T 7026—2014《油气井管柱完整性管理》要求：当存在引起地层之间流体在井筒内不可控窜流的压差，则必须在适当位置设置一个屏障；当存在引起井筒中流体不可控地流向外部环境的压差，则必须设置两个可靠的屏障。

（2）英国北海地区。

《油气井永久弃井指南》要求：对于存在流体且需封隔的地层，至少使用一个 / 两个永久性封隔塞来进行阻止层间流动；对于含油、气或者含高压水且需要封隔的地层，需要两个永久性的封隔塞来进行封隔，其中第二个永久性封隔塞是备用的。

（3）美国墨西哥湾地区。

《美国勘探和生产作业的废弃井和非活动井实践（API E3）》要求：对于要封隔的位置通常采用一个屏障进行封隔。

（4）其他地区。

《法国指南》要求：为了防止层间流动，每一个可渗层都需要用一个屏障进行封隔；为了阻止井内流体向地面流动，则应建立两个屏障体进行封隔。

3.4.2.4 永久屏障的长度

通过调研中国、英国北海、美国墨西哥湾相关弃置标准和文献资料，对井筒弃置过程中永久屏障的长度做了相关研究与分析，认识如下：

（1）中国、英国北海和美国墨西哥湾弃置标准及相关指南中分别对所要求建立永久屏障位置处永久屏障的长度做了具体要求，位置如下：储层、渗透层、射孔段、套管鞋、尾管鞋、分级箍、裸眼段层间、射孔段层间、顶部油气层、套管切割处等。

（2）国内弃置标准要求，在渗流层、射孔段、套管鞋、尾管鞋、分级箍、裸眼段层间、射孔段层间等位置建立的永久屏障长度至少为 60m；在裸眼段层间、射孔段层间的屏障应该在该层位置上下各 30m；对储层来讲，应建立长度不小于 100m 的永久屏障，上下至少 50m。

（3）对于表层水泥帽，中国《海洋弃井作业规范》要求 50m，而《海洋石油安全管理细则》（25 号令）要求 45m；对于切割套管处，中国《海洋弃井作业规范》要求上下各 60m，而《海洋石油安全管理细则》（25 号令）要求上下各 40m。

（4）英国北海地区相关井筒弃置指南要求：对于单一屏障而言，封隔塞长度为 500ft（152.4m），并且要求主要封隔塞在潜在渗流层最高点之上应至少有 100ft（30.48m）封固良好的水泥；对于组合式屏障，要打 800ft（243.84m）长的水泥塞，并且包含一段至少 200ft（60.96m）的优质水泥塞。对于组合式屏障，要求管内水泥塞与环空水泥段要有累积 200ft（60.96m）的重叠段，且重叠段管内外的水泥都要有较好的胶结质量。

（5）挪威相关井筒弃置指南要求：对于渗透层、射孔段，水泥塞长度 80m（上 50m，下 30m）；在套管鞋处、生产尾管上部、切割套管的上部，水泥塞长度 100m（上 50m，下 50m）；对于表层封隔，要求水泥塞顶部距海底 50m 以下，水泥塞底部距海底 250m 以下。

（6）美国墨西哥湾地区相关井筒弃置指南要求：对于储层水泥塞长度至少 100ft（30.48m），其中储层上部至少 50ft（15.24m）；尾管鞋水泥塞长度上下至少 50ft（15.24m）；地下盐水层和淡水层上部建立屏障，至少 100ft（30.48m）；表层套管鞋水泥塞长度上下各 50ft（15.24m）；被切割套管的下部 50ft（15.24m）。API E3 规定如果用桥塞进行封隔，则桥塞上部至少有 20ft（6.096m）的水泥塞。

各个井筒弃置标准和指南中对永久屏障长度的具体要求如下：

（1）中国。

① SY/T 6845—2011《海洋弃井作业规范》要求：

a. 储层。对分层开采，要求分层封堵储层，顶部油、气、水层的水泥塞顶面应高于所封堵层顶部不少于 100m；特殊井在顶部储层以上坐桥塞挤水泥，并注不少于 50m 水泥塞。

b. 尾管鞋。管鞋上下注不少于 60m 水泥塞。

c. 分级箍。上下注不少于 60m 水泥塞。

d. 表层套管鞋。上下注不少于 60m 水泥塞；特殊井坐桥塞，注不少于 100m 水泥。

e. 切割套管处。割口上下注不少于 60m 水泥塞。

f. 水泥帽。长度不小于 50m，至少返至泥面下 4m。

g. 裸眼段层间封隔。用水泥塞封堵油、气、水层时，应自所封堵油、气、水层底部 30m 以下向上覆盖至所封堵层顶部以上不少于 30m。

h. 射孔段层间封隔。油气层底部以下不少于 30m 向上注水泥塞，水泥塞顶面应高出每组油气层顶部不少于 30m。

i. 顶部油气层封堵。最上面油气层的水泥塞顶面不应该低于射孔段顶部以上 100m。

j. 上部套管段封堵。在表层套管鞋深度附近的内层套管内或环空有良好水泥封固处向上注一个长度不小于 50m 的水泥塞。

②《海洋石油安全管理细则》(国家 25 号令）要求：

a. 储层。其上注不少于 50m 水泥塞。

b. 尾管鞋。管鞋上下注不少于 60m 水泥塞。

c. 切割套管处。割口上下注不少于 40m 水泥塞。

d. 表层水泥帽。长度至少有 45m，至少返至泥面下 4m。

（2）英国北海地区。

《油气井永久弃井指南》要求：

对于单一屏障而言，通常在尽可能的情况下，封隔塞长度为 500ft（152.4m），并且要求主要封隔塞在潜在渗流层最高点之上应至少有 100ft（30.48m）封固良好的水泥；对于组合式屏障而言，通常情况下要打 800ft（243.84m）长的水泥塞，并且包含一段至少 200ft（69.96m）的优质水泥塞。对于组合式屏障，要求管内水泥塞与环空水泥段要有累积 200ft（60.96m）的重叠段，且重叠段管内外的水泥都要有较好的胶结质量。

《深水弃井指南》要求：

对于渗透层、射孔段而言，水泥塞长度 80m（上 50m，下 30m）；在套管鞋处、生产尾管上部、切割套管的上部，水泥塞长度 100m（上 50m，下 50m）；对于表层封隔而言，要求水泥塞顶部距海底 50m 以下，水泥塞底部距海底 250m 以下。

（3）美国墨西哥湾地区。

《美国勘探和生产作业的废弃井和非活动井实践（API E3）》要求：

对于储层水泥塞长度至少 100ft（30.48m），其中储层上部至少 50ft（15.24m）；尾管鞋水泥塞长度上下至少 50ft（15.24m）；地下盐水层和淡水层上部建立屏障，至少 100ft（30.48m）；表层套管鞋水泥塞长度上下各 50ft（15.24m）；被切割套管的下部 50ft（15.24m）。

API E3 规定如果用桥塞进行封隔，则桥塞上部至少有 20ft（6.096m）的水泥塞。

3.4.3 永久屏障的验证标准

永久屏障体建立后，为保证所建屏障体符合井筒弃置规则，且满足后期井筒弃置作业的相关要求，需要对所建屏障体进行验证。

通过调研中国、英国北海、美国墨西哥湾相关井筒弃置标准和文献资料，对井筒弃置过程中永久屏障的验证作了相关研究与分析，认识如下：

（1）中国、英国北海和美国墨西哥湾弃置标准及相关指南中指出，永久屏障的验证主要分为井内屏障的探塞验证和水泥塞的耐压密封性验证。

（2）国内井筒弃置标准规定：探塞验证时可用的技术手段有油管或钻杆探塞法、电缆法，其中电缆法应用较广。水泥塞耐压密封性验证时主要进行负压检验、加压检验。负压检验时根据液面高度变化情况判断水泥塞是否合格；加压检验时进行泵注加压，使井内液柱压力慢慢超过被水泥塞封堵层的设计压力。

（3）英国北海地区相关井筒弃置指南要求：探塞验证时可用的技术手段有测井（如水泥胶结、温度或声波）和根据固井期间的作业记录推算（如泵入量、固井期间的返出及压差等参数）。水泥塞耐压密封性验证时主要进行负压检验、加压检验。加压试验的试压值应高于封隔塞以下井段的注入压力（比如射孔段的注入压力或套管鞋下部裸眼段的地层压力），并且压力不低于500psi（4MPa左右），同时不能超过允许磨损量下的套管强度或者损坏原始的套管水泥环；负压试验的压力值必须达到封隔塞可能会承受的最大压差值。

（4）挪威地区相关井筒弃置指南要求：探塞验证时可用的技术手段有油管或钻杆探塞法、电缆法。具体要求：承压试验达到1030psi（700bar/7MPa左右），负载试验达到22klb（10t）。

（5）由于国内标准来源于API标准的翻译，因此美国墨西哥湾地区对屏障验证的要求与国内相一致。

各个井筒弃置标准和指南中对永久屏障验证的具体要求如下：

（1）中国。

SY/T 6646—2017《废弃井及长停井处置指南》要求：

探塞验证时可用的技术手段有油管或钻杆探塞法、电缆法，其中电缆法应用较广。水泥塞耐压密封性验证时主要进行负压检验、加压检验。负压检验时根据液面高度变化情况判断水泥塞是否合格；加压检验时进行泵注加压，使井内液柱压力慢慢超过被水泥塞封堵层的设计压力。

（2）英国北海地区。

《油气井永久弃井指南》要求：

探塞验证时可用的技术手段有测井（如水泥胶结、温度或声波）和根据固井期间的作业记录推算（如泵入量、固井期间的返出及压差等参数）。水泥塞耐压密封性验证时主要进行负压检验、加压检验。加压检验时压力不低于500psi（4MPa左右），但是不能超过允许磨损量下的套管强度或者损坏原始的套管水泥环；负压试验的压力值必须达到封隔塞可能会承受的最大压差值。

《深水弃井指南》要求：

探塞验证时可用的技术手段有油管或钻杆探塞法、电缆法。分别对套管鞋、生产尾管上部、切割套管处的屏障检验给出了具体要求：承压试验达到1030psi（7MPa左右），其超过地层强度，负载试验达到22klb（10t）。

（3）美国墨西哥湾地区。

《美国勘探和生产作业的废弃井和非活动井实践（API E3）》要求：

探塞验证时可用的技术手段有油管或钻杆探塞法、电缆法，其中电缆法应用较广。水泥塞耐压密封性验证时主要进行负压检验、加压检验。负压检验时根据液面高度变化情况判断水泥塞是否合格；加压检验时进行泵注加压，使井内液柱压力慢慢超过被水泥塞封堵层的设计压力。

3.4.4 遗留物处置要求

调研中国、英国北海、美国墨西哥湾相关弃置标准和文献资料，其中对遗留物处置要求的认识如下：

（1）井筒弃置过程中对报废的井口装置、套管、桩等海底遗留物，都必须按规定进行处置。

（2）中国弃置标准要求，井口装置、套管、桩等海底遗留物，清除至海底泥面以下4m。需要保留的井口或其他孤立的水下遗留物，均需按港务监督要求设置方位标或在其不超过50m的范围内设置孤立危险物标。并且要求，其在不妨碍海洋主导功能使用的条件下，其残留的桩腿等结构物应切割至距水面不小于55m处。

（3）英国北海地区弃置标准要求，在距离海床至少10ft（3.048m）以下位置应进行套管回收作业，所有的海底设施和残留物应该被回收。

（4）美国墨西哥湾地区要求将留在井眼内的任何工作管柱都应从地下1～2m处割掉，并且管柱被割掉后，如果环空无水泥，则应用水泥浆填满该空间。

各个井筒弃置标准和指南中对海底遗留物处置的具体要求如下：

（1）中国。

《海上油气田、生产平台及开发井报废规定》要求：报废的井口装置、套管、桩等海底遗留物，都必须按规定清除至海底泥面以下4m。需要保留的井口或其他孤立的水下遗留物，均需按港务监督要求设置方位标或在其不超过50m的范围内设置孤立危险物标。

SY 6983—2014《海上石油生产设施弃置安全规程》要求：

在领海以内海域进行全部拆除的设施，其残留海底的结构物应切割至海底表面 4m 以下。专属经济区和大陆架水深大于 100m 的设施，应按照国家海洋行政主管部门的批推要求进行全部拆除或部分拆除。部分拆除时，其在不妨碍海洋主导功能使用的条件下，其残留的桩腿等结构物应切割至距水面不小于 55m 处。而其他结构与设备均应全部拆除并运至岸上处理。原地弃置的海底管道应进行清扫、清洗和封堵。

（2）英国北海地区。

《油气井永久弃井指南》要求：

在距离海床至少 10ft（3.048m）以下位置应进行套管回收作业，所有的海底设施和残留物应该被回收。

（3）美国墨西哥湾地区。

《美国勘探和生产作业的废弃井和非活动井实践（API E3）》要求：

打完表层水泥塞后卸掉井口，将留在井眼内的任何工作管柱都应从地下 1～2m 处（如果有特殊要求，可能会更深）割掉。管柱被割掉后，如果环空无水泥，则应用水泥浆填满该空间。

3.5 国内外对于海上井筒弃置的相关要求

在海上油气开发的过程中，会产生大量的弃置井。在实践中发现，关于国家规定的海上井筒弃置的相关要求非常宏观，在很多情况下都无法执行，因此有必要制定弃置井的专项标准，规范海上井筒弃置的相关要求。

3.5.1 弃置计划的申报格式及申报批准流程

3.5.1.1 中国申报格式及申报批准流程

（1）申报书格式。

① 内容格式：

纸张大小：采用 210mm × 297mm（A4）的纸张。

页边距：上 30mm，下 30mm，左 25mm，右 25mm，页眉 15mm，页脚 20mm。

字体：中文为宋体，英文和数字为 Arial 体。

正文部分字号：一级标题：加粗小三号；二级标题：四号；表格内文字：五号；其余文字：小四号。需要特别提示或强调的内容可以用加粗字体表示。

设计书构成：封面、审批页、目录和设计内容。

② 封面格式：

上部中间空 1 行，第 2 行字体为 4 号字体标明“编号”，下一行用一号宋体加粗字居中标明“× × 油田 × × × 井”，下一行用加粗小初号字体标明“永久性 / 暂时性封井工程设计”，中间用二号宋体加粗标明“作业内容”和“井别”，用小二号宋体加粗标明“设计单位”和“设计人”。

下部用三号宋体加粗居中标明“× × 油田公司”和“设计日期：年月日”，“设计日期：年月日”统一用阿拉伯数字来表示。编号不需设计人填写，是在归档过程中自动生成。

井别：采油井（又称油井）、采气井（又称气井）、注水井、注气井、水源井，采油井又包括观察井和实验井。

作业内容填：永久性 / 暂时性封井。

设计单位填：× × 油田公司 × ×。

设计人姓名要填在封面。

设计日期：填完成设计的日期，不填开始设计的日期。

（2）申报比准流程。

① 审批程序及审批权限由 × × 油田公司下文确定，审批页要在网上审批会签。

② 审批页流程由 × ×（拟为钻采院设计中心）根据 × × 油田公司文件要求设置，由各会签单位申报审批人和签字图片，经局主管单位领导按文件审核同意后，报 × ×（拟为钻采院设计中心）设置，配给审批人钥匙及打开密码。

③ 大修作业修井设计和封井设计使用同一个审批流程。

④ 审批页中的审核及审批人是 × × 油田公司文件所规定的有关单位的技术主管领导。

⑤ 设计人签字在封面上。

⑥ 审核人在签字前要认真审查设计的编写是否符合设计编写标准，收集的数据是否齐全、准确、无误，有无编造的假数据，若发现错误的数据，标明错误内容。

3.5.1.2　英国申报格式及申报批准流程

（1）申报书格式。

① 弃置设施概况，包括设施名称、地理位置、所有者及使用时间；终止生产的原因；计划停产日期及进行弃置的起止时间；设施主要结构、生产工艺及其功能；设施弃置方式及与其他弃置方式的比较；原地弃置保留设施的基本情况。

② 设施弃置方案应包括以下内容：设施弃置程序；弃置作业组织机构；弃置作业主要施工设备及机具；海上吊装及切割等高危险性作业的施工方案；安全环保风险分析及防范措施；降低对周围海洋环境影响或破坏的措施；安全及防污染应急预案。

③ 实施弃置作业前，设施所有者应将国家海洋行政主管部门批准的设施弃置方案报国家能源主管部门备案。

（2）申报批准流程。

① 如果原钻井通告未提及弃置计划方案，则必须报告健康安全执法局海上安全监管

部门。并且弃置作业动态应写入提交给健康安全执法局海上安全司的周报中。

② 弃置作业也应该建立油污染应急预案、油污染应急预案需要考虑钻井期间的情况。油井封堵和弃置作业的申请应通过环境跟踪系统（PETS）使用井的作业干预申请填写。

③ 接下来井筒弃置要在 WONS（作业和通告系统）中通过相应的申请获得 OGA（石油天然气管理局）的准许。

④ 石油和天然气管理局在作业完成后一个工作日内通过 WONS 系通知，其他申报过许可证的部门要在 30 天内通知，HSE 部门除了周报以外不需要其他通知。

3.5.1.3 美国申报格式及申报批准流程

（1）申报书格式。

如果使用爆炸物，则需要提供三份申报书；如果不使用，则提供两份申报书即可。在最终弃置申报书中包含以下信息：

① 申请人的身份证明，包括：租赁经营人 / 管道负责人；地址；联系人和电话号码。

② 正在弃置的结构，包括：平台名称；地点（租赁 / 路权、区域、街区和街区坐标）；安装日期（年）；拟弃置日期（月 / 年）。

③ 正在移除的结构的描述，包括：配置（附照片或图）；尺寸；套管 / 桩的数量；套管 / 桩的直径和壁厚。

（2）申报批准流程。

① 油气生产设施预计停产前两年之内，向区域海洋主管部门递交弃置申请书（初稿）。

② 弃置申请书（初稿）获批两年之内，递交弃置申请书（初稿），并依据实际情况填写修改许可申请表。

③ 依据弃置申请书（终稿）执行海洋油气平台和管道弃置工作。

④ 弃置完成后需开展环境影响评估，并提交书面总结报告。

⑤ 再收集并审查所有可供每个平台停用的信息。根据检索到的信息，将开发每个平台的核准费用（AFE），提交给平台所有者审批。

⑥ AFE 完成后，平台将在水上进行检查，以便对整个平台状况、钻井和生产甲板尺寸、设备位置和立管等进行评估。并且在这些检查之前提交详细的检验清单给平台所有者，等待平台所有者的同意。

⑦ 平台和主要海底设备需要甲板和护套的实际重量，重心和浮力中心。结构分析由结构工程师分析，之后所有的计算都由项目经理审查和批准。

⑧ 项目管理小组的成员可以在弃置操作期间担任平台所有者的代表。他们将亲自监督和管理海上作业的海上监管人员并将所有活动报告给项目管理小组和平台所有者。

3.5.2 井筒弃置许可申请及档案存放要求

3.5.2.1 中国井筒弃置许可申请及档案存放要求

（1）弃置许可申请要求。

对需要弃置的海上石油生产设施，设施所有者应在设施停止生产作业前 90 天，向国家海洋行政主管部门提交设施弃置申请。申请材料应包括：设施弃置申请书；设施弃置方案；对周围海域的环境影响评价报告书。

实施弃置作业前，设施所有者应将国家海洋行政主管部门批准的设施弃置方案报国家能源主管部门备案。

① 弃置申请书应该包括以下内容：弃置设施概况，包括设施名称、地理位置、所有者及使用时间；终止生产的原因；计划停产日期及进行弃置的起止时间；设施主要结构、生产工艺及其功能；设施弃置方式及其他弃置方式的比较；原地弃置保留设施的基本情况。

② 设施弃置方案应包括以下内容：设施弃置程序；弃置作业组织机构；弃置作业主要施工设备及机具；海上吊装及切割等高危险性作业的施工方案；安全环保风险分析及防范措施；降低对周围海洋环境影响或破坏的措施；安全及防污染应急预案。

③ 环境影响评估论证报告应当包括以下内容：平台周围海域的自然状况及环境状况；平台弃置作业期间对海洋环境可能造成的影响分析；平台弃置采取的海洋环境保护措施和环保应急计划；平台弃置后漂离原地的风险分析；平台弃置后腐蚀的速率可能对海洋环境造成的影响分析；平台弃置后对水面或水下航行等其他海洋功能使用和海洋资源开发的影响分析以及解决的措施；平台弃置后的监测计划及监控措施。

（2）记录存档要求。

设施弃置资料应永久保存。弃井作业工艺和封堵施工作业记录应按管理机构要求的格式以永久性文件存档，保存在永久的井史文件中。废弃井的建设单位应永远保存这些弃井作业的记录文件，同时应承担相应的责任。如果不再做这类工作或并不再对永久性文件负责，相关的管理机构应成为这些文件的保存者。

3.5.2.2 英国井筒弃置许可申请及档案存放要求

（1）弃置许可申请要求。

① HSE 部门的要求。

根据 2005 年海上设施（安全状况）条例中第 17 条规定，如果原钻井报告未提及该计划方案，则必须向健康安全执法局海上安全监管部门报告。弃置方案和施工也将作为该井审批程序的一部分进行审核。

② 能源和气候变化部（DCCE）的要求。

进行井的封堵和弃置作业需要大量的环保审批手续。油井封堵和弃置作业的申请应通过环境跟踪系统（PETS）填写，PETS 可以在 UK Oil Portal（英国石油门户网站）中找到。弃置作业也应该建立油污染应急预案（OPEP）。油污染应急预案需要考虑钻井期间的情况。

（2）记录存档要求。

为了便于井的重开或者最终弃置，所有的报告都应妥善保存。报告应至少包含以下详细的信息：

① 弃置状态图应包括套管鞋的相关深度、地层顶部和完井操作细节。每个环空水泥塞顶深以及其检验方法；

② 每个封隔塞的位置、下入方法以及验证方法；

③ OGA（石油天然气管理局）要求得到状态图和海床清理证明（如果需要）；

④ 在作业完成后应当尽可能快向 WONS 系统上传数据；

⑤ 应当保存好原始固井报告；

⑥ 应当保存好原始化学品使用报告；

⑦ 应注明地层压力和地层破裂压力，如所有的渗透性地层，尤其超压或含油气地层；

⑧ 应特别注意详细说明井口头的布置及已安装的防腐帽；

⑨ 遗留在环空和套管或油管内的流体的描述。

3.5.2.3 美国井筒弃置许可申请及档案存放要求

（1）弃置许可申请要求。

项目管理小组准备所有的申请书以及所有必需的附件，先提交到平台所有者进行审查，获准后提交到矿产管理服务中心，获取批准和颁发相应的许可证明。

① 井筒封堵许可申请要求。

进行永久封堵井筒或某一区域之前，必须向区域经理提交“修改许可申请表”并获得批准。申请表必须包含以下信息：封堵井的原因，区域主管指定的生产量的完井情况，以及证明井的石油、天然气生产能力不能进一步盈利的证据；最近的试井资料和压力资料（可选）；最大可能的表面压力，以及确定的方法；将使用的压井液的类型和密度；对操作的描述；注册专业工程师对弃井设计和程序的认证，证实所有水泥塞符合要求。

② 平台弃置许可申请。

初始平台弃置申请至少在计划停产前两年提交，最终申请在提交初始申请后两年之内提交。除非矿产管理服务中心允许保留平台设施去完成其他操作，否则必须在平台租约或者管线使用权到期之后的一年内移除整个平台以及相关的所有设施。必须根据提交的最终弃置申请进行平台和其他设施的弃置。

（2）记录存档要求。

为了便于查阅和保存，所有弃置资料，包括弃置申请、弃置施工记录和弃置完工报告的资料均要保存为纸质和电子档两种形式。弃置完工报告的内容如下：

① 平台拆除作业摘要，包括完成日期。

② 井筒封堵作业摘要，包括完成日期。

③ 管线弃置作业摘要，包括完成时间。

④ 由授权代表签署的声明，证明在拆除平台或其他设施时使用的爆炸物的类型和数量与经批准的申请中的一致。弃置作业摘要，包括完成日期。

⑤ 由授权代表签署的声明，证明井筒已按照批准的申请封堵。

⑥ 由授权代表签署的声明，证明管道已按照批准的申请弃置。

3.5.3 弃置期间废弃物处置要求

3.5.3.1 中国废弃物处置要求

（1）废弃物处置一般要求。

① 海上油气生产设施弃置处置方案应得到政府部门的批准。

② 在海上油气生产设施停产后需立即清洗，以满足停产要求。海上油气生产设施拆除之前需完成弃井作业，对生产设施和海底管道进行清洗，以满足拆除安全切割要求。

③ 弃井的平台妨碍海洋主导功能使用的应全部拆除。在内水和领海海域进行全部拆除的海上平台，其残留海底的桩腿等应切割至海床泥面以下 4m。在领海海域以外残留的桩腿等设施，不得妨碍其他海洋主导功能的使用。废弃设施应运回陆地，清除海生物，在陆地拆解，拆解后的重量和尺寸应满足陆运的要求。

④ 废弃平台海上留置部分，除了应遵守《海洋石油平台弃置管理暂行办法》外，还应遵守海洋倾废管理的有关规定。停止海洋油气开发作业的平台须改作他用的，除了应遵守《海洋石油平台弃置管理暂行办法》外，还应遵守海洋工程建设项目保护管理的相关规定。

（2）平台废弃物处置要求。

① 钢质固定式平台。

上部设施：原地弃置和异地弃置的废弃平台，其上部设施应全部拆除，并运回陆地进行处理。改作他用的废弃平台，应拆除可能对海洋环境和资源造成损害的上部设施，并运回陆地进行处理。

下部结构：在批准对废弃平台进行部分拆除之前，平台所有者应确保原地弃置的部分不会在波浪、海流等海洋环境载荷影响下漂离原地。

钢质固定式平台的下部结构的废弃处置，根据其在空气中的重量及水深不同分为不同的处置方法：

在内水及领海海域的所有桩和隔水导管应切割至海床泥面以下 4m。

领海海域以外在空气重量低于 4000t 且水深小于 100m 的平台，下部结构应该全部拆除。所有桩和隔水导管应切割至海床。

领海海域以外在空气中重量不低于 4000t 或水深不小于 100m 的平台，可部分拆除其下部结构。部分拆除的下部结构，水下残留部分的最高点至海面至少应有 55m 的上覆水，以确保航海安全。

② 混凝土平台。

混凝土平台的上部设施应全部拆除并运回陆地进行处理，下部结构可全部留在原地（具有储油功能的下部结构需进行清洗）。

③ 可移动式平台。

可移动式平台在油田寿命终结时应浮起并运到指定的地点。

④ 浮式生产系统。

浮式生产系统主要包括浮式装置、系泊系统、连接管缆这三部分。其中：

对于浮式装置，在油田寿命终结时应与系泊系统解脱，并拖运到指定地点；

对于系泊系统，内水及领海海域的系泊系统，应拆除到海床泥面以下 4m，领海海域以外水深小于 60m 的系泊系统，应拆除到海床。领海海域以外水深大于 60m 的系泊系统，包括锚链、锚缆、锚基，可以留置海底，但应确保其稳定性。

对于连接管缆，内水及领海海域的软管、海缆或脐带管，应拆除到海床泥面以下 4m。领海海域以外水深小于 60m 的软管、海缆或脐带缆，应拆除到海床。领海海域以外水深大于 60m 的软管、海缆或脐带管，应尽量拆除，如果留置海底应在解脱后进行必要的清洗，并应确保其稳定性。

（3）水下生产系统。

内水及领海海域的水下生产系统应拆除至海床泥面以下 4m。领海海域以外水深小于 100m 的水下生产系统应拆除至海床。领海海域以外水深大于 100m 的水下生产系统，在完全清洗后可留置原处，但应确保其稳定性。

（4）海底管道。

① 海底管道的废弃处置，应坚持安全、环保和经济的原则。

② 海底管道废弃处置前，应进行清洗，并对海底管道端部进行封堵。

③ 废弃处置的海底管道，不影响海域发展规划及海域海洋主导功能的使用，采用原地弃置；影响海洋主导功能使用的，应拆除。

④ 采用原位弃置的海底管道，应采用挖沟掩埋、压块或填充海水等惰性物质的方式保持足够的稳定性，对于不满足原地弃置要求的管道应拆除。

3.5.3.2 英国废弃物处置要求

（1）海洋结构废弃物处置要求。

在海洋结构废弃物处置问题上，英国政府遵循奥斯巴第 98/3 号决议作出了如下要求：

① 禁止在海域内倾倒、废弃海上设施，全部或部分运回陆地处理。

② 如果缔约方通过对废弃物处置方案的评估认为以下替补措施比在陆地上回收再利

用或者弃置更可取，也会允许进行相应操作：

在 1999 年 2 月 9 日以前放置在海域内的全部或部分钢质可以原地弃置，包括：在空气中重达 1000t 的钢铁设施、重力式稳定装置、浮动式稳定装置和任何可能导致海洋主导功能使用的锚基；混凝土设施部分或全被原地弃置；如果由于结构损坏或变质引起的特殊和不可预见的情况，或由于某些其他原因造成同等弃置困难，可以全部或部分原地弃置。

③ 海上结构物的处置的所有许可必须满足相关规定。

④ 缔约方应在 1999 年 12 月 31 日之前和之后每两年向委员会报告其管辖范围内的海上设施的相关信息，包括酌情提供有关其处置的资料，以便列入委员会保存的清单。

（2）管道弃置处置要求。

根据英国矿产局的要求，如不影响渔业活动、海上交通及其他海上活动，报废的海底管道可原位弃置，但必须对管道进行清管、封堵端口，原位掩埋深度为 1m 以上。英国贸易与工业部 2011 年更新的第六版《1998 年石油法下的海上装置与管道退役指南》规定管道弃置有多种选择方式：

① 对于不能挖沟填埋原位弃置的小管径管线，应完全拆除回收；

② 对于不能挖沟埋管的海底管线（如主管道），可选择原地弃置；

③ 对于已挖沟埋管的管道可选择原地弃置；

④ 未挖沟埋管的管道，如果一定时间内有回淤覆盖，且能达到足够高度，可原地弃置；

⑤ 挖沟掩埋的深度为管顶距泥面 0.6m。

3.5.3.3 美国废弃物处置要求

（1）海洋结构废弃物处置要求。

美国墨西哥湾地区对海洋结构废弃物的处置遵循 1989 年国际海事组织出台的《在大陆架和专属经济区内拆除近海设施和结构物的指导原则和标准》简称“IMO 指导原则”，对弃置的要求如下：

① 停用或废弃的海洋结构物和海上油气设备应拆除，拆除作业和弃置物应避免对海洋生态环境及海上船只、渔业活动的影响。注意管材移动可能造成的风险，弃置作业对人产生的风险；留在原位的管材的腐蚀问题。

② 水下深度小于 100m、重量不足 4000t 的废弃或不再使用的海洋结构物应全部清除。

③ 水下深度大于 75m、重量大于 4000t 的废弃或不再使用的海洋结构物可部分清除。

④ 弃置物若因环境因素、操作风险、成本、技术原因无法进行全部拆除，可根据实际情况考虑部分拆除。技术上无法实现、成本昂贵、造成不可接受的人员伤害或海洋环境污染时，可考虑部分拆除或原位弃置。

（2）管道弃置处置要求。

报废后管道的处置，原位弃置是较为经济的方法，根据美国矿产局的要求，如不影响渔业活动、海上交通及其他海上活动，报废的海底管道可原位弃置，但必须对管道进行清管、封堵端口，原位掩埋深度为1m以上，对海洋主导功能的使用有影响的废弃管道须运回陆地处置。

3.6　国内外对有害重金属、废弃物处理的相关规定

有毒有害重金属、废弃物的进出口及处理是海上井筒弃置环保要求中非常重要的一部分内容，本节拟通过调研中国、英国和美国对有毒有害重金属、废弃物的进出口及处理的相关法规，明确其具体要求，以指导海上井筒弃置作业。

3.6.1　中国对有害重金属、废弃物处理的相关规定

（1）《重金属污染综合防治“十二五”规划》规定重点防控的重金属污染物是铅（Pb）、汞（Hg）、镉（Cd）、铬（Cr）和类金属砷（As）等，兼顾镍（Ni）、铜（Cu）、锌（Zn）、银（Ag）、钒（V）、锰（Mn）、钴（Co）、铊（Tl）、锑（Sb）等其他重金属污染物。

（2）GB 16297—1996《大气污染物综合排放标准》要求。

为了防止镉污染加剧，GB 16297—1996《大气污染物综合排放标准》对在各种环境介质及污染物排放源中的镉的浓度作了一定限制，具体见表3.11。

表3.11　国内镉排放标准数据表

污染物	最高允许排放浓度（mg/m^3）	排气筒高度（m）	最高允许排放速率（kg/h）			无组织排放监控	
			一级	二级	三级	监控点	浓度限值（mg/m^3）
镉及其化合物	1.0	15	禁排	0.060	0.090	周界外浓度最高点	0.050
		20		0.10	0.15		
		30		0.34	0.52		
		40		0.59	0.90		
		50		0.91	1.4		
		60		1.3	2.0		
		70		1.8	2.8		
		80		2.5	3.7		

为了防止汞污染加剧，GB 16297—1996《大气污染物综合排放标准》对在各种环境介质及污染物排放源中的汞的浓度作了一定限制，具体见表3.12。

表 3.12 国内汞排放标准数据表

污染物	最高允许排放浓度（mg/m^3）	排气筒高度（m）	最高允许排放速率（10^{-3}kg/h）			无组织排放监控	
			一级	二级	三级	监控点	浓度限值（mg/m^3）
汞及其化合物	0.015	15	禁排	1.8	2.8	周界外浓度最高点	0.0015
		20		3.1	4.6		
		30		10	16		
		40		18	27		
		50		28	41		
		60		39	59		

同时，GB 8978—1996《污水综合排放标准》规定了汞的最高允许排放质量浓度为 0.05 mg/m^3；GB 5085.3—2007《危险废物鉴别标准　浸出毒性鉴别》对汞的浓度限制同样为 0.05 mg/L。

为了防止铅污染加剧，GB 16297—1996《大气污染物综合排放标准》对在各种环境介质及污染物排放源中的铅的浓度作了一定限制，具体见表 3.13。

表 3.13 国内铅排放标准数据表

污染物	最高允许排放浓度（mg/m^3）	排气筒高度（m）	最高允许排放速率（kg/h）			无组织排放监控	
			一级	二级	三级	监控点	浓度限值（mg/m^3）
铅及其化合物	0.90	15	禁排	0.005	0.007	周界外浓度最高点	0.0075
		20		0.007	0.011		
		30		0.031	0.048		
		40		0.055	0.083		
		50		0.085	0.13		
		60		0.12	0.18		
		70		0.17	0.26		
		80		0.23	0.35		
		90		0.31	0.47		
		100		0.39	0.60		

（3）《固体废物进口管理办法》相关条款。

第八条　禁止进口危险废物，禁止经中华人民共和国过境转移危险废物。主要内容包括：禁止以热能回收为目的的进口固体废物；禁止进口不能用作原料或者不能以无害化方式利用的固体废物；禁止进口境内产生量或者堆存量大且尚未得到充分利用的固体废物；禁止进口尚无适用国家环境保护控制标准或者相关技术规范等强制性要求的固体废物；禁止以凭指示交货方式承运固体废物入境。

第九条　对可以弥补境内资源短缺，且根据国家经济、技术条件能够以无害化方式利用的可用作原料的固体废物，按照其加工利用过程的污染排放强度，实行限制进口和自动许可进口分类管理。

第十一条　禁止进口列入禁止进口目录的固体废物。进口列入限制进口或者自动许可进口目录的固体废物，必须取得固体废物进口相关许可证。

第二十五条　进口固体废物的承运人在受理承运业务时，应当要求货运委托人提供下列证明材料：固体废物进口相关许可证；进口可用作原料的固体废物国内收货人注册登记证书；进口可用作原料的固体废物国外供货商注册登记证书；进口可用作原料的固体废物装运前检验证书。

（4）《中华人民共和国固体废物污染环境防治法（2016 年修订版）》相关条款。

第十七条　收集、贮存、运输、利用、处置固体废物的单位和个人，必须采取防扬散、防流失、防渗漏或者其他防止污染环境的措施；不得擅自倾倒、堆放、丢弃、遗撒固体废物。

第五十二条　对危险废物的容器和包装物以及收集、贮存、运输、处置危险废物的设施、场所，必须设置危险废物识别标志。

第五十三条　产生危险废物的单位，必须按照国家有关规定制定危险废物管理计划，并向所在地县级以上地方人民政府环境保护行政主管部门申报危险废物的种类、产生量、流向、贮存、处置等有关资料。

第五十九条　转移危险废物的，必须按照国家有关规定填写危险废物转移联单。跨省、自治区、直辖市转移危险废物的，应当向危险废物移出地省、自治区、直辖市人民政府环境保护行政主管部门申请。移出地省、自治区、直辖市人民政府环境保护行政主管部门应当经接受地省、自治区、直辖市人民政府环境保护行政主管部门同意后，方可批准转移该危险废物。未经批准的，不得转移。转移危险废物途经移出地、接受地以外行政区域的，危险废物移出地设区的市级以上地方人民政府环境保护行政主管部门应当及时通知沿途经过的设区的市级以上地方人民政府环境保护行政主管部门。

（5）《中华人民共和国环境保护法（2014 年修订版）》相关条款。

第四十二条　排放污染物的企业事业单位和其他生产经营者，应当采取措施，防治在生产建设或者其他活动中产生的废气、废水、废渣、医疗废物、粉尘、恶臭气体、放射性物质以及噪声、振动、光辐射、电磁辐射等对环境的污染和危害。排放污染物的企业事业单位，应当建立环境保护责任制度，明确单位负责人和相关人员的责任。重点排污单位应当按照国家有关规定和监测规范安装使用监测设备，保证监测设备正常运行，保存原始监测记录。严禁通过暗管、渗井、渗坑、灌注或者篡改、伪造监测数据，或者不正常运行防治污染设施等逃避监管的方式违法排放污染物。

第四十八条　生产、储存、运输、销售、使用、处置化学物品和含有放射性物质的物品，应当遵守国家有关规定，防止污染环境。

3.6.2　英国对有害重金属、废弃物处理的相关规定

（1）《镉指令》（91/338/EEC）相关规定。

① 含量大于0.01%的镉及其化合物不能被用来对如下物质和其生产的最终产品进行染色：聚氯乙烯PVC、聚亚安酯、低密聚乙烯、醋酸纤维素（CA）、乙酸丁酸纤维素（CAB）、环氧树脂、三聚氰胺—甲醛树脂（MF）、尿素—甲醛树脂（UF）、不饱和聚酯（UP）、聚对苯二甲酸乙酯（PET）、聚对苯二甲酸丁烯酯（PBT）、透明/通用型聚苯乙烯、丙烯腈（AMMA）、交联聚乙烯（VPE）、耐冲击聚苯乙烯、聚丙烯（PP）。

以上物质中如果其镉的含量超过塑性材料质量的0.01%，便不可以被投放市场。

② 含量大于0.01%的镉及其化合物不能被用作由氯乙烯的共聚物或聚合体生产的以下最终产品的稳定剂：包装材料（袋子、容器、瓶子、盖子）、办公室或学校用品、用于家具、汽车的装置、衣物或衣服点缀品（包括手套）、地板或墙壁的涂层、人造皮革、留声机、碟片、导管及其配件、旋转门、公路运输车辆（车厢里外、车下）、工业或建筑用钢坯涂层、电线绝缘层。

如果以上产品的镉的含量超过聚合物质量的0.01%，不能投放市场销售。

（2）《包装和包装废弃物指令》（94/62/EC）相关条款。

第六条　回收和再循环。为了实现本指令的目标，各成员国应采取必要措施，在其境内实现以下目标：自本指令必须在国家法律中实施之日起5年内，按包装和包装废弃物的重量计算，废弃包装物的回收率最低应达到50%，最高至65%；在这一总目标和相同时限内，按废弃包装物中所含的包装材料总重量计算，再循环率应达到最低25%和最高45%，而对每一种包装材料按重量计算的再循环率最低为15%；自本指令必须在国家法律中实施之日起10年内，废弃包装物的回收和再循环将达到一定的百分比，这个百分比必须由欧洲联盟理事会根据本条第3款（b）确定，以大幅度提高（a）和（b）所述的目标。

第十一条　包装物中所含重金属的浓度值。各成员国应确保包装物或包装物成分中铅、镉、汞和六价铬的浓度值总和不超过以下标准：本指令第22条第1款所述日期之后2年，按质量计；本指令第22条第1款所述日期之后3年，按质量计；本指令第22条第1款所述日期之后5年，按质量计。

（3）《（EU）2017/852》相关规定。

《（EU）2017/852》规定了汞、汞化合物、汞混合物，及汞添加产品的制造、使用、储存和贸易的限制，以及汞废物管理的措施和条件，以确保高度保护人类健康和环境免受汞和汞化合物人为排放的影响。对于新型含汞产品及使用汞或汞化合物的生产工艺将在欧盟范围内不被允许，除非能证明不会引起显著环境或健康危害，并且技术上没有适用的无汞替代物。欧盟电子电器的 RoHS 指令包括了对汞的要求，电子电器的均质材料中汞含量不得超过 1000ppm。同时法规中也指出，物品中或任何部件中含有大于或等于 0.01% 的 5 种苯汞化合物，在 2017 年 10 月 10 日后都不得投放市场。

（4）《某些危险物质的使用限制（RoHS）》相关规定。

该法令增加了一条豁免条款，允许铅的最高质量分数在钢铁中不超过 0.35%，铝中不超过 0.4%，铜中不超过 4%，以降低金属加工过程中摩擦的危害。2011 年，欧洲议会推出了修订版 RoHS，要求 2016 年 7 月 21 日以后，合金中的铅质量分数不超过 0.1%。

（5）《（EU）2015/628》相关规定。

该法令于 2016 年 6 月 1 日起对商品中可接触且儿童可入口部件铅含量进行限制，限量值为 0.05%。此外，规例议案还制定了豁免条款，若能证明该等物品或物品任何可接触部件（不论是否有涂层）的铅释出率不超过 0.05μg/（cm^2·h）。

（6）《废弃物框架指令》（75/442/EEC）相关条款。

第三条　会员国应采取适当措施处理废弃物。主要包括：① 预防或减少废物产生及其危害，具体措施包括在自然资源利用方面发展清洁技术和进行产品技术开发，以便根据其生产、使用和处置的性质，尽可能减小废物的危害；为拟回收的废物中的危险物质的最终处置制定适当的技术；② 通过回收再利用或通过回收废物以提取二次原材料，或利用废物作为能源。

第四条　在不危害环境的前提下，采取必要措施确保废物得到回收或处置，而不危害人类健康；噪声或气味不会造成滋扰；不会对农村或有特殊意义的地方产生不利影响。也可以采取必要措施，禁止废弃物的弃置、倾倒或不受控制的处置。

第七条　主管部门应当尽快起草一个或多个废物管理计划，这些计划应涉及：要回收或处理的废物的类型、数量和来源；一般技术要求；对特定废物的任何特别安排；适当的处置场所或设施。例如，计划可能包括：有权进行废物管理的自然人或法人；回收和处置操作的估计成本；采取适当措施鼓励合理化收集，整理和处理废物。

第九条　作业的任何机构或企业必须从主管机关取得许可证。许可证应包括：废物种类和数量、技术要求、采取的安全措施、处置场地、处置方法。

（7）《欧洲议会和欧盟理事会有关废料以及撤销某些指令的指令》（2008/98/EC）相关条款。

第四条　废物等级。废物预防管理立法和政策的优先顺序是：预防；准备重新使用；回收；其他恢复，例如能量恢复；处置。

第七条　废物清单。废物清单应包括危险废物，且应考虑废物的来源和成分，并在必要时考虑有害物质浓度的限值。在确定是危险废物时，废物清单具有约束力。将物质或物体列入名单并不意味着在任何情况下都是浪费；成员国可以将废物视为危险废物，即使其不在废物名单上，只要其显示附件三所列的一种或多种物质；如果成员国有证据显示清单上列为危险废物的特定废物不具有附件三所列的任何特性，则可认为该废物为无害废物；危险废物作为无害废物的重新分类不能通过稀释或混合废物来实现，目的是将有害物质的初始浓度降至低于将废物定义为危险物质的阈值。

第十一条　重复使用和回收。成员国应酌情采取措施，促进产品的再利用和重新使用活动的准备，特别是鼓励建立和支持再利用和维修网络，使用经济手段、采购标准、量化目标或其他措施。成员国应采取措施促进高质量的回收利用，为此，应在技术上、环境上和经济上切实可行并适当地设立单独的废物收集，以满足相关回收部门的必要质量标准。

第十三条　保护人体健康和环境。会员国应采取必要措施，确保在不危害人体健康的情况下进行废物管理，同时又不损害环境，特别是：对水、空气、土壤、植物或动物没有风险；不会因噪音或气味而引致滋扰；不会对农村或有特殊利益的地方产生不利影响。

3.6.3　美国对有害重金属、废弃物处理的相关规定

（1）《1970 年清洁空气法》相关规定。

① 根据本款颁布并适用于新的或现有的有害空气重金属的排放标准，应要求最大程度地减少本节规定的有害空气重金属排放量（包括在可行的情况下禁止这种排放）。考虑到实现这种减排的成本，以及空气质量的健康、环境影响和能源需求，通过采取措施来确定可适用于这种重金属排放标准所适用的类别或子类别中的新的或现有的来源、过程、方法、系统或技术，包括但不限于以下措施：通过工艺更新、材料替代或其他措施，减少或消除此类重金属污染物的排放量；封闭系统或生产流程以消除重金属排放；从生产、堆放、储存或运输重金属排放点释放时收集、捕获或处理这些污染物；规定工艺、设备、生产或操作标准；对于建立安全界限的重金属污染物，管理者在制定本节规定的重金属排放标准时，需要考虑具有足够的安全界限值。

② 防止重金属意外泄漏。为了尽量减少重金属物质释放导致的严重后果，所有人和经营人要使用适当的危害评估技术评估释放重金属可能导致的危害，设计并建立一个可靠的应对设备，采取防止重金属泄漏所必需的措施，并尽量减轻重金属意外泄漏的后果。管理者应根据规定确定的重金属有害物阈值数量，同时考虑重金属物质的毒性、反应性、挥发性、分散性以及可燃性，对重金属有害物进行管理。

（2）《美国最新汞及其有毒有害气体排放标准分析》相关规定。

美国部分州汞减排规定具体见表 3.14。

表 3.14 美国汞排放标准数据表

州名	实施时间	规定
马萨诸塞州	2012 年 10 月	脱汞率≥95% 或≤0.0025lb（GW·h）
康尼狄格州	2008 年 7 月	脱汞率≥90%
	至 2015 年	脱汞率≥75%
威斯康星州	至 2018 年	脱汞率≥80%
	至 2020 年	脱汞率≥90%
伊利诺伊州	2009 年 7 月 1 日	脱汞率≥90% 或≤0.0080lb（GW·h）
宾夕法尼亚州	至 2010 年	脱汞率≥80% 或≤0.024lb/（GW·h），禁止汞排放交易
	至 2015 年	脱汞率≥80% 或≤0.012lb/（GW·h），禁止汞排放交易
印第安纳州	—	遵守清洁空气汞排放控制法规
南卡罗来纳州	—	遵守清洁空气汞排放控制法规

（3）《美国铅环境空气质量、标准及控制战略》相关规定。

铅排放规定具体见表 3.15。

表 3.15 美国铅排放标准数据表

序号	标准名称	铅排放限值（mg/m^3）
1	再生铅冶炼有害空气污染物国家排放标准	2.0
2	原生铅有害空气污染国家排放标准	1.0
3	铅酸蓄电池制造绩效标准	—
	制粉	0.4
	氧化铅生产装置	5.0
	铅回收装置	4.5
	其他	1.0
4	新建小型市政废物焚烧绩效标准	0.49（一级）/ 1.6（二级）
5	商业和工业固体废物焚烧设施绩效标准	0.04
6	医院 / 医疗 / 传染病废物焚烧设施绩效标准	—
	1996 年 6 月 20 日至 2008 年 12 月 1 日建设，1998 年 3 月 16 日至 2010 年 4 月 6 日改造	1.2（小型）/ 0.07（中、大型）
	2008 年 12 月 1 日后建造，2010 年 4 月 6 日后改造	0.31（小型）/ 0.018（中型）/0.00069（大型）
7	其他固体废物焚烧设施绩效标准	0.226

（4）《1980 年综合环境响应、赔偿和责任法案》（《Comprehensive Environmental Response，Compensation，and Liability Act of 1980》）相关条款：

第一百零二条　署长应酌情颁布和修改指定危险物质的条例，如果这些危险废物进入环境中可能会对公众健康或环境构成重大危害，就应颁布相关法规，规定可以释放的有害物质的数量。

第一百二十一条　以永久或有效减少有害物质体积、毒性或流动性的处理作为主要的补救措施。总统应对永久性解决方案和替代性处理技术或资源回收技术进行评估，要保证有害物质体积、毒性或流动性明显减小。在进行评估时，总统应特别注意判别各种替代方案的长期有效性。在评估替代方案时，总统至少应考虑：与土地处置有关的长期不确定性；固体废物处置法的目标和要求；有害物质及其成分的持久性、毒性、流动性和生物蓄积倾向性；对人体健康不利影响的短期和长期的潜力；长期维修费用；如果有关替代补救措施失败，未来补救措施的潜在成本；对挖掘、运输、再处理或遏制相关人类健康和环境的潜在威胁。

（5）《1965 年固体废弃物处理法案》相关条款。

第 3003 节　适用于危险废弃物转移的标准。（1）不迟于本节颁布之日后 18 个月，并在公开听证会之后，署长与运输部长协商后，应颁布建立此类标准的条例，适用于在本小标题下确定或列出的危险废物运输标准，以保护人类健康和环境。这些标准应包括但不限于重新规定的要求：有关此类危险废物运输的记录，及其来源和交付点；只有在正确标记的情况下才能运输此类废物。（2）署长有权根据“危险物品运输法”向运输部长提出有关危险废物条例的建议，并增加该法案涵盖的材料。（3）危险废物燃料，不迟于 1984 年“危险废物和固体废物修正案”颁布之日起两年之后，在公开听证会之后，署长应颁布适用于燃料生产运输商的标准。

第 3004 节　适用于危险废物处理，储存和处理设施的业主和经营者的标准。不迟于本节制定之日后 18 个月，经过公开听证会并经与相关联邦和州机构协商后，署长应颁布有关适用于业主以及为了保护人类健康和环境的条例。在制定这样的标准时，管理者应在适当的时候将适用于新设施的要求与在这些条例颁布之日存在的设施进行区分。

这些标准应包括但不限于以下要求：① 保存经处理、储存或处置的本标题下确定或列出的所有危险废物的记录（视情况而定），以及处理、储存或处置此类废物的方式；② 符合所要求的报告、监督、检查和遵守情况；③ 根据管理局可能满意的操作方法、技术和做法处理、贮存或处置设施收到的所有这类废物；④ 危险废物处理、处置、储存设施的位置、使用、维护情况；⑤ 采取有效行动的应急计划，以尽量减少任何处理、储存或处置任何此类危险废物造成的意外损害；⑥ 维护此类设施的运行，并要求所有权，运营连续性，人员培训以及必要或可取的财务责任（包括纠正措施的财务责任）等额外资格；⑦ 符合关于处理，储存或处置许可的要求。

（6）《石油、天然气以及地热勘探开发和生产废弃物的管理规定》相关规定。

① 对于水基钻井液中的钻屑，需离海岸 3mile 外，LC_{50} 含量大于 30000mg/kg，重晶

石中汞 / 镉含量小于 1～3mg/kg，不能含有柴油，排放速率小于 1000bbl/h（约为 198.57 L/h）；② 对于油基钻井液中的钻屑，禁止排放；③ 在墨西哥湾西部地区，对于合成基钻井液中的钻屑，排放点离海岸距离大于 3mile；酯含量保持在 9.4%；重晶石中汞 / 镉含量小于 1～3mg/kg，生物降解性和毒性小于设定标准，不能含有柴油等。在墨西哥湾东部允许排放。加利福尼亚、阿拉斯加禁止排放。

4 弃置井井筒完整性评估和检测技术

本章首先从环空屏障和套管完整性检测出发，考虑多因素对弃置井井筒完整性的影响，调研了基于权重法的井筒完整性综合评价方法；其次考虑到套管和水泥环在硫化氢、二氧化碳的长期影响下会发生腐蚀，建立了有限元模型，研究了套管和水泥环在不同腐蚀条件下套管的受力情况；最后介绍了海洋油气井环空带压的现状和原因及基于“U”形管原理的环空带压来源判断方法，对弃井作业中的应急措施进行了研究。

4.1 弃置井井筒完整性评价

2004 年，挪威石油标准化组织（NORSOK）正式提出井筒完整性的概念，即在一口井的生命周期中，运用技术、生产和管理手段降低地层流体失控的风险，其核心是在各个阶段都必须建立有效的井筒屏障。API-RP90、NORSOKD-010 和哈里伯顿公司也分别提出了井筒完整性的定义（表 4.1），这些定义均表明：油气井井筒完整性是油气井周围的地层流体处于有效控制的状态。

表 4.1 关于油气井井筒完整性的概念

机构或公司	井筒完整性概念内容
API-RP90	在气井生产过程中为降低地层流体失控流动的风险而应用的工艺技术、措施及管理手段
NORSOK D-010	应用技术、操作和组织措施来减少地层流体在井眼全寿命周期无控制排放的风险
哈里伯顿公司	对于一口自喷油 / 气井，当确认它在油气层与地面之间存在独立的阻挡层或隔断物，则这口油 / 气井具有完整性

油气井井筒完整性要求油气井在整个生命周期内都处于可控状态。海洋油气井具有投资高、生产风险大、环保要求高的特点，尤其是海洋油气井在弃置后，其二次维护成本高、风险大。在油气井弃置过程中对井筒完整性进行正确评估有利于降低弃置成本、优化弃置流程、加强井筒封固效果。因此，海洋油气井弃置过程中对井筒完整性进行评估具有重要意义。

4.1.1 弃置井井筒完整性评价内容

国际上一般从完整性管理、屏障设备、监测状态三方面建立油气井完整性评价指标体系，其中完整性管理指标主要包含对操作人员的管理规范和安全技术培训等；屏障设备指标主要包含油气井井筒的安全屏障部件；监测状态指标主要包含生产过程中油气井的状态监测参数。从而为后续井筒弃置提供保障。

对于海洋弃置井，在弃置之前井筒完整性评价指标较为简单，主要是从屏障设备指标方面对井筒完整性进行评价。由于在弃置过程中井筒内管柱会全部取出，因此只需要评价套管和水泥环的完整性。其中，套管的完整性不仅包括套管本体的完整性，即套管本体是否发生破裂、腐蚀、错断等，还包括套管螺丝的完整性，即螺丝是否存在密封失效、腐蚀、滑扣等。水泥环完整性主要包括两方面：胶结面完整性和水泥环本体完整性，即胶结面是否存在密封失效以及水泥环本体是否存在裂纹、腐蚀等。

4.1.2 弃置井井筒完整性检测技术

4.1.2.1 环空屏障检测技术

海洋油气井开发多年后，井下水泥环在油藏以及井筒内部动静载荷和井下油气水腐蚀的共同作用下，往往存在水泥环胶结面失效、本体腐蚀等情况。因此，海洋弃置井环空屏障的评估应该包含室内腐蚀试验和水泥环测井分析两部分，以水泥环测井评价和室内腐蚀试验相结合的方式进行评价。水泥石腐蚀试验主要预测油气井在弃置之后水泥环的腐蚀情况，水泥环测井评价主要分析油气井在弃置时水泥环的形态。

目前，固井胶结面的检测一般通过测井的方法定量判断，而水泥环本体腐蚀的情况一般通过高温高压腐蚀试验进行定量分析。

在室内一般采用端面腐蚀评价方法对固井水泥石进行腐蚀评价，具体步骤如下：

（1）按 API 规范制备和养护现场取样水泥浆，高温高压养护结束后，取心后制备水泥石试样。

（2）将水泥石样装入耐腐蚀模具中，并使用砂纸抛光水泥石端面。

（3）将带有耐腐蚀模具的水泥试样放入高温高压腐蚀仪中进行腐蚀实验。

评价方法：利用电子显微镜、气体渗透率孔隙度测定仪、扫描电子显微镜、X 射线衍射仪等设备分别测试腐蚀性组分侵入水泥石的深度、腐蚀后水泥石渗透率及孔隙度、腐蚀后水泥石微观结构、腐蚀后水泥石组分等，通过以上数据对水泥石的耐酸性介质腐蚀状况进行综合评价。

水泥环腐蚀前后其抗压强度、渗透率、孔隙度等其他因素都会发生变化。

一般而言，随着腐蚀时间的增加，水泥石强度会逐渐降低，同时，水泥石密度越高，其抵抗腐蚀的能力越强，水泥石剩余强度越大。水泥石的孔隙度和渗透率值随着腐蚀时间的增加而减小，但水泥石表面的结构会被表面腐蚀带形成的致密物覆盖，导致水泥石的孔隙度和渗透率会趋向稳定。

油气井长时间开采以后，井下水泥石一般存在壁厚减小、强度降低等问题，井下水泥石的完整性最早会在水泥石壁厚最小、强度最低的位置遭到破坏，如何计算井下水泥石的腐蚀寿命则显得十分重要。水泥石室内腐蚀试验主要是评价水泥石在井底温度、压力以及流体复合条件下的腐蚀速率。

一般地，固井水泥石腐蚀深度与时间的关系为：

$$h = a\ln t + b \tag{4.1}$$

式中 a，b——室内腐蚀试验结果拟合得到的腐蚀系数；

t——时间，s；

h——腐蚀深度，m。

水泥石腐蚀速度与时间的关系为：

$$v=a\frac{1}{t} \tag{4.2}$$

式中 v——腐蚀速度，m/s。

基于水泥石室内腐蚀试验以及测井质量解释，可以定量地判断井下水泥石的形态。根据声幅测井、变密度测井、井下成像测井对井下水泥环形态的定性分析，可以预测油气井封固之后一段时间内水泥石的腐蚀情况。

4.1.2.2 套管检测技术

在长期生产作业过程中，受地质因素（异常地层、地震、地应力变化）、工程因素（油层出砂、高压注水、热采、作业不当等）、腐蚀（溶解氧、CO_2、H_2S 引起的电化学腐蚀，细菌腐蚀和氢脆）等众多因素的影响，套管很容易出现缺陷，其表现形式主要有裂缝、孔洞、变形、缩径、错断等。套管损坏已经成为油田开采中的棘手问题，套管如果出现腐蚀缺陷，不但会影响油水井的使用寿命、油气产量和注水效果，还会为后期的油井弃置埋下安全隐患。随着油藏的逐渐枯竭以及油气井开发调整等，当海洋油气井没有经济开发价值后，必须进行封固。对于封固后的油气井，在井筒内仅存在套管、水泥环，以及弃置过程中注入的水泥塞或者机械塞。弃置之后的油气井必须能承受地层流体压力、温度，以及其他油藏条件的不断变化所产生的影响，套管作为阻止外部流体侵入流体的基本要素，其完整性显得尤为重要。

油气井在弃置之前会进行测井作业从而评价井筒内套管的完整性，根据海洋油气井套管柱服役环境和载荷性质的不同，套管柱失效的主要形式包括套管管体挤毁、拉断、错断、破裂，套管扣脱扣、密封失效，套管柱轴向失稳等 7 种主要形式，如图 4.1 所示。因此，有必要对现有测井方法进行调研，以形成合适的海洋油气井套管完整性综合检测技术。

目前，常用的套管腐蚀缺陷检测技术有：机械井径测井、超声波电视测井、电磁法检测、井下视像检测、放射性同位素检测技术等，以上各种检测技术在测量对象、测量速度、测量方式、测量质量等方面各有优缺点。工程上，国内外对油套管的腐蚀缺陷检测主要采用的是超声波、机械井径、电磁探伤等方法。

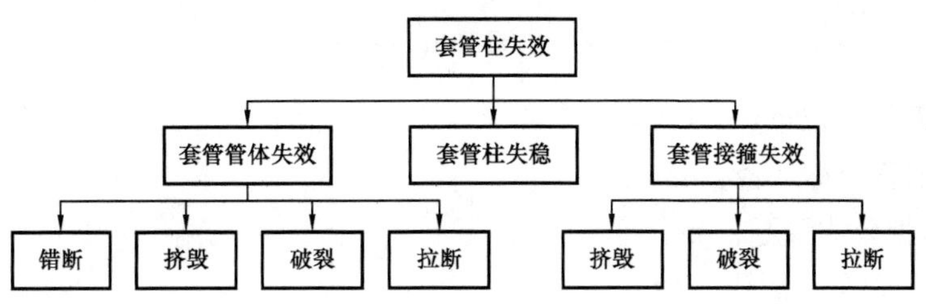

图 4.1 套管柱失效形式

（1）机械井径测井法。

机械井径测井法是接触式测量，通过测量臂与套管内壁接触，将套管内径变化转为测量臂径向位移，再通过测量臂的内部机械转换结构，将得到的径向位移转变为推杆的垂直位移。套管内径的变化将引起连杆滑键在可变电阻上的移动，这就将套管内径变化转换成电位信号，通过地面仪器转化成相应的井径值和曲线，利用多条曲线形态确定套管的腐蚀及其类型。机械井径仪测量精度很高，可以测量垂直管道的内壁腐蚀，测井数据可以三维成像，但这种方法不能识别外壁腐蚀。

机械井径测井仪种类较多，如微井径仪、两臂井径仪、四臂井径仪、八臂井径仪等。大庆测试技术服务分公司相继研制了 ϕ50mm 小直径二十臂井径仪以及 ϕ70mm 十六臂、三十六臂和四十臂井径仪，这几种井径仪的现场应用效果和各项性能指标均处于国内领先水平。

机械井径测井仪器可以对套管壁厚及套管直径进行评测，同时对套管椭圆变形及等效破坏载荷评价。

套管剩余壁厚是多臂井径测井工具希望给出的参数，大部分仪器都给出了简单计算结果。但是，由于变形和变径原因的不同，常规多臂井径测井提供的剩余壁厚不能有效区分套管壁厚度的真实变化。下面就套管剩余壁厚及套管直径变化做统一评价分析。

根据名义套管直径（D），得到剩余壁厚（$RMWL$）的计算结果：

$$RMWL=\left(D-D_{\max}\right)/2 \tag{4.3}$$

假定套管无质量损失，不考虑轴向的弯曲变形伸长，即可利用单位长度套管质量不变原理求出当前壁厚（$PRET$），进一步可以计算当前套管为圆形时的外径（$PRED$）：

$$PRET=\frac{-BC+\sqrt{BC^2+4\left(Dt-t^2\right)}}{2} \tag{4.4}$$

$$BC=\frac{D_{\max}+D_{\min}}{2} \tag{4.5}$$

$$PRED=2\left(RLEC+PRET\right) \tag{4.6}$$

式中 $RLEC$——根据周长折算成圆环形状时的内半径。

不同的套管有不同的壁厚参数，解释资料前应搞清楚测量套管的基本参数，每米套管的理论重量为：

$$W = 0.02466(D - t)t \quad (4.7)$$

式中 W——钢管单位重量，kg/m；

D——钢管公称外径，mm；

t——钢管公称壁厚，mm。

计算测井套管重量曲线 $WPPC$：

$$WPPC = 0.02466(PRED - PRET)PRET \quad (4.8)$$

测井提供的剩余壁厚（*RMWL*）是简单的计算结果，反映套管极端情况下的壁厚变化。只有在套管不变形、内部腐蚀脱落而套外无变化条件下，才能反映常规理解的剩余壁厚，且为壁厚剩余最小处的壁厚值。在套管弹性变形条件下，套管椭圆内周长若保持不变，则套管壁厚不受最大井径变化的影响；在套管损毁时，最大内径仅反映损毁处（如裂缝、孔、洞等）井径仪可探测的变化；在套管结垢、井下落物、变径等条件下，最大内径仅反映相应的特殊测量变形，与套管真实壁厚关联不大。

椭圆变形及等效破坏载荷评价：

从套管损坏机理分析可知，椭圆度对套管的损毁影响较大，同时受径厚比（D/t）控制，椭圆度可作为套损状况评价的重要依据之一。

套管椭圆变形状况可用椭圆变形率（*ELLI*）来表示，计算公式为：

$$ELLI = \frac{2(D_{max} + D_{min})}{D_{max} - D_{min}} \times 100\% \quad (4.9)$$

通过椭圆面积计算的折算圆半径称椭圆面折算圆半径（*RSEC*），反映套管椭圆变形后的等效破坏载荷。设套管原有抗破坏载荷（抗挤强度）为 *PCIT*（可从套管规范中查得），当前抗破坏载荷为 *PCPT*：

$$RSEC = \frac{1}{2}\sqrt{D_{max} - D_{min}} \quad (4.10)$$

$$PCPT = \sqrt{\frac{D_{max} D_{min}}{2(D - 2t)}} PCIT \quad (4.11)$$

式中 *PCIT*——套管抗外挤强度，MPa；

D_{max}，D_{min}——测出的最大、最小井径，mm。

机械井径测井仪的优点：① 能够识别套管弯曲及错断，确定套管孔眼和腐蚀；② 成像图能直观准确地给出变形截面形态。缺点：① 臂数较少的井径仪对井眼要求低、成功率高，误差较大；② 多臂井径仪精度高，外径较大，井眼要求高、容易卡堵，不能测量内径较小的套管；③ 所获取的井下信息有限，只能检测内壁腐蚀缺陷，不能确定套管的外腐蚀程度；④ 精度较低，测量时受套管内结蜡和污垢的影响，不能全面检测套损。

（2）超声检测法。

利用超声波进行套管检测的仪器主要是超声波成像测井仪，它是在早期井下电视的基础上发展起来的，其原理主要是利用超声波的反射原理，由井下仪器的超声换能器在井内旋转扫描，发射和接受脉冲式超声波，如果套管有微小变化，回波信号幅度和传播时间也随之变化，用探头接收可反映管壁物理特性的回波幅度信号和回波时间信号，对其放大后经电缆传至井上，由计算机处理成像，以二维或三维的方式显示出套管的纵横截面图、时间图、幅度图或立体图，同时测出声波井径曲线，该方法非常直观地反映套管的内腐蚀、变形等损伤。

虽然超声波检测法可以实现直观地显示，但它对仪器的成像分辨率和换能器的性能要求很高；此外，超声传播需要一定的介质，由于空气和钢铁的声阻抗差别大，只有套管厚度大于一定值才行；另一方面，声波反射间接成像受井壁上结垢、结蜡等的影响，对粗糙表面检测的误差大，并且对套管轴向裂纹的分辨力差，小裂纹很容易漏检。

（3）电磁检测技术。

电磁检测技术分为磁记忆检测技术、磁漏检测技术以及磁探伤检测技术。

磁记忆检测技术的优点：① 不需要专门的磁化设备；② 检测设备灵敏度高，能准确识别和定位小缺陷，测深度较深，受提离效应的影响较小；③ 可以在液体和气体环境下检测，不受套管结垢和钻井液的影响，无需特殊清理套管表面；④ 能够在早期准确显示应力集中区域，对金属构件的早期损伤进行检测；⑤ 设备轻便，操作简单，成本低。缺点：对缺陷的定量分析比较困难。

漏磁检测技术的优点：① 易于实现自动化，检测高效，无污染，可靠性高；② 可同时检测内外壁缺陷，实现缺陷的初步量化。缺点：只可用于铁磁性材料，且精度低，不适合检测闭合型裂纹。

电磁探伤检测技术的优点：① 能够在油管内检测多层套管的状况，在油水井正常生产过程中进行测井，用于套管普查；② 不受流体类型和套管内结蜡与污垢的影响；③ 可检测大面积套管腐蚀和大块金属缺失或长裂缝。缺点：只能测量油管和套管内、外径的平均值，不能得出套管的椭圆度，且检测精度不高，有时不能满足工程要求。

（4）井下视像检测技术。

井下视像检测技术在新疆、中原、胜利和大庆等油田广泛应用，主要用于套损检测和井底落物的检测。井下视像检测技术的优点是能在测井现场实时显示井下套管壁的井筒图像，检测结果直观，找漏及检查套管变形、错断、破裂等方面具有较高的检测精度。缺点是容易受到井底条件影响，如井筒液体浑浊、井筒溢出油气、井壁结蜡、距离较近的多点检测等，检测前需要进行相应的处理。

（5）多种测井技术综合评价。

井下套管检测技术需要多种测井技术进行综合评价，多臂井径测井技术主要是测量在椭圆变形条件下的强度，对于井下套管腐蚀、穿孔则应该在超声检测、电磁检测、井下视像检测技术的基础上进行套管强度计算。

开发多年后套管一般存在体积型缺陷，体积缺陷可分为均匀腐蚀（又称全面腐蚀）和局部腐蚀。均匀腐蚀意味着在较大的区域内，管道表面发生大面积的腐蚀，使壁厚均匀减薄，这种情况主要出现在大面积防腐层失效或未进行防腐处理的管段腐蚀。局部腐蚀主要有两种情况坑状腐蚀和沟槽状腐蚀，它们都是从腐蚀点发展而来的，前者是向纵深、周围全面发展，后者是有选择性地向某一方向发展。无论是哪种套管缺陷，都有必要定量计算套管腐蚀后的剩余强度，从而为后续套管的切割、水泥封隔位置的确定提出参考依据。为现场计算方便，我们主要考虑均匀腐蚀下的套管剩余强度（抗拉和抗外挤强度）。

① 均匀腐蚀后剩余抗拉强度计算方法：

当套管内壁某点的应力值达到钢材的屈服强度时，此时套管所施加的拉力即为套管拉力失效载荷，据 API 单轴抗拉强度计算可得：

$$F_{\mathrm{y}} = f_{\mathrm{ymn}} A_{\mathrm{p}} \tag{4.12}$$

式中 F_{y}——腐蚀后套管剩余抗拉强度，N；

A_{p}——套管腐蚀后横截面积，mm^2；

f_{ymn}——抗拉屈服强度，MPa。

② 均匀腐蚀后剩余抗外挤强度计算：

工程实践表明，套管被挤毁大部分是因为不均匀地应力作用，尤其在套管壁厚减薄后套管的危险将明显增加，为井筒弃置后的安全带来了巨大隐患。在调研了大量国内外有关套管在非均匀地应力作用下的抗挤强度研究的文献，总结得出套管在非均匀载荷作用下抗挤强度可用如下公式计算：

$$p_{\mathrm{cu}} = \frac{1}{-\dfrac{1+K_{\mathrm{p}}}{2P_{\mathrm{E}}} + \dfrac{1-K_{\mathrm{p}}}{1.154\sigma_{\mathrm{y}}}\left(2A_1 + 6B_1 + 6C_1 + 2D_1\right)} \tag{4.13}$$

其中：

$$\begin{cases} A_1 = \dfrac{1}{2} \times \dfrac{1+3K_{\mathrm{r}}^4 - 4K_r^6}{4K_{\mathrm{r}}^4\left(1-K_{\mathrm{r}}^2\right)^2 - \left(1-K_{\mathrm{r}}^4\right)^2} \\ B_1 = \dfrac{K_{\mathrm{r}}^4\left(K_{\mathrm{r}}^2-1\right)}{4K_{\mathrm{r}}^2\left(1-K_{\mathrm{r}}^2\right)^2 - \left(1-K_{\mathrm{r}}^4\right)^2} \\ C_1 = \dfrac{1}{2} \times \dfrac{1-K_{\mathrm{r}}^4}{4K_{\mathrm{r}}^2\left(1-K_{\mathrm{r}}^2\right)^2 - \left(1-K_{\mathrm{r}}^4\right)^2} \\ D_1 = \dfrac{K_{\mathrm{r}}^6 - 1}{4K_{\mathrm{r}}^2\left(1-K_{\mathrm{r}}^2\right)^2 - \left(1-K_{\mathrm{r}}^4\right)^2} \\ K_{\mathrm{r}} = r_1/r_2 \\ K_{\mathrm{p}} = \dfrac{q_1}{q_1+q_2} \end{cases} \tag{4.14}$$

式中 p_{cu}——考虑缺陷时套管的抗均匀外挤载荷强度，MPa。

σ_y——轴向拉应力，MPa。

在考虑外径不圆度、腐蚀后壁厚减薄、壁厚不均、残余应力等因素下，实际套管的抗外挤强度与理想套管抗挤强度有以下关系：

$$p_{cu}=\frac{1}{2}\left(p_E+p-\sqrt{(p_E+p)^2+gp_Ep}\right) \tag{4.15}$$

$$g=0.3232\delta_0+0.00456\varepsilon-0.5648\sigma_R/\sigma_s \tag{4.16}$$

$$\delta_0=\frac{2(D_{max}-D_{min})}{D_{max}+D_{min}} \tag{4.17}$$

$$\varepsilon=\frac{2(t_{max}-t_{min})}{t_{max}+t_{min}} \tag{4.18}$$

式中 p_E——理想套管的弹性挤毁压力，MPa；

p——理想套管的弹塑形挤毁压力，MPa；

g——套管缺陷综合影响系数，无量纲；

ε——壁厚不均度，无量纲；

D_{max}——套管最大外径，mm；

D_{min}——套管腐蚀后最小外径，mm；

t_{max}——套管腐蚀后最大壁厚，mm；

t_{min}——套管腐蚀后最小壁厚，mm；

σ_s——屈服强度，MPa；

σ_R——套管残余应力，MPa。

4.1.3 国内外固井质量评价标准

对于固井质量评价标准，国内外许多油田以及石油公司都已经建立了较为完善的评价体系，现场一般使用声幅测井曲线评价第一胶结面的固井质量，使用声幅—变密度测井曲线评价第二胶结面的固井质量，当声幅测井曲线和声幅—变密度测井曲线不相符合时，采用其他测井方式进行综合评价。表 4.2 为国内某油田固井质量检测方法统计。

表 4.2 国内某油田固井质量检测方法统计

固井质量测井方法	固井测井数量（井次）	百分比（%）
声幅测井	1425	92.0
变密度测井	100	6.45

续表

固井质量测井方法	固井测井数量（井次）	百分比（%）
水泥胶结测井	10	0.6
MAK–2 声波水泥胶结测井	6	0.4
伽马密度测井	6	0.4
脉冲回声水泥评价测井	2	0.1

从表 4.2 中可以看出，声幅测井方法探测固井胶结面的测井方法使用得最多，因此，进行固井质量对比时，应该首先对比国内外声幅测井固井质量评价标准。

4.1.3.1 声幅测井评价标准对比

中国石油于 2013 年出版的《钻井手册》(甲方) 关于声幅测井质量的标准，其将声幅测井结果分为 2 类：一是常规水泥浆固井水泥环胶结质量评价方法；二是低密度（<1.6 g/cm^3）水泥浆固井水泥环胶结质量评价方法。具体评价指标见表 4.3 和表 4.4。

表 4.3 中国石油声幅常规固井水泥环胶结质量评价标准

相对声幅	0～15%	15%～30%	>30%
胶结质量	优等	中等	差

表 4.4 中国石油声幅低密度固井水泥环胶结质量评价标准

相对声幅	0～20%	20%～30%	30%～40%	>40%
胶结质量	优等	良好	合格	差

中国石化中原油田于 2003 年制定了声幅测井水泥胶结质量评价方法，具体评价指标见表 4.5。

表 4.5 中国石化中原油田声幅固井水泥环胶结质量评价标准

相对声幅	0～15%	15%～25%	25%～30%	>30%
胶结质量	优等	良好	合格	差

相比于中国石油关于胶结面固井质量的评价标准，中国石化在声波幅度的范围区分方面更细致。Consultant 公司和哈里伯顿公司以及西方石油公司关于声幅测井固井质量标准见表 4.6 和表 4.7。

表 4.6 Consultant/ 哈里伯顿公司声幅固井水泥环胶结质量评价标准

评价等级	评价标准
优	胶结指数≥0.8 的井段占全部 CBL 测量井段 95% 以上
良	胶结指数≥0.8 的井段占全部 CBL 测量井段 85%～95%
中等	胶结指数≥0.8 的井段占全部 CBL 测量井段 75%～85%
差	胶结指数≥0.8 的井段占全部 CBL 测量井段 75% 以下

表 4.7 西方石油公司声幅固井水泥环胶结质量评价标准

评价等级	评价标准
优	胶结指数＞0.8，最小封隔长度 1.5m
良	胶结指数 0.6～0.8，最小封隔长度 2.2m
差	胶结指数＜0.6

对比国内外胶结质量评价标准可以看出，国外固井胶结质量的评价一般着重于胶结指数。所谓的胶结指数，其计算公式如下：

$$BI = \frac{\alpha}{\alpha_g} \tag{4.19}$$

式中 α——测量声波衰减率，无量纲；

α_g——胶结良好时声波衰减率，无量纲。

从以上公式中可以看出胶结指数的波动范围在 0～1 之间，0 表示完全不胶结，1 表示完全胶结，胶结指数也与水泥环所占套管圆周的比例成正比。

4.1.3.2 声幅—变密度测井评价标准对比

对于声幅—变密度测井评价标准，中国石油《钻井手册》(甲方)中提出使用变密度测井图分析固井质量标准，结果见表 4.8。

表 4.8 中国石油声幅—变密度固井质量评价标准

变密度测井图	套管波弱至无，地层波明显	套管波和地层波均中等	套管波明显，地层波弱至无
评价结论	优等	中等	差

中国石化也提出了关于变密度测井固井质量标准，具体评价方法见表 4.9。

表 4.9 中国石化关于变密度测井固井质量标准

变密度特征		评价结论	
套管波特征	地层波特征	第一胶结面	第二胶结面
很弱或无	地层波清晰，且相线与 AC 良好同步	良好	良好
很弱或无	无，AC 反映为松软地层，大井眼	良好	差
很弱或无	较弱	良好	部分胶结
较弱	地层波清晰	部分胶结	部分胶结
较弱	地层波不清晰	中等	差

俄罗斯关于变密度测井固井质量评价标准见表 4.10。

表 4.10 俄罗斯关于变密度测井固井质量标准

伽马密度测井	DENV/DEN	≥0.9	0.75～0.9（含 0.75）	0.65～0.75（含 0.65）	＜0.65
	胶结质量	好	较好	中等	差

根据以上调研，可以看出国内外变密度测井评价标准各有特点，国内的评价标准主要集中在定性判断上，而国外则集中在定量判断上。因此，有必要综合国内外变密度测井评价标准，形成适合海洋弃置井的变密度评价标准。

4.1.3.3 层间封隔能力评价标准对比

水泥环形成的封隔能力主要决定于水泥环缺陷（包括第Ⅰ、第Ⅱ界面胶结状态、水泥周向分布状态和封固长度）、水泥环强度（主要是水泥环抗压强度）和有效封隔长度。固井水泥环水力封隔能力对井筒的长期密封性具有重要影响，当水泥环的水力封隔能力出现问题时，容易出现环空带压，套管刺漏等一系列问题。因此，对弃置井制定水力封隔能力评价标准具有重要意义。

中国石油和中国石化关于水泥环层间封隔评价主要是综合判断第一 / 第二胶结面的胶结情况以及油层井段水泥环有效封隔长度来进行综合评价。其评价标准见表 4.11。

表 4.11 中国石油 / 中国石化关于水力封隔评价标准

第一界面胶结	水泥环有效封隔长度	第二界面胶结	水力封隔能力评价结论
优	$L \geqslant L_{min}$	良好	不窜
		中等—良好	不窜的可能性大
	$L_{min} > L \geqslant 0.5 L_{min}$	良好	不窜的可能性大
	$0.5L_{min} > L \geqslant 0.25 L_{min}$	良好	窜的可能性大
	$L < 0.25 L_{min}$	良好	窜通

续表

第一界面胶结	水泥环有效封隔长度	第二界面胶结	水力封隔能力评价结论
中等	$L \geqslant L_{min}$	良好或中等	不窜的可能性大
	$L_{min} > L \geqslant 0.5L_{min}$	中等	窜的可能性大
	$L < 0.5L_{min}$		窜通
差			窜通

L_{min} 为不同尺寸套管确定的最小有效封隔长度，如图 4.2 所示。

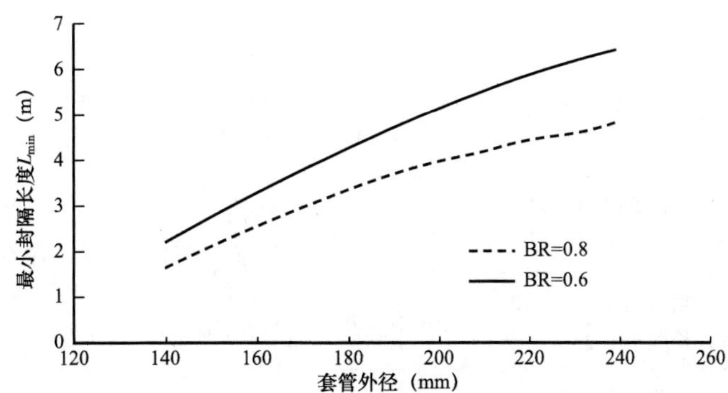

图 4.2 胶结比和水泥环层间最小有效封隔长度

俄罗斯关于水力封隔评价标准见表 4.12。

表 4.12 俄罗斯关于水力封隔评价标准

第Ⅰ界面胶结状态	第Ⅱ界面胶结状态	水泥环抗压强度（MPa）	封隔能力综合评价
好	好	>13.8	好（强）
好	中等	8.0～13.8	
好	不确定	>13.8	
好	好	8.0～13.8	
好	中等	>13.8	
中等	好	>13.8	
中等	好	8.0～13.8	
中等	中等	>13.8	
好	不确定	8.0～13.8	中等
中等	中等	8.0～13.8	
中等	不确定	>13.8	
中等	不确定	8.0～13.8	
其他情况			差（弱）

4.1.3.4 成像测井评价标准

成像测井是斯伦贝谢公司推出的最新一代用于套管及固井质量评价的仪器，该仪器可以分辨出井下低密度固体和液体，可以探测水泥中的任何通道，从而确定水泥环中的固体填充度、固井质量以及进一步评价水泥环的层间封隔能力。关于成像测井标准，国内外一般都采用斯伦贝谢公司建立的评价标准，其成像测井评价标准如下见表 4.13。

表 4.13 成像测井标准

<table>
<tr><th>固体填充度（%）</th><th>窜槽或微环空间隙</th><th>固井质量评价</th><th>固液气图特征</th><th>水泥环层间封隔评价</th></tr>
<tr><td rowspan="2">≥90</td><td>无</td><td>优</td><td rowspan="2">环空内固结水泥占绝大部分，没有零星液体点孤立分布，没有沟通形成小窜槽的趋势</td><td rowspan="2">能形成有效封隔</td></tr>
<tr><td>有，但液体窜槽宽度小于 10% 套管圆周，长度小于 1m</td><td>良（合格）</td></tr>
<tr><td rowspan="2">70～90</td><td>有，但液体窜槽宽度小于 20% 套管圆周，长度小于 2m</td><td>中等（合格）</td><td rowspan="2">存在长度和宽度较小的窜槽且分布密度不大，或液体点较多，但空间位置上均不连续，没有形成沟通大窜槽的趋势</td><td>能形成一定的有效封隔</td></tr>
<tr><td>有，但液体窜槽宽度大于 20% 套管圆周，长度小于 2m</td><td>差（不合格）</td><td>可能窜通</td></tr>
<tr><td>10～70</td><td>有，液体主窜槽宽度大于 20% 套管圆周，长度小于 2m</td><td>差（不合格）</td><td rowspan="3">存在若干沟通的流体充填窜槽或者空的微环隙空隙，其宽度大于 20%，固结水泥较少</td><td rowspan="3">窜通</td></tr>
<tr><td><10</td><td>液体主窜槽宽度>90% 套管圆周，长度大于 2m</td><td>气填充（空）微环空间隙</td></tr>
<tr><td><10</td><td>气填充（空）微环空间隙大于 90% 套管圆周，长度大于 2m</td><td>气填充（空）微环空间隙</td></tr>
</table>

4.1.3.5 声阻抗测井评价标准

声阻抗测井技术是斯伦贝谢公司为了弥补声幅—变密度测井的缺陷而产生的新的测井技术，其基本原理是根据环空水泥环内部或者胶结面内的流体声阻不同，从而定量判断环空水泥内部或者胶结面内部流体的类型。其声阻抗测井评价标准见表 4.14。

表 4.14 声阻抗测井评价标准

颜色	声阻抗值［10^6kg/（m^2·s）］	指示
红色	0.0～0.38	气体
淡蓝	0.38～1.15	含气液体
蓝色（绿色）	1.15～2.3	液体（气体＋水泥）
白色	2.3～2.7	固液过渡区
黄色	2.7～3.85	胶结差

续表

颜色	声阻抗值 [10^6kg/（m^2·s）]	指示
橘黄色	3.85～5.00	胶结中等
深橘黄色	＞5.00	胶结好

4.1.4 井筒完整性综合评价方法

油气井井筒完整性受多因素的影响，有必要使用一种综合评价方法定量计算油气井的井筒完整性。层次分析法是美国运筹学家萨蒂于 20 世纪 70 年代提出的，核心是将与决策有关的元素分解成目标、准则、方案等层次，在此基础上进行定性和定量分析的决策方法。利用层次分析法评价井筒完整性的基本流程如下：

首先将完整性风险视为目标层，准则层分为井口、管柱、井筒和其他四个部分，将井口、管柱、井筒和其他因素再次详细划分，可以得到如图 4.3 所示完整性风险评价层次结构。

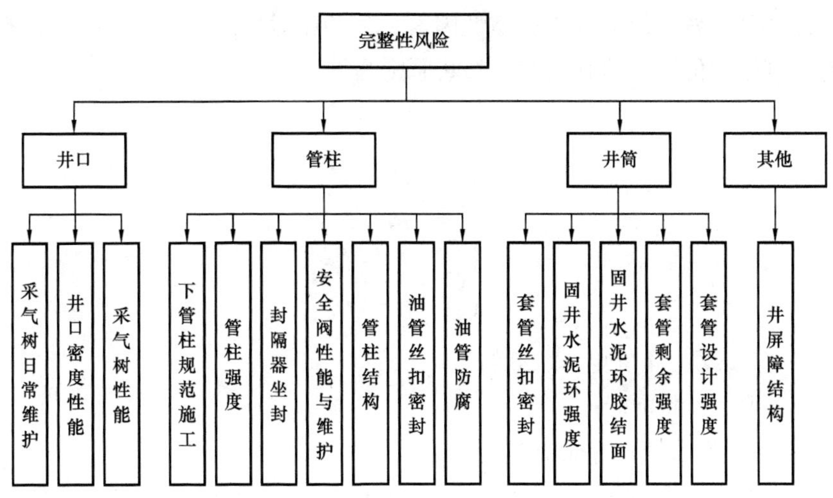

图 4.3　井筒完整性评价结构

其次为根据图 4.3 所建立的层次结构，可以确定层次模型，进而可以确定每个层次之间的相互隶属关系，得出各个评价单元的权重以及各个因素的权重。

需要指出的是，套管材质主要会影响套管的设计强度、套管剩余强度、腐蚀情况和密封情况，因此套管材质不作为目标层的因素。

通过比较评价单元井口、管柱、井筒、其他因素的相对于完整性风险的重要程度，并按照 1～7 的标度值赋值，得到标度值及其意义（表 4.15），进一步得出准则层指标重要性判断矩阵 $\boldsymbol{A}$。

准则层指标重要性评价矩阵如下：

$$\boldsymbol{A}=\left(a_{ij}\right)_{4\times4}=\begin{pmatrix}1 & a_{12} & a_{13} & a_{14}\\ 1/a_{12} & 1 & a_{23} & a_{24}\\ 1/a_{13} & 1/a_{23} & 1 & a_{34}\\ 1/a_{14} & 1/a_{24} & 1/a_{34} & 1\end{pmatrix}=\begin{pmatrix}1 & 3 & 5 & 7\\ 1/3 & 1 & 3 & 5\\ 1/5 & 1/3 & 1 & 3\\ 1/7 & 1/5 & 1/3 & 1\end{pmatrix}$$

表 4.15 完整性评价层次结构各标度含义

重要性等级	标度值
i 和 j 两个元素相比，具有相同的重要性	1
i 和 j 两个元素相比，前者比后者稍重要	3
i 和 j 两个元素相比，前者比后者明显重要	5
i 和 j 两个元素相比，前者比后者极端重要	7
若元素 i 和 j 的重要性之比为 a_{ij}，那么元素 j 和 i 的重要性之比为 a_{ji}，a_{ji}=1/a_{ij}	1/3，1/5，1/7
表示上述相邻判断的中间值	2，4，6

进一步需要计算各个影响井筒完整性因素之间的相对权重，在计算之前，有必要通过一致性检验来判断评价层次的有效性，判断原则为：

$$\begin{cases}C_{\mathrm{r}} \quad 0.1\\ C_{\mathrm{r}}=\dfrac{C_{\mathrm{I}}}{R_{\mathrm{I}}}\\ C_{\mathrm{I}}=\dfrac{\lambda-n}{n-1}\end{cases} \tag{4.20}$$

式中 R_{I}——比例系数，4 阶矩阵取 0.9；

C_{I}——一致性判断指标；

λ——判断矩阵的最大特征根。

判断矩阵 $\boldsymbol{A}$ 的最大特征根 λ=4.1170，则 C_{I}=0.043，小于 0.1，满足一致性要求最大特征根对应的特征向量为：

$$\boldsymbol{W}_{\max}=\left[0.8880 \quad 0.4121 \quad 0.1847 \quad 0.0869\right]^{\mathrm{T}}$$

归一化权重为：

$$\boldsymbol{W}_{\max}=\left[0.4746 \quad 0.3086 \quad 0.1615 \quad 0.0553\right]^{\mathrm{T}}$$

也就是说管柱、井筒、井口以及井屏障结构对气井完整性的影响的权重分别为 47.46%、30.86%、16.15% 和 5.53%。

按照上述方法，可以依次得出各个具体影响因素的权重。与井口相关的因素（采气树性能、井口密封性能、采气树日常维护）归一化权重为：

$$W_{max}=\begin{bmatrix}0.5462 & 0.3384 & 0.1154\end{bmatrix}^{T}$$

与管柱相关的因素（下管柱规范施工、管柱强度、封隔器坐封、安全阀性能与维护、管柱结构、丝扣密封、油管防腐）归一化权重为：

$$W_{max}=\begin{bmatrix}0.2581 & 0.2581 & 0.1645 & 0.1097 & 0.1097 & 0.0653 & 0.0346\end{bmatrix}^{T}$$

与井筒相关的因素（套管设计强度、套管剩余强度、固井水泥胶结界面、固井水泥环胶结强度、丝扣密封）归一化权重为：

$$W_{max}=\begin{bmatrix}0.3194 & 0.2315 & 0.2315 & 0.1753 & 0.0603\end{bmatrix}^{T}$$

将评价单元的权重分别与各具体影响因素的权重相乘，即可得到每个影响因素的权重，见表 4.16。

表 4.16　不同影响因素所占权重

序号	科目	影响因素	所占权重
1	井口	采气树性能	9
2		井口密封	5
3		采气树日常维护	2
4	管柱	套管防腐	12
5		管柱丝扣密封	12
6		套管管柱结构	8
7		安全阀性能与维护	5
8		封隔器坐封	5
9		套管强度校核	3
10		下管柱规范施工	2
11	井筒	套管柱丝扣密封	10
12		固井水泥胶结强度	7
13		固井水泥界面情况	7
14		套管剩余强度	5
15		套管设计强度	2
16	其他	井屏障结构（封隔器）	6

更进一步，将每个影响因素进行分级，确定对应的分值范围，把油气井的风险分为 3 类（表 4.17）。根据最终井筒完整性评价风险等级的不同，后续弃置方案有所不同。

表 4.17 不同权重对应完整性状态

风险分类	风险权重范围	完整性状态
Ⅰ	＞70	良好
Ⅱ	33～70	一般
Ⅲ	≤33	较差

除了根据井口生产压力检测系统以及综合测井评价方法判断井筒完整性以外，还应该综合测井曲线等手段综合评价井下水泥石和套管的完整性状态。

4.2 弃置井井筒完整性影响因素

海洋油气井开发多年以后，往往存在严重的腐蚀问题。油藏中硫化氢、二氧化碳一方面会使套管形态发生变化，另一方面会使水泥环的力学性能发生变化，严重威胁着油气井在弃置后的井筒完整性。因此有必要研究腐蚀对套管应力的影响。

4.2.1 海洋油气井腐蚀情况

海洋油气井腐蚀介质包括原油和海水两种：一是原油中含有的一些杂质给设备带来很大危害，如有机酸、无机酸、硫化物等；二是海水通常被认为是最具有腐蚀性的自然环境，主要环境因素有 pH、温度、钙质沉积、微生物、生物淤积等。世界范围内海洋油气井的腐蚀情况较为严重，且随着时间的延长，油田花费在治理腐蚀上的经费越来越多。

据统计，2012 年墨西哥湾由于油气井腐蚀产生的损失约 320 亿美元，其中的 81% 用于化学防腐试剂、抗菌剂和失效设备的购买，水上设备腐蚀产生的费用占比为 43%，井底油管柱造成的损失占比为 34%；北冰洋高温高压井后期维护过程中，由于腐蚀造成的损失占全部维护费用的 60%～70%。

图 4.4 和图 4.5 分别为腐蚀导致环空窜通及腐蚀导致法兰氢脆现象。

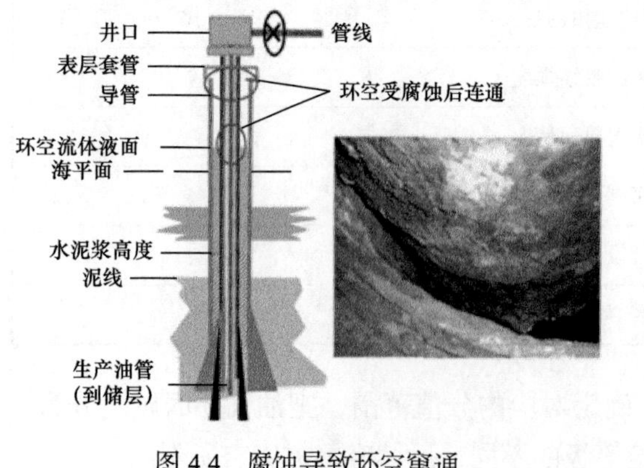

图 4.4 腐蚀导致环空窜通

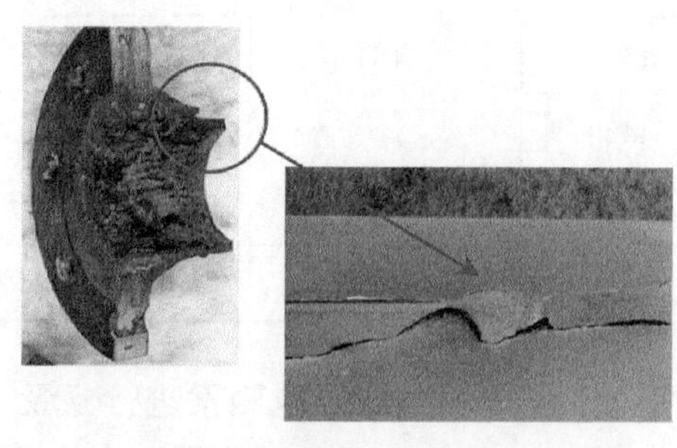

图 4.5 腐蚀导致法兰氢脆

4.2.2 套管腐蚀对井筒完整性的影响

井下油气水通过油管流向井口的过程中，往往会和套管接触，尤其是流体中含有酸性物质时，往往会腐蚀井下套管，造成套管形态发生变化。在一定的地应力和套管内压条件下，套管形态发生变化时，其应力状态也会发生变化。建立如下套管—水泥环—地层组合体有限元模型（图 4.6），研究腐蚀深度和腐蚀角度对套管应力的影响。

将套管腐蚀的因素分为两方面：一方面是腐蚀引起套管厚度方向的变化，另一方面是腐蚀引起套管周向上厚度不均匀。图 4.7 中，*h* 表示套管腐蚀的比例，其值在 0～1 之间变化，使用 Mises 准则判断套管是否屈服，具体表达式如下：

$$2\sigma_s^2=\left(\sigma_1-\sigma_3\right)^2+\left(\sigma_1-\sigma_3\right)^2+\left(\sigma_1-\sigma_3\right)^2 \tag{4.21}$$

当套管上的等效应力大于屈服应力时，认为套管屈服，否则套管未屈服。

图 4.6 套管—水泥环—地层组合体模型

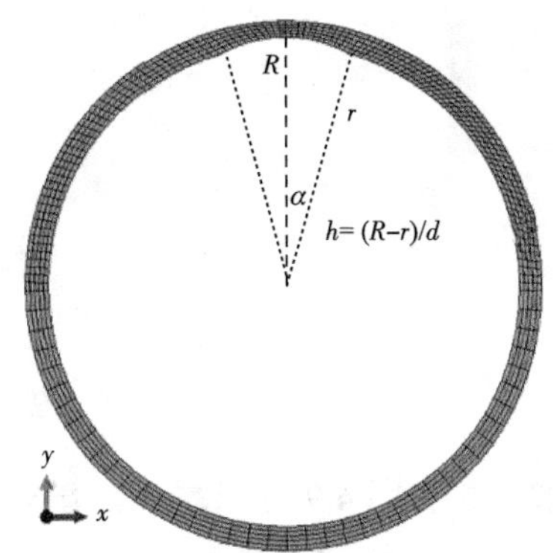

图 4.7 管腐蚀示意图

模型使用几何及力学参数见表 4.18。

表 4.18 套管—水泥环—地层组合体模型几何及力学参数

项目	弹性模量（GPa）	泊松比	内径（mm）	外径（mm）
套管	210	0.3	161.7	177.8
水泥环	10	0.26	177.8	215.9
地层	22	0.15	215.9	—

假设套管腐蚀深度为其壁厚的 1/3 时，研究不同腐蚀角度 *α* 对套管应力的影响，结果如图 4.8 所示。

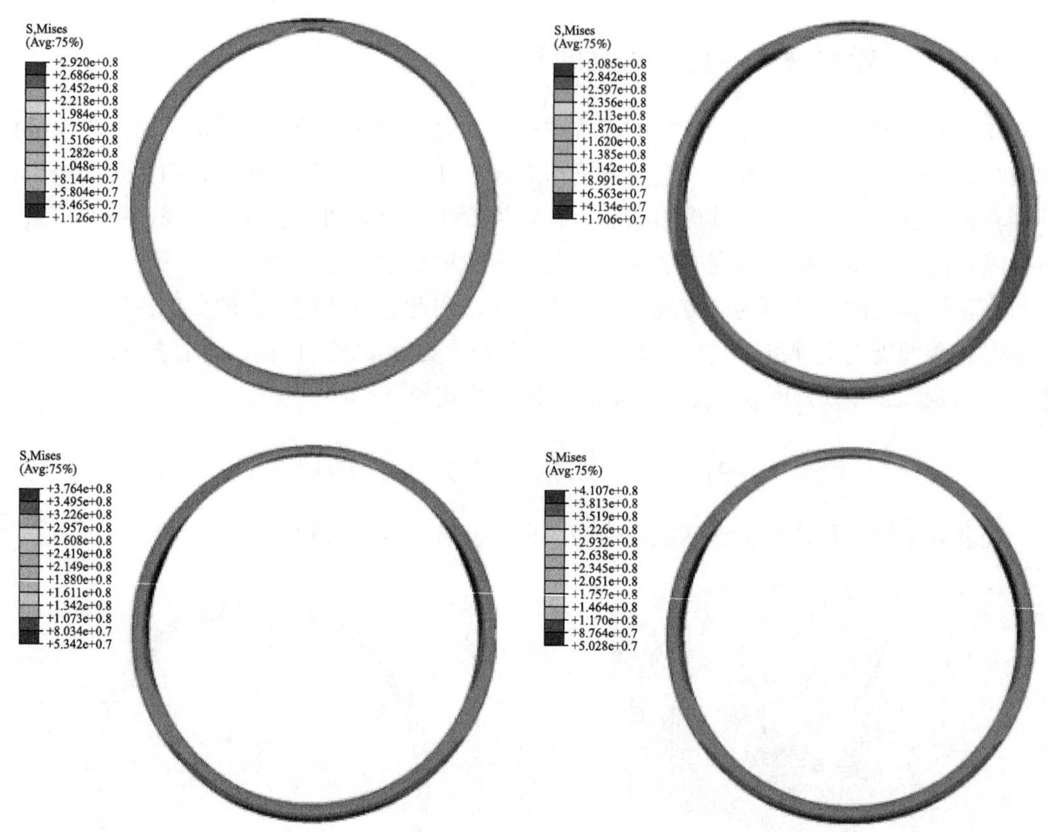

图 4.8 腐蚀角度 α 对套管应力的影响

从图 4.8 和图 4.9 可以看出，随着套管腐蚀范围的增加，套管等效应力增加。因此，套管腐蚀引起套管平均壁厚的减少能显著增加套管的等效应力，增加了套管失效的风险。

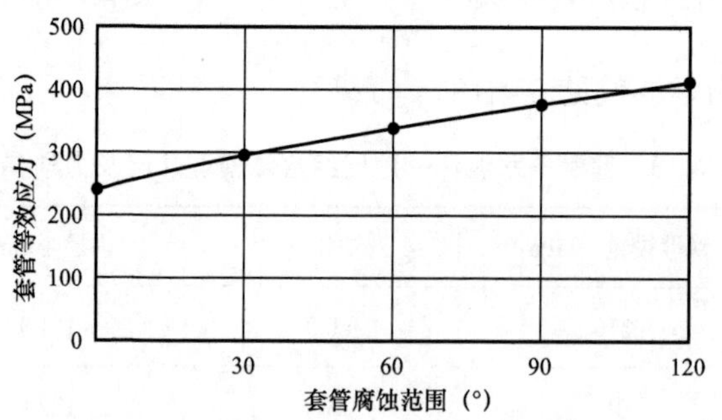

图 4.9 套管腐蚀范围对套管应力的影响

进一步研究套管腐蚀深度对套管应力的影响，假设套管腐蚀对应的角度为 60°，设置不同的腐蚀深度比例计算套管的受力情况，计算结果如图 4.10 和图 4.11 所示。

从图 4.10 和图 4.11 中可知，随着套管腐蚀深度的增加，套管等效应力增加，且增加的幅度不断增大。因此，可以综合多臂井径的测井资料，在套管腐蚀深度较大的位置对套管进行修复，以保证油气井在弃置后的力学和形态完整性。

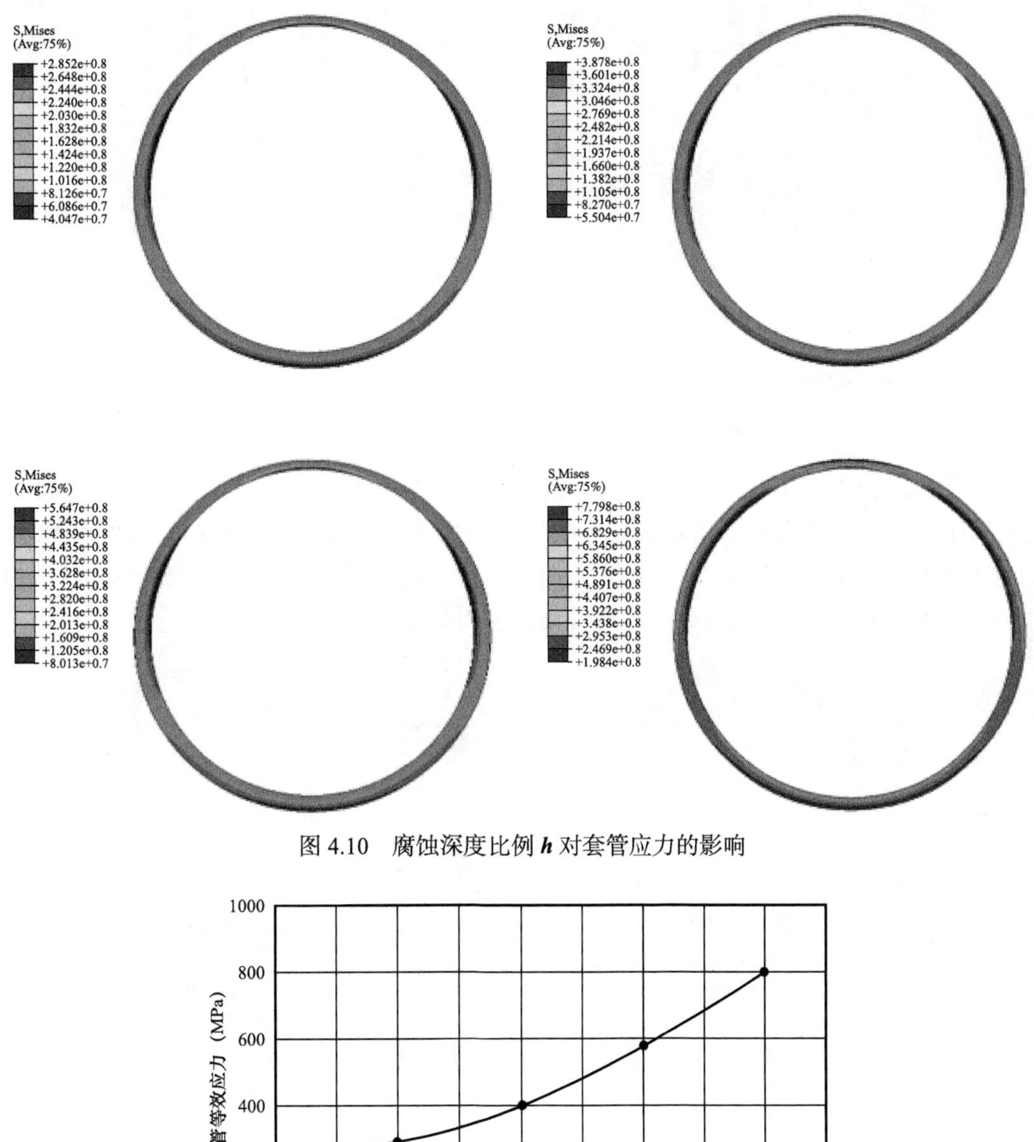

图 4.10 腐蚀深度比例 ***h*** 对套管应力的影响

图 4.11 套管腐蚀深度对套管应力的影响

4.2.3 水泥环腐蚀对套管应力的影响

井下酸性流体不仅会对套管产生腐蚀作用，也会对水泥环产生腐蚀作用，水泥环的腐蚀主要表现为水泥环形态的变化，首先研究水泥环腐蚀导致套管应力发生的变化，计算结果如图 4.12 所示。

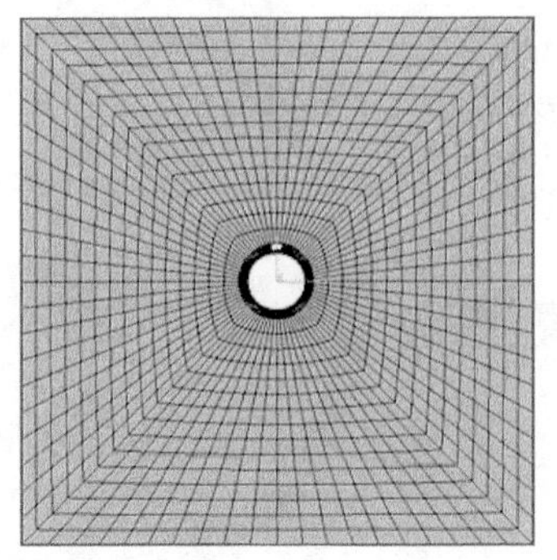

(a) 水泥环缺失时套管—水泥环—地层组合体模型

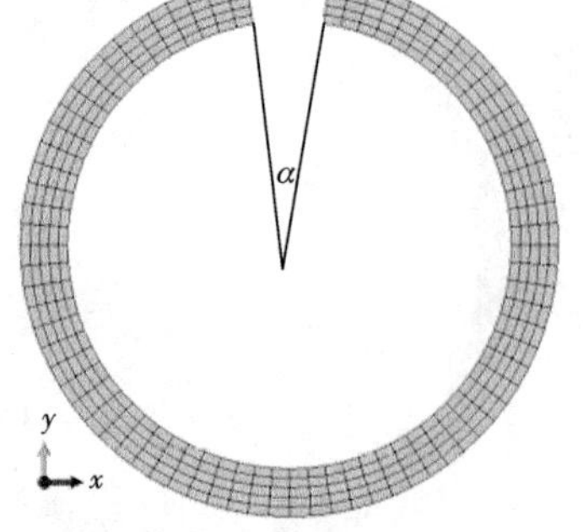

(b) 水泥环缺失示意图

图 4.12　水泥环缺失时套管—水泥环—地层组合体模型和水泥环缺失示意图

从图 4.13 和图 4.14 中可以看出，随着水泥环缺失角的增加，套管应力先升高后降低。当水泥环的缺失角较小时，随着水泥环缺失角的增加，套管应力增加；但是当水泥环的缺失角度继续增加，套管应力会减小，主要是因为水泥环外部的流体使套管的应力更加均匀，进而使套管承受的非均匀应力逐渐转化成了均匀应力。

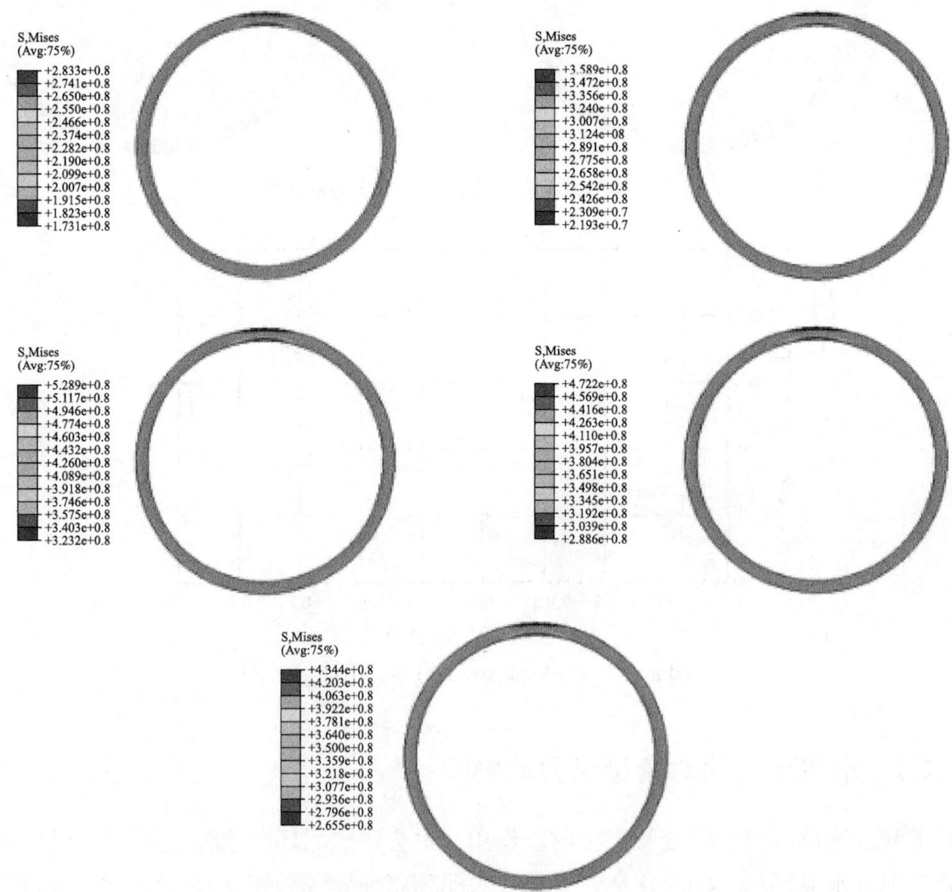

图 4.13　不同水泥环缺失角下套管应力分析

研究水泥环的力学性能如弹性模量、泊松比等对套管应力的影响，计算结果如图 4.15 和图 4.16 所示。

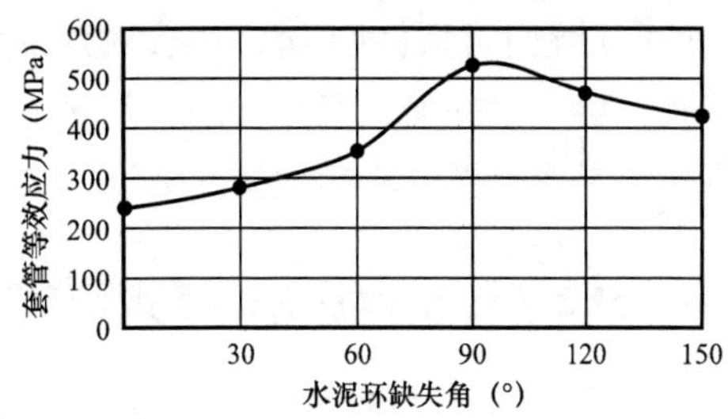

图 4.14　水泥环缺失角度对套管应力的影响

从计算中可以看出，水泥环弹性模量降低、泊松比降低时，有利于降低套管的等效应力，但是降低幅度有限，相比于水泥环力学性能的变化，水泥环形态的变化对套管应力的影响更大，因此，根据测井曲线，应该对水泥环腐蚀较大的位置进行挤水泥作业，一方面可以保证水泥环形态的完整性，另一方面可以保证水泥环的密封性。

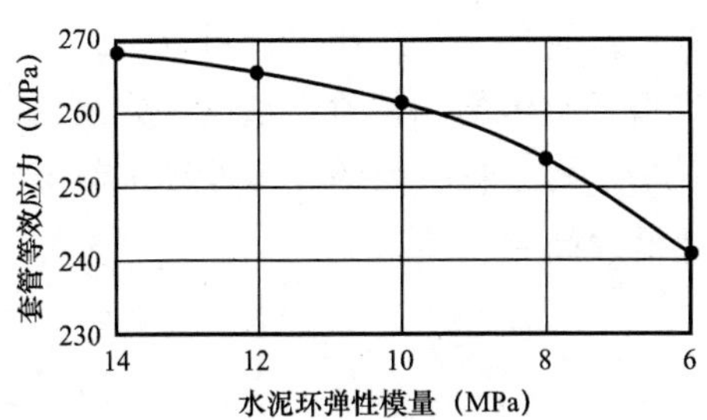

图 4.15　水泥环弹性模量对套管应力的影响

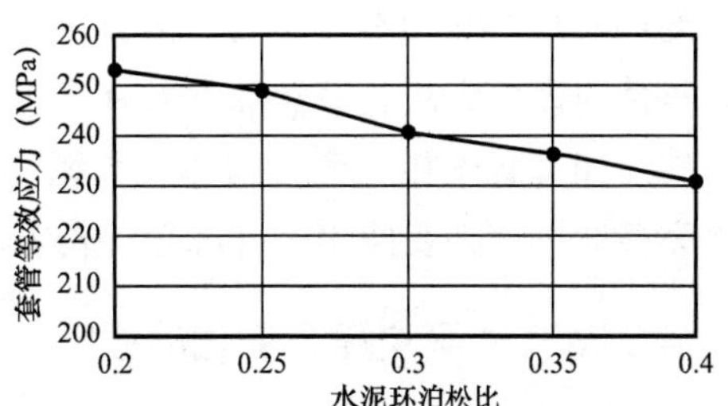

图 4.16　水泥环泊松比对套管应力的影响

4.3　弃置井井筒环空带压及应急措施

4.3.1　海洋油气井环空带压现状及原因分析

根据国内外文献调研，墨西哥湾大约 15500 口井中，6692 口井至少有一层套管带压，占比 43%；土库曼斯坦阿姆河右岸气田 A 区和 B 区的 193 口井中，39 口井发生环空气窜，占比 20.2%；加拿大阿尔伯特省 Peace River 地区的油气井不同程度的存在环空带压问题，仅在加拿大西部，就有 18000 多口井表层套管环空带压或窜流；英国北海大约有 34% 的油气井受环空带压的影响，井口环空带压的管理耗费大量资金；挪威大陆架内约 18% 的油气井存在环空带压，环空带压直接导致 7% 的油气井无法正常生产。

引起油气井环空带压可以分为三种情况：一是人为因素，包括气举、热采管理、监测环空压力或其他目的导致的环空带压。这主要是由于套管环空温度变化导致流体和膨胀管柱变形造成的，当油气井恢复到正常生产后，井口压力会恢复到正常值。二是由于环空存在气体窜流导致的环空带压。三是套管柱失效，尤其是螺纹连接和封隔器密封失效，导致气体窜流形成的环空带压。

严重的环空气窜或环空带压不仅使后续钻井作业、射孔作业、修井作业、测试作业以及增产措施不能顺利实施，还会对建井周期、油气的安全开采构成威胁。若环空窜流无法控制，会导致井喷，甚至可能导致全井报废，造成巨大的经济损失。另外，如果环空带压值超出了套管设计所能承受的强度，会导致套管破裂。

4.3.2 环空带压来源判断方法

油气井井筒完整性出现问题时，最显著的现象是井口环空带压以及持续环空带压，一般认为产生环空带压或者持续环空带压的原因有：（1）热效应引起的环空带压；（2）井筒管柱泄漏、井下工具失效、固井水泥封固差等原因导致不同环空互相连通引起的持续环空带压；（3）作业需要施加在套管环空的压力。第（1）（3）种是由于施工等人为因素引起的环空带压，与弃置井的实际情况不符合；第（2）种涉及井下水泥石的封隔能力，尤其是水泥环密封失效和本体失效。因此，从弃置井井口持续环空带压出发，可以得到环空屏障完整性的评估方法。海洋油气井在弃置之前需进行环空带压的评价，油气井井筒内的其他部件（如套管丝扣、套管本体、水泥环本体、第一 / 第二胶结面的完整性等）都会影响井筒完整性，有必要使用一种综合评价方法定量评价井筒完整性。

4.3.2.1 A 环空压力变化的原因

引起 A 环空压力变化的主要因素有：（1）B 环空水泥被破坏 / 水泥封固差，同时生产套管发生泄漏导致 A/B 环空连通（B 环空与储层连通）；（2）生产管柱破损或者螺纹失效发生泄漏；（3）生产套管挤毁；（4）采用尾管的尾管封隔器密封失效等。通常生产管柱失效是 A 环空持续环空带压的主要原因，合理判断 A 环空压力是准确诊断井下工具及其他环空状况的基础。

4.3.2.2 定产量生产法诊断环空压力

油气井在弃置之前以一定的产量生产，将 A 环空因热效应产生的圈闭压力与生产管柱压力进行比较。如果压力值相差较大，那么 A 环空圈闭压力由热效应引起；如果压力几乎相等，则 A 环空与生产管柱存在连通可能。该方法最简单也最经济，不需要变产量或者开关井，但当 A 环空圈闭压力接近生产管柱井口压力时，则较难判断 A 环空是否与生产管柱连通。

4.3.2.3 关井检测法

将以一定产量生产的井关井，观察 A 环空压力，正常情况井在一定的时间内温度降低至初始生产期间的地层温度，压力也下降至一个稳定值，如果压力不降反而升高表示 A 环空与生产管柱连通，并且生产管柱可能存在较大的泄漏。如果压力下降后又开始回升表示 A 环空与生产管柱连通，且生产管柱泄漏较小。关井后并未发现上述现象，开井恢复到原来的产量继续生产，如果出现环空压力高于关井之前的环空压力表明 A 环空出现持续带压，A 环空与生产管柱连通，且泄漏较小。该方法的优点是关井后整个生产系统温度降低，各个环空压力也随之降低，不会对井筒完整造成损害，另外压力便于观察，容易判断生产管柱是否泄漏。

4.3.2.4 泄压再恢复生产法

井以一定的产量生产记录 A 环空压力，关井后泄掉 15%～20% 的 A 环空压力，开井恢复到原来的产量继续生产，如果新的 A 环空压力持续 24h 稳定且小于关井泄压之前的环空压力值，表示 A 环空压力为热效应引起，否则为持续带压。

4.3.2.5 变产量法

在油气井弃置之前可以进行变产量测试，当井以一定产量生产时记录 A 环空压力，降低或者增加产量会引起 A 环空压力降低或者增加。如果是热效应引起的环空圈闭压力，当增加产量时环空压力会升高并保持稳定，当降低产量时环空压力降低并保持稳定。当产量降低时环空压力降低，而井底流压增加生产管柱压力升高，如果出现环空压力明显升高则表示 A 环空与生产管柱连通且生产管柱泄漏较大，如果环空压力出现先降低后升高则表示 A 环空与生产管柱连通，但生产管柱泄漏较小。当产量增加时井底流压降低，环空压力升高，如果出现环空压力明显降低，则表示 A 环空与生产管柱连通且生产管柱泄漏较大，如果 A 环空压力出现先升高后降低的现象，则表示 A 环空与生产管柱连通且生产管柱泄漏较小。考虑到注入流体体积推荐直接从化学药剂注入管线 /A 环空压力监测管线注入。

4.3.2.6 定产量生产环空增压法

当井以一定产量生产，记录 A 环空压力，从井口化学药剂注入管线或者环空压力监测管线注入一定的流体使 A 环空压力升高 15%～20%。如果环空压力持续稳定 24h，则表示 A 环空压力由热效应引起；如果降低则表示 A 环空与生产管柱连通。

4.3.3 井筒环空压力控制手段

由于部分海上油气井开发年限较早，相关资料少，结构复杂且井底压力高；同时，海上油气井经过多年的开采，井口环空带压现象严重，环空内存在一氧化碳、硫化氢、甲烷等气体，油气井在弃置之前需要将环空压力泄去，才能进行下一步的打捞管柱作业。

4.3.3.1 环空压力释放

操作作业过程中，首先使用钻井泵在井口采油树泵入压井液，使用高密度压井液压井，将井内的油气从环空泵入井口，然后利用爱普油气分离器将替换出的油气分离，烧掉返出的可燃性气体和有毒气体，观察井口一段时间，直到没有气体和原油返出为止，在此基础上才能进行下一步的捞取生产管柱作业。

4.3.3.2 天然气水合物抑制

深水高压低温环境下，井身结构靠近泥线附近容易形成水合物，压井作业之前应确保作业过程中井筒内不会生成水合物。

天然气水合物生成的 3 个条件（图 4.17）：

一是温度。环境温度在 0℃左右时水合物可以稳定存在，高于 20℃时则不会生成。

二是压力。当环境温度为 0℃时，压力超过 3MPa 时水合物可生成并稳定存在。

三是原始物质。井筒内含有一定量的天然气和用于水合物形成的自由水。

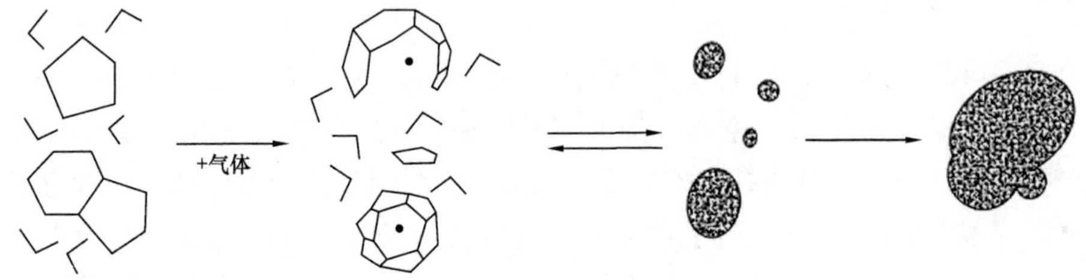

图 4.17　水合物形成过程

气体水合物的形成分为 4 个部分：

初始条件：温度和压力均满足生成水合物的条件，但没有气体分子溶于水。

不稳定簇团：一旦气体进入水中，立即形成稳定簇团。

聚结：不稳定簇团通过面接触聚结，从而增加无序性。

初始成核及生长：当聚结体的大小达到某临界值时，晶体开始生长。

由以上分析过程可知，只要不满足天然气水合物生成的任何一条件——低温、低压、原始物质聚结，即可抑制天然气水合物的形成。

预防水合物生成只要不满足管道生成稳定水合物任意条件——低温、高压、含水即可，因此有 4 条途径可阻止水合物形成。

（1）脱水法。目前在天然气进入输送管线前通常先脱除天然气中饱和水，降低输送管线中含水率。常用脱水技术有冷冻分离、固体干燥剂吸附、溶剂吸收以及膜分离等技术。

（2）降压法。在输气管线温度保持不变条件下，降低天然气管线压力，使其低于水合物生成压力，从而预防或分解水合物。但由于天然气管线必须维持一定工作压力以保障输送工作正常进行，因此通过降压控制水合物生成只是一种理论方法，不具有实际应用价值。

（3）升温法。提高天然气管线入口温度或者在输送过程中加热管线，使管线内气体温度高于该压力下水合物生成温度，从而预防水合物生成。但对已生成水合物管段加热，水合物快速分解，释放大量气体造成管线局部高压，易引发管线破裂。

（4）注抑制剂法。向管线中加入一定浓度水合物抑制剂的方法得到广泛应用。水合物抑制剂使水合物相平衡曲线向低温方向移动，水合物形成范围减小。

水合物抑制剂可分为热力学抑制剂、动力学抑制剂、防聚焦剂及复合型抑制剂四类，目前石油化工行业中水合物热力学抑制剂应用广泛。热力学抑制剂抑制机理是利用抑制剂分子或离子吸附性吸附烃分子，改变水相中游离烃分子数量，使水合物生成温度、压力在系统实际工况之外，从而改变水合物生成相平衡条件；对已生成水合物则是通过改变水合物相平衡曲线，使实际工况处于相平衡曲线右侧从而分解水合物。常用热力学抑制剂包括电解质水溶液、甲醇和乙二醇等。鉴于深水天然气井控过程具体情况，方法（1）至（3）主要是针对油气储运过程中抑制水合物生成的办法，海洋油气井由于其开发环境的限制，不可能在泥线处对压井液或者钻井液进行脱水、降压以及升温作业，只能向井控循环系统中加入热力学抑制剂进行水合物预防。

当环空温度和压力条件符合天然气水合物生成的形成的条件时，如果需要抑制水合物的生成，则必须在溶液中添加抑制剂，根据 Hammerschmidt（1939）提出的半经验公式：

$$C_m=100\Delta tM/\left(K+M\Delta t\right) \tag{4.22}$$

式中 C_m——抑制剂的最低质量分数；

Δt——温度降，℃；

M——抑制剂的相对分子质量（甲醇为 32，乙二醇为 62，二甘醇为 106）；

K——常数（甲醇为 1297，乙二醇和二甘醇为 2220）。

工业中常用水合物热力学抑制剂大致为有机醇类及无机盐类两种类型。为优选出对深水天然气井控循环过程水合物抑制性能最好的抑制剂，选取甲醇、乙二醇及 NaCl 进行水合物抑制性能研究。不考虑实际作业工况，同时为了使甲醇的水合物平衡曲线更加明显，取质量浓度为 50% 甲醇、12.5% 乙二醇及 12.1%NaCl 进行研究，赵倩琳使用 PVTsim 软件（国际上通用天然气水合物生成预测软件之一）对以上抑制剂的水合物相平衡曲线进行研究，其结果如图 4.18 所示。

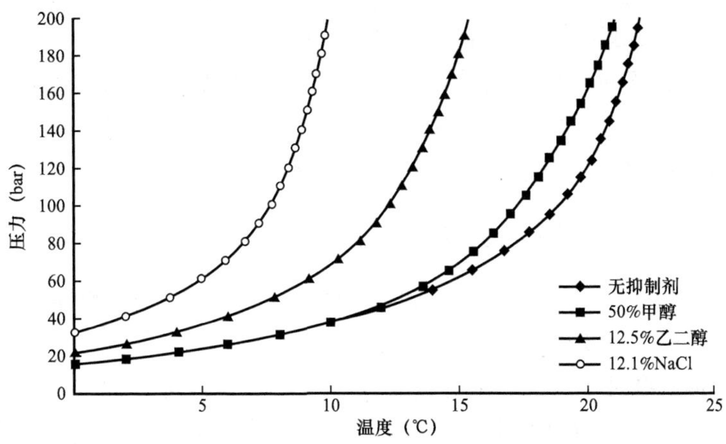

图 4.18 不同抑制剂对水合物相平衡曲线影响

将坐标轴中的压力固定为 100bar，研究不同抑制剂对水合物生成温度降影响，结果见表 4.19。

表 4.19　压力为 10MPa 时抑制剂对水合物生成温度的影响

抑制剂种类	50% 甲醇	12.5% 乙二醇	12.1% 氯化钠	无抑制剂
水合物生成温度（℃）	17.32	12.36	7.78	18.86
水合物生成温度降（℃）	1.54	6.5	11.16	—

从图 4.21 可以看出，当气体中加入不同种类水合物抑制剂时，水合物相平衡曲线以不同幅度向左侧低温方向移动，使得水合物生成区域范围减小。当水合物生成压力一定时（100bar），无抑制剂时水合物生成温度为 18.86℃，注入 50% 甲醇溶液时水合物生成温度降低 1.54℃，注入 12.5% 乙二醇溶液时水合物生成温度降低 6.5℃，注入 12.1%NaCl 时水合物生成温度降低 11.16℃。虽然甲醇质量浓度＞乙二醇质量浓度＞NaCl 质量浓度，但注入 NaCl 溶液时水合物相平衡曲线向左移动幅度最大，乙二醇次之，注甲醇时最小。因此 NaCl 抑制性能最好，乙二醇次之，甲醇抑制性能最差。

NaCl 抑制性能优于乙二醇及甲醇，不仅可用于抑制水合物形成，还可用于分解已生成水合物，疏通被水合物堵塞管道；有机醇类，例如甲醇、乙二醇等，则不宜用于分解已生成水合物。NaCl 溶液的缺点是会影响钻井液流变性能，且与油气田生产过程中其他化学试剂配伍问题，实际钻井及井控过程不使用无机盐溶液作为水合物抑制剂，但是考虑到油气井作业的特殊工况，压井液的主要作用是防止地层流体上窜，并不需要考虑储层保护以及循环压耗等问题。因此，弃置作业过程中可以将 NaCl 作为抑制水合物生成的抑制剂。

甲醇具有毒性与易燃易挥发性，易溶于水，溶液黏度小，抑制作用迅速，来源广泛。但由于挥发性强，气相蒸发量大，且抑制性能较弱，因此甲醇作为水合物抑制剂时，用量较大。虽然乙二醇资源量较少，但乙二醇具有较强水合物抑制性能，且无毒，沸点明显高于甲醇，气相蒸发量较小，损失小，适用于有大量天然气水合物处理场合，回收处理工艺较甲醇简便，因此乙二醇也能作为抑制水合物生成的抑制剂。

不同于油气井开发过程中水合物抑制剂的使用需要考虑储层保护以及循环压耗等因素，弃置过程中压井液的首要目的是将地层流体约束在地层中，基于成本和安全考虑，推荐使用 NaCl 为抑制水合物生成的抑制剂，其次为乙二醇。

4.3.3.3　海洋天然气井井控方法

油气井在弃置之间，需要在井口安装防喷器（BOP）防止井底流体井喷，井控作业属于非常规工况下的非常规操作，具有不可预测及较大风险性，尤其在井底压力不明、环空内存在可燃性气体的条件下井控作业显得更加重要。表 4.20 为各种压井方法对比。

井控工艺流程可以分为硬关井和软关井。当发现井涌时，直接关闭防喷器即为硬关井方式；软关井则是在关闭防喷器之前打开节流管汇阀门。硬关井方式时间较短，软关井时间较长；硬关井对井口装置造成较大冲击，但是深水井控关井时，由于水深较大，水击效应对 BOP 冲击较小，因此推荐硬关井井控方式。

表 4.20 压井方法对比

压井方法	关井时间	压井循环时间	压井操作难度	失效概率
工程师法	长	短	低	大
司钻法	短	中	中	小
边循环边加重法	中	长	大	中

4.3.4 弃井作业应急措施

环空压力释放以后，在正常弃井作业过程中如果监测到溢流、井涌等情况，则应立即关闭 BOP 进行压井作业。深水天然气井井喷事故连锁演化特征如图 4.19 所示。

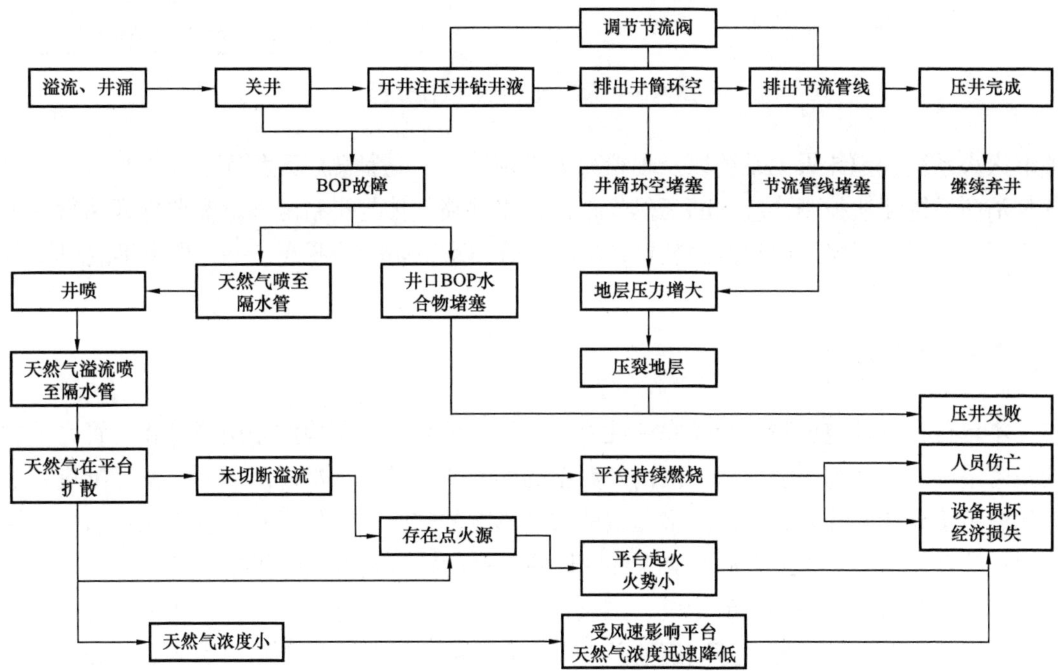

图 4.19 深水天然气井喷事故连锁演化特征

如果 BOP 失效，则有可能造成井喷事故，天然气井喷事故树如图 4.20 所示。

弃井作业过程中如果发生井涌且操作人员未能及时关闭防喷器，最终将造成井喷事故。如果气体中含有 H_2S 气体，可能导致人员中毒。从隔水管喷出的天然气会不断聚集生成天然气云，遇到明火发生火灾爆炸，对人员及设备造成极大伤害。有必要在弃置作业过程中采取相应的应急措施避免上述情况。

一般弃置井作业过程中的应急措施可以分为以下三个部分：一是气侵后压井。发现气侵后立刻关闭防喷器，注入压井液进行压井，压井成功后循环压井液至井口，在井口烧掉压井液中的可燃性气体。二是气侵后启动平台消防装置。包括火灾探测报警系统、自动水

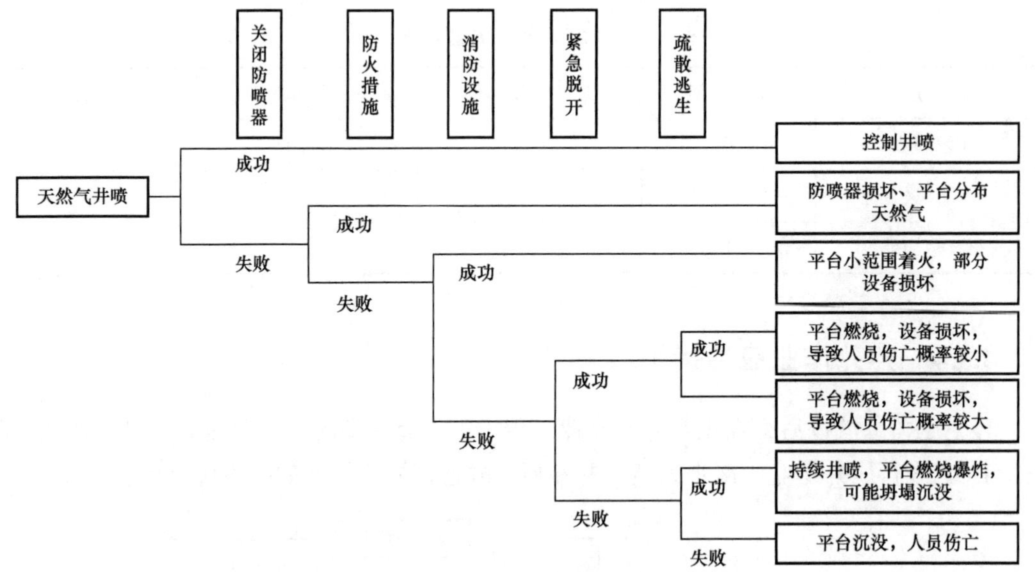

图 4.20　天然气井喷事故树分析

喷淋灭火系统、泡沫灭火系统以及干粉灭火系统等。三是紧急脱开程序。如果平台出现火灾且消防系统无法控制，应切断天然气来源，将井喷气体与平台隔离，需要立即执行水下防喷器紧急脱开程序，启动控制装置，将隔水管与水下防喷器脱离，平台撤离事故现场。

4.4　小结

本章首先从环空屏障和套管完整性检测出发，单独介绍了检测环空屏障和套管完整性的技术手段，在此基础上调研了国内外典型的固井质量评价标准并对固井质量标准进行了对比，基于弃置井井筒完整性受多因素的共同影响的实际，调研了一种基于权重法的井筒完整性综合评价方法，此方法对弃置井井筒完整性的评价具有实际指导意义。

考虑到套管和水泥环在硫化氢、二氧化碳的长期影响下会发生腐蚀，建立了有限元模型，研究了套管和水泥环在不同腐蚀条件下套管的受力情况，研究结果表明套管和水泥环的腐蚀会明显增加套管的应力，增加井下套管屈服的风险。建议根据测井解释结果，在水泥环具有严重腐蚀的位置进行挤水泥作业，缓解井下套管的受力情况；同时，套管的腐蚀一方面降低了套管的强度，另一方面也可能导致环空带压，建议在套管腐蚀严重的地方进行套管修复作业。

海洋油气井环空带压现象严重，在弃置作业之前必须将环空压力泄去才能进行管柱切割打捞。因此，介绍了海洋油气井环空带压的现状及原因，并基于“U”形管原理介绍了环空带压来源的判断方法。同时，基于海洋油气井的特殊环境，研究了井筒环空压力的控制方法。最后，对弃井作业中的应急措施进行了研究，研究成果对弃置过程中出现紧急情况后应急方案的制定具有指导意义。

5 井筒切割打捞技术

井筒切割打捞是海上井筒弃置的重要技术。本章首先总结了常规完井方法及生产管柱的结构组成，详细分析了投产多年（弃置之前）井内生产管柱可能遇到的各种复杂情况（包括封隔器无法解封、腐蚀和冲蚀导致的管柱失效、砂卡、硬卡）；其次，总结了常用的几种切割技术（包括机械切割、化学切割、水力切割、磨料射流切割、爆炸切割、高聚能镁粉切割）；然后，根据海上油井生产管柱的实际工程情况，研究了单管打捞技术、双管打捞技术及弃置井水下井口、井内管柱的切割打捞一体化技术。

5.1 常规完井方法及生产管柱

5.1.1 常规完井方法

完井是使井眼与油气储层（产层、生产层）连通的工序，是衔接钻井工程和采油工程而又相对独立的工程，是从钻开油气层开始，到下套管、注水泥固井、射孔、下生产管柱、排液，直至投产的系统工程。在完井过程中，选择完井的井底结构是最重要的一步。

一般来讲，完井井底结构有四种类型：

（1）封闭式井底：钻达目地层，下油层套管或尾管后固井封堵产层，然后射孔打开产层，使产层与井眼连通。

（2）敞开式井底：钻开产层后不封闭井底，产层岩石裸露，直接与井眼连通；或是在产层段下带孔眼的各种筛管支撑地层，但不用水泥固井。

（3）混合式井底：产层下部是不封闭的裸眼，直接与井眼连通，上部下套管固井后射孔。

（4）防砂完井：主要针对弱的砂岩层，产层可封闭或不封闭，但均应下筛管，再用砾石充填在筛管或其他生产管和产层之间，用于防砂。

5.1.1.1 裸眼完井

裸眼完井指在完井时井底的储层是裸露的，只有在储层以上采用套管封固的完井方法，如图 5.1 所示。

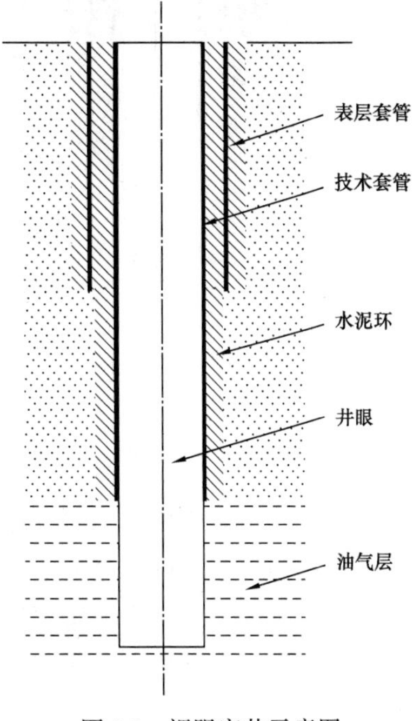

图 5.1 裸眼完井示意图

裸眼完井包括先期裸眼完井和后期裸眼完井。先期裸眼完井是在钻到预定的产层之前先下入油层套管固井，然后换用符合打开油气层的优质钻井液打开油气层并裸眼完成的完井方法。后期裸眼完井法是钻穿生产层之后将油层套管下入油气层顶部，再进行固井的完井方法。

5.1.1.2 射孔完井

射孔完井是指下入油层套管封固产层后再用射孔弹将套管、水泥环、部分产层射穿，形成油气流通通道的完井方法。射孔完井是应用最为广泛的完井方法，几乎所有的储层都可以使用此方法打开。

射孔完井包含单管射孔完井、多管射孔完井、尾管射孔完井、封隔器射孔完井等四种类型，其中以单管射孔最为常见。单管射孔完井结构如图 5.2 所示。

5.1.1.3 割缝衬管完井

割缝衬管完井有两种工序，其中一种是用同一尺寸钻头钻穿地层后，过套管下入衬管，通过套管外封隔器和注水泥接头封固油层顶界以上的环形空间。割缝衬管完井结构如图 5.3 所示。

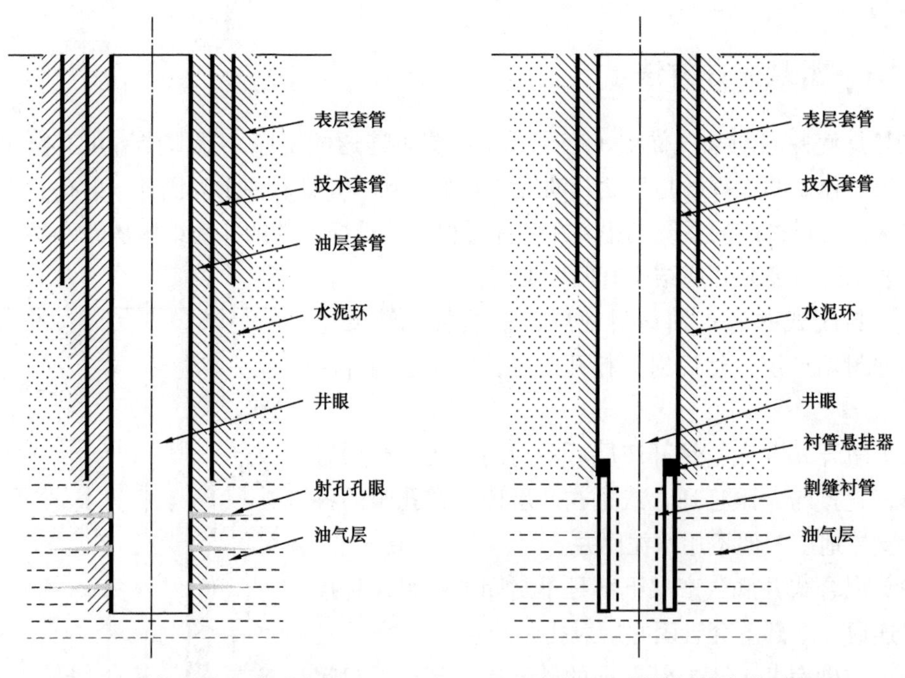

图 5.2　单管射孔完井示意图　　图 5.3　割缝衬管完井示意图

由于此完井方式井下衬管损坏后无法修理或更换，因此一般采用另一种完井方式，即钻头钻遇油层顶界后，先下技术套管注水泥固井，再从技术套管中下入更小的钻头钻穿油层至设计井深，最后在油层部位下入预先割缝的衬管，依靠衬管顶部的衬管悬挂器（卡瓦封隔器）将衬管悬挂在技术套管上，并密封衬管和套管上的环形空间，使油气通过衬管的割缝进入井筒。

5.1.1.4 砾石充填完井

对于胶结疏松出砂严重的地层，一般应采用砾石充填完井方法。砾石充填之后，会在井底形成一个由筛管和砾石组成的充填层。砾石充填完井一般使用不锈钢绕丝筛管而不用割缝衬管。砾石充填完井主要分为裸眼砾石充填完井（图 5.4）和套管砾石充填完井（图 5.5）。

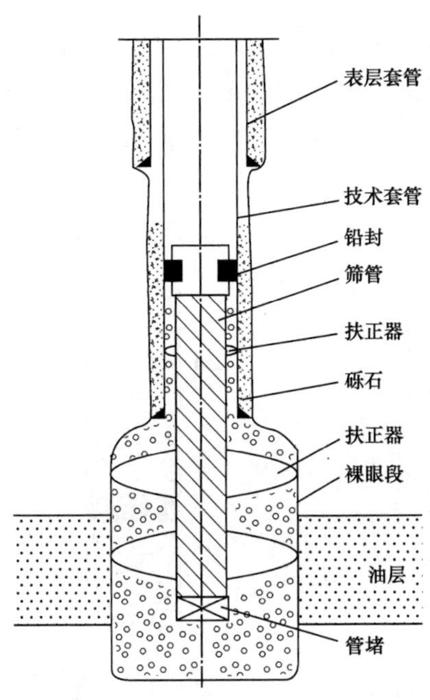

图 5.4 裸眼砾石充填完井示意图

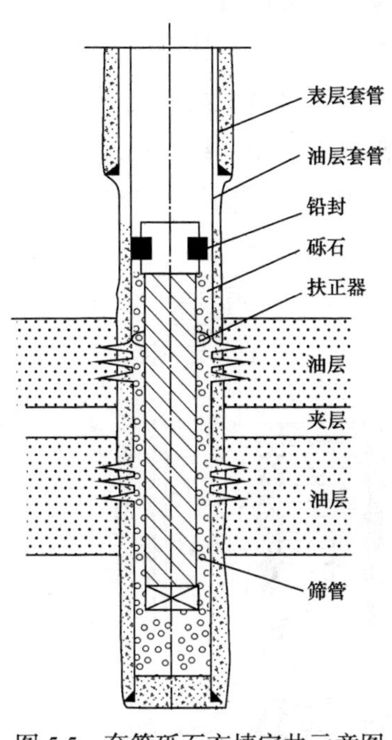

图 5.5 套管砾石充填完井示意图

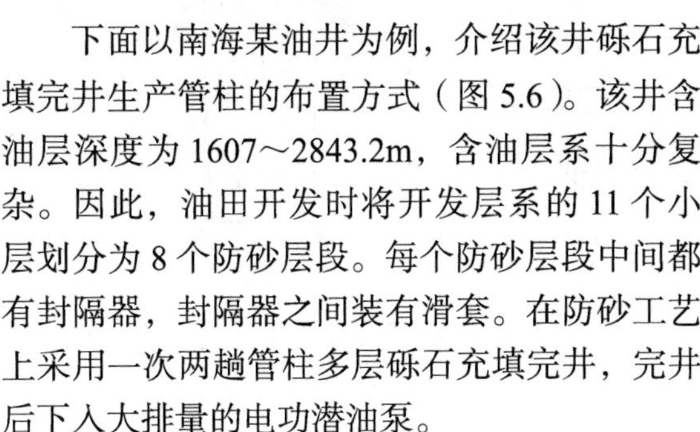

下面以南海某油井为例，介绍该井砾石充填完井生产管柱的布置方式（图 5.6）。该井含油层深度为 1607～2843.2m，含油层系十分复杂。因此，油田开发时将开发层系的 11 个小层划分为 8 个防砂层段。每个防砂层段中间都有封隔器，封隔器之间装有滑套。在防砂工艺上采用一次两趟管柱多层砾石充填完井，完井后下入大排量的电功潜油泵。

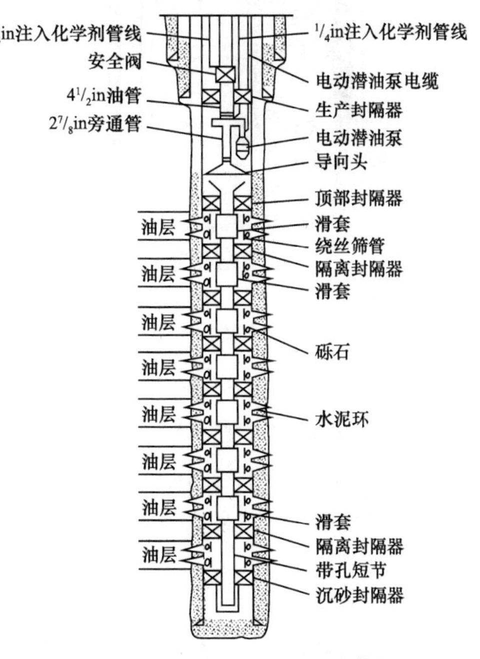

图 5.6 南海某油井多层防砂管柱

5.1.1.5 防砂筛管完井

防砂筛管完井是在筛管中填充各种防砂过滤的材料，阻挡大部分砂粒进入油管的完井方法，这些防砂材料包括砾石、陶粒、金属纤维和冶金粉末等。

（1）预充填砾石绕丝筛管。

预充填砾石绕丝筛管是在地面将符合油层

性质的砾石填充在内外双层绕丝筛管的环形空间内制成的一种防砂管（图 5.7）。此防砂管下入井内的油层部位进行防砂。与砾石充填完井防砂不同的是，它不能阻止地层砂进入井筒，但可以阻止沙粒进入油管。由于此方法操作简单、成本低，在不具备砾石充填的井中仍普遍采用。

（2）陶瓷防砂滤管。

由于陶粒的化学性质稳定，因此它能抵抗土酸、盐酸和高矿化度的盐水的侵蚀，而且陶瓷防砂滤管还具有较高的抗折、抗压性能。采用陶粒作为防砂的过滤材料，将陶粒与无机胶结剂按比例配制，经高温烧结成圆筒形，装在钢管保护套内与防砂管相接，下入井内进行防砂。图 5.8 为陶瓷防砂滤管结构示意图。

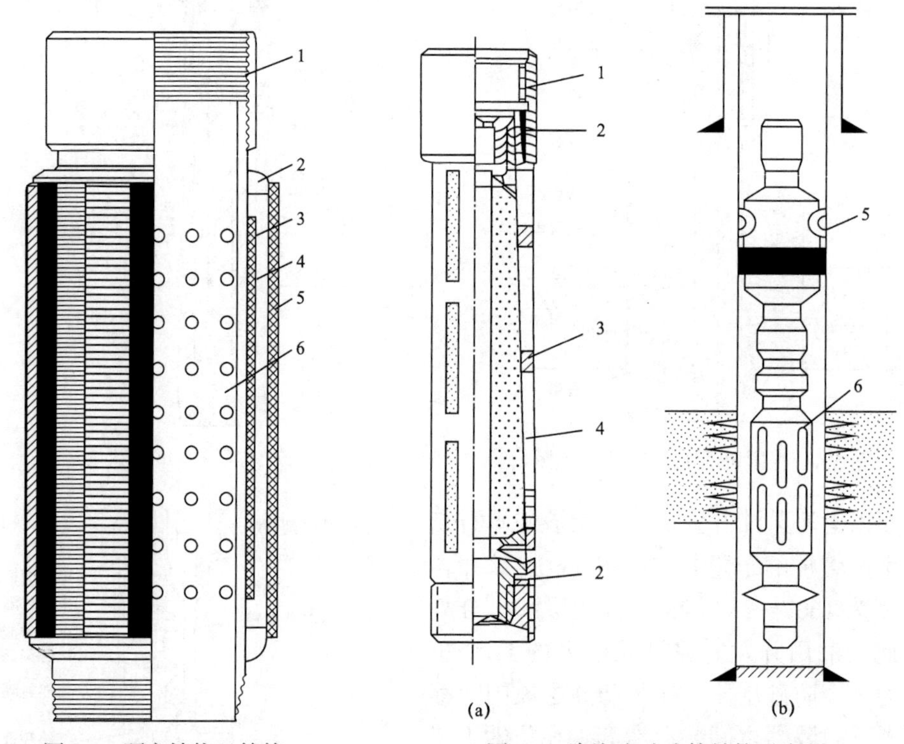

图 5.7　预充填绕丝筛管

1—接箍；2—压盖；3—内绕丝筛管；4—砾石；5—外绕丝筛管；6—中心管

图 5.8　陶瓷防砂滤管结构示意图

1—接箍；2—密封圈；3—外管；4—陶瓷管；5—水力锚；6—陶瓷滤管

（3）金属纤维防砂筛管。

这种筛管的过滤材料主要是不锈钢纤维。它的原理主要是：大量防砂纤维堆积在一起，纤维与纤维之间必然会有大量的缝隙，这种缝隙可以使得地层流体通过，而对于地层砂直径来讲又太小，从而起到防砂的效果。图 5.9 为金属纤维防砂筛管结构示意图。

（4）其他防砂筛管。

除上述防砂筛管以外，还有多孔冶金粉末防砂筛管、多层充填井下滤砂器等。

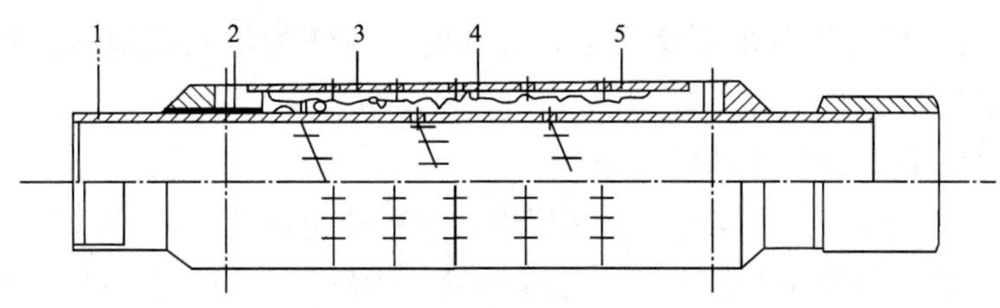

图 5.9 金属纤维防砂筛管结构示意图

1—基管；2—堵头；3—保护管；4—金属纤维；5—金属网

5.1.1.6 化学固砂完井

化学固砂是利用各种硬质材料和化学剂，产生具有一定渗透性的人工井壁的防砂方法。化学固砂一般采用核桃壳和石英砂作为支撑剂，使用酚醛树脂、水泥浆等作为胶结剂，以轻质油作为增孔剂，按一定的比例混合均匀后注入套管外地层出砂部位，待凝结后形成具有一定强度和渗透性的人工井壁，从而防止油层出砂。

5.1.2 生产管柱类型

海洋油气井生产管柱上的井下工具主要包括：液压控制管线、流动短节、井下安全阀、偏心工作筒、滑套、定位接头、永久封隔器、密封总成、封隔器加长筒、工作筒、打孔管、NO-GO 工作筒和导向引鞋等。不同类型的生产管柱对应的井下工具大体一致，但略有不同。主要的井下工具的功能如下：

（1）液压控制管线：出口连接到井口采油树，由地面液压系统控制井下安全阀的开关。

（2）流动短节：管壁较厚，对于管柱内由于湍流引起的冲蚀有很好的抵抗作用，一般井下安全阀、滑套等其他会引起湍流的井下设备上、下均安装此工具。

（3）井下安全阀：特殊事故情况下可自动井下关井，防止溢油事故。

（4）偏心工作筒：可以作为安装循环阀或单流阀的工作筒。

（5）滑套：完井施工完成后，从油管挤柴油替出完井液进行诱喷以及修井时循环压井液等，也可用于后期射流泵生产。

（6）定位接头：施工作业时探测自井口至永久封隔器顶部的深度。配管柱长度时，如果将其下至比该深度浅的位置（即下在永久封隔器顶部一定距离），为防止生产时温度升高油管伸长对封隔器或井口的破坏，一般宜采用悬挂式定位接头。

（7）永久封隔器：封隔油管、套管环形空间，起环空安全阀的作用并能防止套管腐蚀（封隔液一般都加入防腐剂和杀菌剂）。

（8）密封总成：密封油管与环空。

（9）封隔器密封加长筒（或可磨铣加长筒）：与密封总成形成密封，其长短由井底温度、压力及生产后期的生产方式等因素决定。

（10）工作筒：当封隔器采用液压坐封方式时，可作为坐入堵塞器坐封封隔器使用，否则一般不接此工具。

（11）打孔管：作为地层流体的通道。

（12）NO-GO 工作筒：悬挂生产测试仪表，并可防止钢丝工具串掉落井底。

（13）导向引鞋：便于生产测井仪、连续油管、钢丝作业等工具回收进入油管。

5.1.2.1 分层开采管柱

分层采油工艺可有效防止层间（特别是压差大的层间）干扰，减少层间矛盾，保持各油层均衡开采，提高采收率。常用的分采管柱有单管分采管柱和双管分采管柱（图 5.10）。

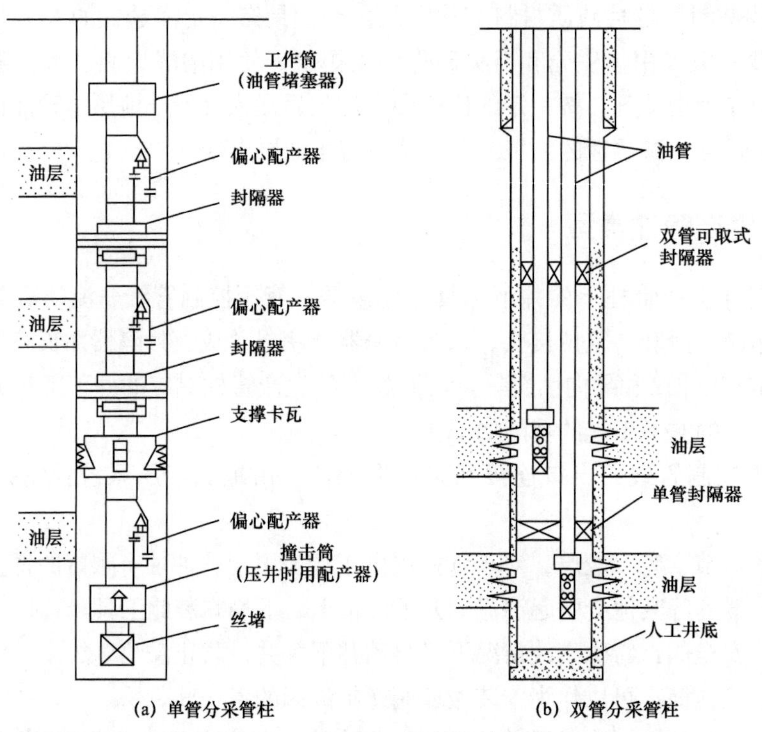

图 5.10 分层开采管柱示意图

5.1.2.2 电动潜油泵采油管柱

根据生产需要，电动潜油泵采油生产管柱分为单采、封下采上、封上采下、封两头采中间几种结构形式（图 5.11）。

电动潜油泵采油系统主要由井下机组、平台设备和电缆三大部分构成。电动潜油泵的下入位置应在射孔井段顶部以上，在液流进入电动潜油泵之前，从电机周围流过，能较好地冷却电机，保护电机不致因温升破坏绝缘材料而烧毁。如果电动潜油泵机组必须下入油层以下，就需加导流衬管。对于实施两层开采，同时又要求进行生产测试、过油管射孔、连续油管作业的油井，可采用“Y”形接头的电动潜油泵开采（图 5.12）。

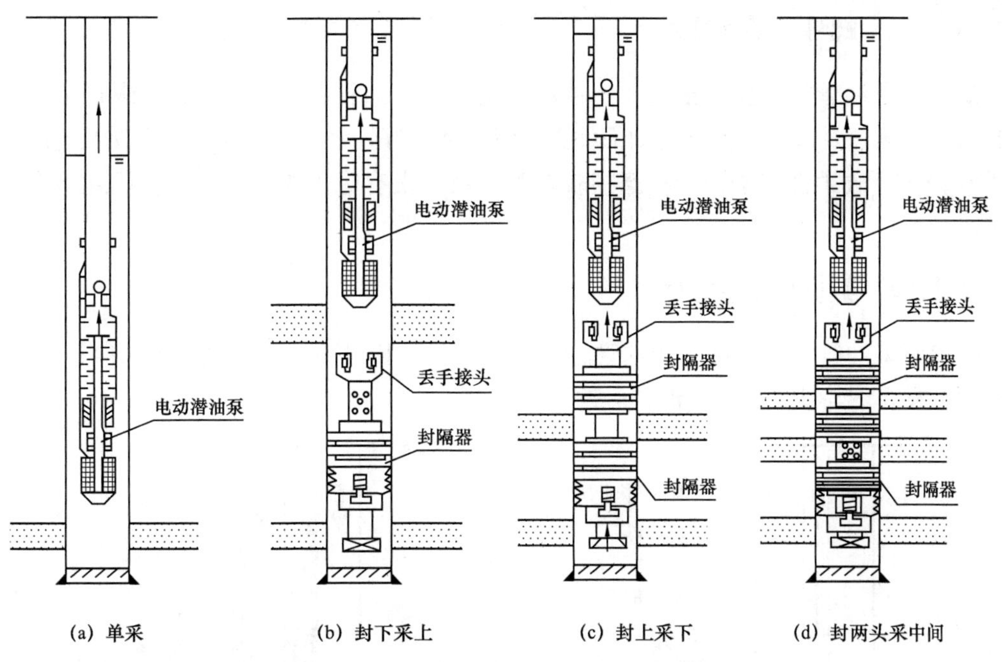

图 5.11 常用的电动潜油泵采油管柱结构

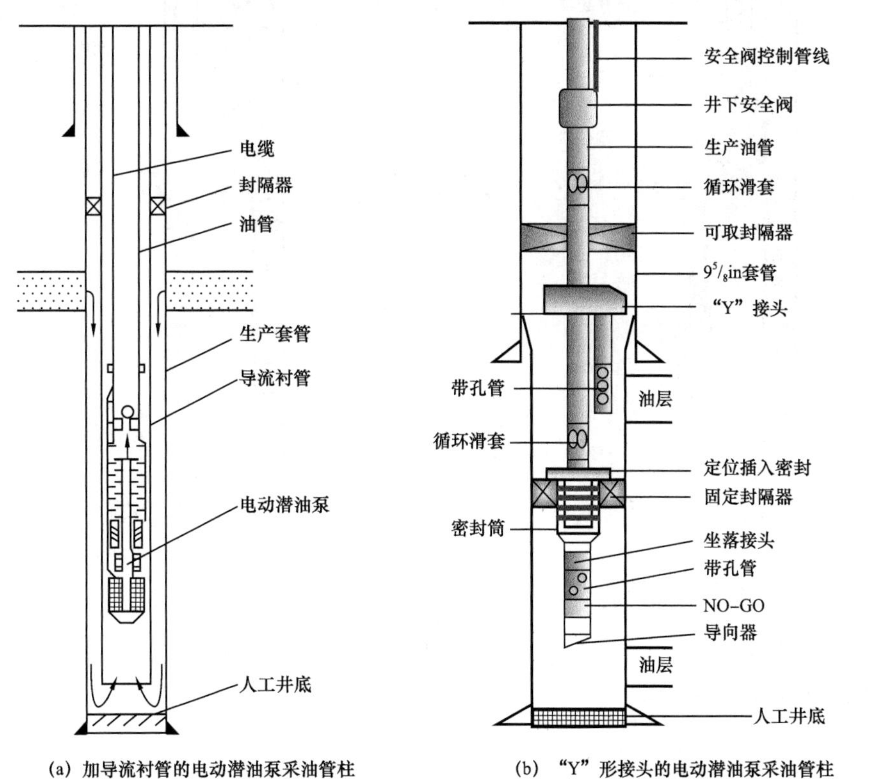

图 5.12 其他电动潜油泵采油管柱结构

5.1.2.3 螺杆泵采油管柱

螺杆泵采油管柱主要由抽油杆、抽油杆扶正器、油管、油管扶正器、螺杆泵等组成（图 5.13）。螺杆泵采油系统的运动部件少，吸入性能好，水力损失小，因介质被连续均匀吸入和排出，故柔性定子被砂粒磨损较轻微；由于没有吸入阀和排出阀，因此不会产生气锁。

5.1.2.4 射流泵采油管柱

射流泵采油管柱主要由生产油管、射流泵、阀座和封隔器等组成（图 5.14）。油管内的动力液在井下与油层产出液混合后返回地面。

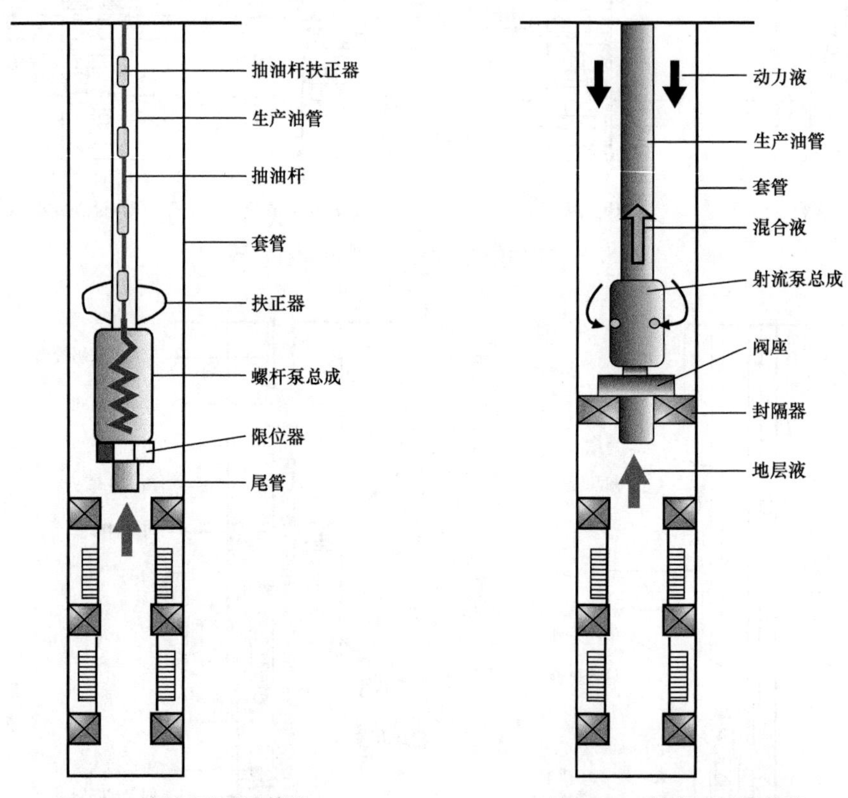

图 5.13 螺杆泵采油管柱

图 5.14 射流泵采油管柱

5.1.2.5 分层注水管柱

分层注水管柱主要由生产油管、定位密封接头、分层密封装置、封隔器、生产筛管、配水器等组成（图 5.15）。

5.1.2.6 合注管柱

合注管柱与分层注水管柱组成类似，只是不需要使用分层密封装置（图 5.16）。

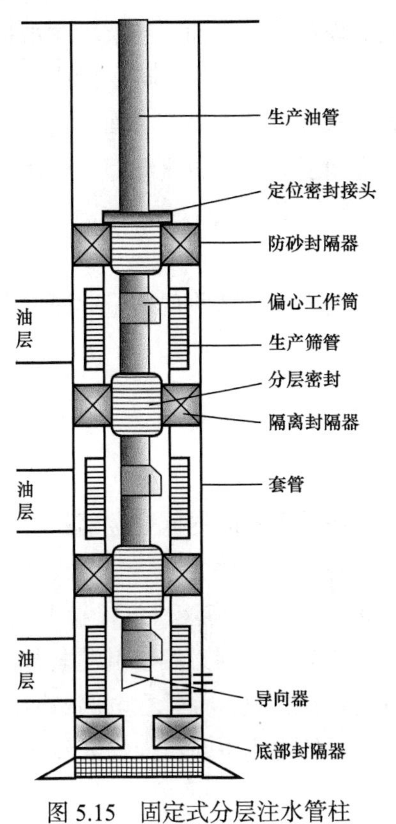

图 5.15 固定式分层注水管柱

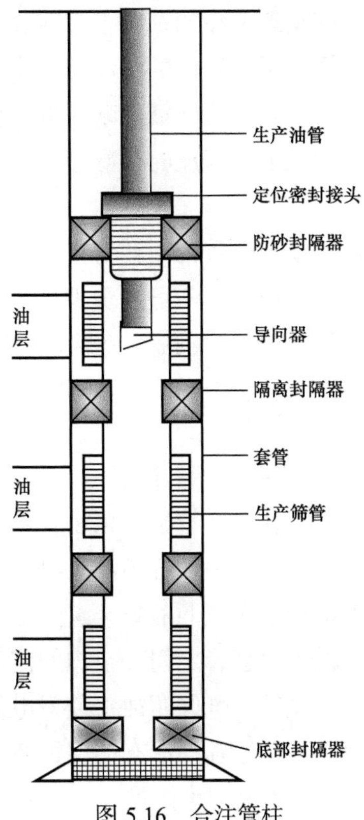

图 5.16 合注管柱

5.1.3 生产管柱复杂情况

油气田生产多年以后，生产管柱往往会出现很大程度的功能退化，甚至发生井下复杂情况，例如封隔器无法解封、管柱受到严重的腐蚀和冲蚀导致强度降低甚至断裂、出砂严重导致的管柱砂埋。

5.1.3.1 封隔器无法解封

（1）橡胶老化导致无法解封。

封隔器在长期使用之后，其密封件的应力也会随之呈不断衰减的状态。不同的衰减状态下，封隔器的性能也将受到不同程度的影响。

（2）管柱蠕动导致无法解封。

管柱产生蠕动后，在未得到及时处理的情况下易导致胶筒受损，进而使封隔器密封性变差，甚至无法解封。

通常情况下，如果注水井层间差异过大，或管柱设计合理性欠缺，便极易导致管柱蠕动现象的出现。一方面，如注水井受到停注、压力波动或测试等影响，管柱的受力状况会随之产生一定变化，进而造成管柱蠕动；另一方面，管柱蠕动后，封隔器胶筒也会随之产生不同程度的蠕动，在这一现象的影响下，胶筒的工作条件直接受损，进而导致胶筒受到相应破坏。在动态停注的影响下，管柱可能产生失效现象。一方面，在层段注水状态出现一定变化的情况下，管柱的蠕动情况也将受到相应影响。例如，在上部层段或动态停注的情况下，将直接导致管柱蠕动现象的产生，进而导致管柱失效。另一方面，在注水井注水压力过高的情况下，停注时可导致压力大幅下降，进而引起管柱急剧缩短，致使封隔器无法正常解封。

（3）落物硬卡导致无法解封。

油井长期生产后，不可避免地会产生小件落物，而当小件落物的数量逐渐增多时，封隔器无法解封的可能性也随之增大。

5.1.3.2 管柱失效

（1）酸性条件下的腐蚀破坏。

在酸性油气井生产管柱结构中，油管及封隔器往往采用不同的低合金钢和高强度合金钢材料，在井下环境中很容易满足电偶腐蚀发生需要的三个条件（电解质溶液、两种拥有不同自腐蚀电位的金属且存在电接触、两种金属同时与电解质溶液有电接触）。油管及封隔器同时暴露于油套管之间环空内的流体中且存在电接触时，则必然会引发电偶腐蚀。而在电偶对形成以后，电偶腐蚀将使得电位低的材料更容易失效，并且在电偶腐蚀诱导的其他腐蚀行为以及其他各种形态的腐蚀协同作用下，材料的使用寿命将大幅度降低，井下生产设备的安全性也大幅度降低。

（2）冲蚀磨损导致管柱失效。

开采过程中，油管柱是注入水、蒸汽等的通道，需承受液流压力。在高压高产的气井中，气流速度很快，储层岩石骨架破碎形成的固体颗粒会混入流体当中。岩石颗粒随天然气高速流动极易对油管柱造成冲蚀磨损。随着油田开采进入中后期，油井产出液中的含水率、含砂率以及油管腐蚀程度越来越高，轻微腐蚀损伤的油管在油水双重介质下砂粒冲蚀问题也日趋严重。冲蚀将直接导致油管柱的壁厚变薄、强度降低。

当管柱的磨损程度较低时，岩石颗粒的冲蚀会引起管柱表面强化层的剥落，诱导硫化氧等对套管钢材电化学腐蚀破坏，也会降低其抗挤毁强度和抗内压强度，对正常的石油开采安全构成严重威胁；冲蚀磨损较为恶劣时，超出了管柱的承载极限，会引起管柱变形、挤毁、破裂及泄漏，引发油气井控制等安全问题。

5.1.3.3 出砂导致管柱砂卡

对于易出砂的油井，一般会采用防砂采油或排砂采油的方法。防砂采油，即用人工方法将砂阻隔在油井以外，防止油井出砂，其专业用语叫防砂；排砂采油，即让地层在生产过程中自然出砂，并使地层产出的砂随油流采至地面进行处理。

但在油井生产过程中，采用上述方法都不能完全克服出砂对油井造成的损害。地层产出的砂如果不能全部被带至地面，部分砂会沉入井底，日积月累，管柱将会发生砂卡，甚至会导致油井停产。

5.1.3.4 小件落物导致管柱硬卡

在油井生产一段时间后，由于生产管柱腐蚀严重、修井作业所产生的井下落物，井内生产管柱往往会产生硬卡。使生产管柱发生硬卡的小件落物包括：碎裂的油管、电缆、电缆护罩，前期作业碎裂的矛瓦、断裂的割刀刀片等。这些小件落物往往结构复杂、不规则，大量的小件落物进入油套环空就会造成生产管柱硬卡。

5.1.3.5 腐蚀油管砂卡和硬卡的处理

一般认为，腐蚀油管抗拉、不抗扭。因此打捞油管一般采用“切割＋拔（拉）”的方法，即采用通径、切割、清理电缆、修整鱼顶、用捞筒或捞矛震击或拔断油管的打捞方法。现场作业表明，无严重穿孔的腐蚀油管（腐蚀变薄）既能承受一定的拉力，还能承受一定的扭矩。因此，除了拔（拉）以外，可以施加扭矩、采用公锥、母锥造扣打捞，可以倒扣，可以套铣解除硬卡和砂卡。并且公、母锥打捞可以实现落鱼底部循环，从而能处理管柱底部的砂卡。

处理腐蚀油管砂卡和硬卡的工艺措施总结起来，即为：“解、通、切、磨、清、套、铣、冲、倒、捞”等。解：原管柱活动解卡；通：下钻杆清洗油管；切：用水力割刀或化学切割的方式切割油管和电缆；磨：磨铣休整鱼顶；清、套、铣、冲这四套工艺是将落物鱼顶上部和环空碎电缆等杂物清理干净；捞：打捞住落物，上下活动解卡；倒：活动解卡无效后倒扣。

5.1.3.6 海上油井双管封隔器的套铣

双管封隔器能很好实现油井自喷生产，在海上油田应用比较广泛。在油井弃置时，需要封堵生产层，为了实现良好的封堵效果，往往需要将双管封隔器取出。但在大多数情况下，由于密封元件的老化、落物硬卡，双管封隔器并不能正常解封，这就需要采用“套铣＋打捞”的方式取出。处理双管封隔器的关键技术在于套铣。套铣工艺需要优选不同铣鞋，且不同的铣鞋配合套铣双管封隔器不同部位，实现封隔器解卡的同时又不破坏鱼顶，顺利实现打捞。

（1）套铣工具。

用于磨削落鱼外部堵塞物的专用工具，呈环形结构，上部螺纹和铣管连接，下部铣齿用来破碎地层或清除环空堵塞物。由 SY/T 6072—2009《钻修井用磨铣鞋》整理可得，套铣工具主要包括：内铣鞋、外齿铣鞋、柱形铣鞋、锥形铣鞋和套铣筒。套铣工具相关技术规范、技术要求如下。

① 内铣鞋。

型号：XX–N–118，分为内齿铣鞋和合金焊接式铣鞋；

规范技术参数：ϕ118mm×500mm、连接螺纹 NC31；

主要结构：接头、本体、YD 合金；

技术性能要求：水眼 ϕ25mm、合金厚度 15mm；

用途及使用范围：用来修理被破坏的鱼顶；

原理：在钻压的作用下，吃入落物旋转钻柱，对鱼顶外壁进行修整。

② 外齿铣鞋。

型号：XX–C–118；

规范技术参数：ϕ118mm×380mm、连接螺纹 NC31；

主要结构：接头、本体；

技术性能要求：水眼 ϕ15mm、齿数 153、铣齿硬度 62～65HRC；

用途及使用范围：用来修整被破坏的鱼顶；

原理：在钻压的作用下，吃入落物旋转钻柱，对鱼顶内壁进行修整。

③ 柱形铣鞋。

型号：MZ118；

规范技术参数：ϕ118mm、连接螺纹 NC31；

主要结构：接头、本体、YD 合金；

技术性能要求：水眼 ϕ15mm、最大磨削直径≥116mm；

用途及使用范围：对套管变形或错断井修整和磨削；

原理：利用堆焊的 YD 合金耐磨材料在钻压作用下，吃入并对变形或错断点套管进行修整和磨削。

④ 锥形铣鞋。

型号：XZ120；

规范技术参数：ϕ120mm×250mm、连接螺纹 NC31；

主要结构：由接头、本体、扶正块和 YD 合金或耐磨材料组成；

技术性能要求：最大磨削直径≥118mm、水眼 ϕ25mm；

用途及使用范围：对套损、错断井修整和磨削，适用于 ϕ140mm 套管；

原理：用底面堆焊的 YD 合金耐磨材料在钻压的作用下吃入并对错断点套管进行修整和磨削。

⑤ 套铣筒。

型号：TZT–140；

规范技术参数：ϕ118mm×ϕ75mm×1255mm；

连接螺纹：NC31；

主要结构：接头、筒体、YD 合金；

技术性能要求：内管应大于落鱼外径 2～4mm；外径小于套管 8～12mm；

用途及使用范围：用于被卡的工艺管柱及井下管柱，鱼头等处的环空铣、磨、套铣、冲洗，用以解除卡阻，打开通道，为捞取创造必要条件；

原理：利用套铣筒上的 YD 合金，在钻柱旋转及钻压下，逐步将落鱼与套环空的卡阻套铣、冲洗干净，解除卡阻，打通通道。

（2）套铣作业注意事项。

首先，要了解封隔器的结构，根据封隔器的结构和尺寸选择合适的铣鞋，所选铣鞋底齿形状和铣齿内径需要满足以下要求：

铣齿形状适合封隔器本体（高强度钢材）、胶皮、牙板的套铣，并且能保证较高的套铣速度。铣齿内径要求能以较小的切削量有效破坏封隔器的卡瓦或是卡瓦锁紧机构，实现封隔器解卡。铣鞋内径要满足不套散封隔器，避免后期打捞困难。

其次，双管封隔器材质坚硬是套铣作业需要克服的主要问题。由于铣鞋硬质合金焊接质量可能存在缺陷，铣鞋套铣一段时间后铣齿就完全磨损，一个封隔器常常需要套铣几趟才能解卡，解卡后可能因为封隔器被套散而无法打捞。

普通单管封隔器套铣后，可以用内捞或外捞的方式打捞芯轴。但双管封隔器的芯轴比封隔器本体高出很多，套铣后鱼顶遭到破坏内捞工具打捞风险大，只能采用外捞工具打捞封隔器本体。

（3）套铣作业一般流程。

以渤中 34 油田 2EP 区块 3D、4D 井双管封隔器的套铣作业为例，介绍套铣双管封隔器的一般流程。

① 切割长油管和短油管。

在多次上提双管封隔器解封无效时，应首先切割长油管和短油管，为套铣工具的下入腾出作业空间。

② 清洗套铣部位残存的钨钢碎片。

步骤一：用淡水和 CMC 羟基纤维素调配成漏斗黏度为 100s 的胶液，替出全井筒完井液，下探鱼顶后上提 2m。在不加压的情况下用泵压 12MPa，双泵排量 2160L/min，大排量反循环；然后慢慢加深，使冲洗工具套入双管封隔器内 15cm；改变流体方向，使底部不开口处的脏物充分冲洗到仅有的一个侧出口部位，将它带出；开口部位的大钨钢块可直接通过开口返上地面。

步骤二：在不停泵的情况下将钻具上下移动几次，利用工具底部尖齿冲击压实的脏物，每次约 30min；然后上提到鱼顶以上，旋转 90°，改变开口方向，再重复做几次（冲洗工具底部割成齿状，不能加压，不能接触底部进行旋转），目的是充分携带出各方位的大块钨钢块。清除井底脏物后起钻。

③ 套铣双管封隔器。

根据对钻压、钻速、泵压、排量相互关系分析的结果，进行了如下作业。

换铣鞋下钻，重新探鱼顶深度，在钻杆方余上刻出 T–2 双管封隔器各部位的长度，并选用如下工艺参数：

钻压：9.8～14.7kN；

转速：40～50r/min；

排量：720～900L/min；

泵压：2～4MPa。

5.2 切割技术

根据《中国海洋石油总公司弃井标准》与SY/T 6845—2011《海洋弃井作业规范》规定：永久弃井为了保护海底环境，必须对海底泥面以下4m范围内的管柱进行切割及回收；同时为保证井筒封固质量，对于井筒完整性遭到破坏的管柱、水泥环等部分，需要进行割套管作业并重新封固。

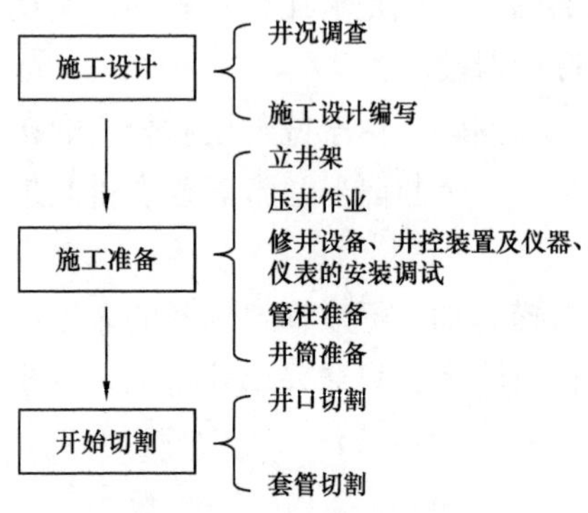

图5.17 弃井切割技术流程

海上弃置井井筒切割技术的实施流程如图5.17所示。

井筒切割技术主要包括：机械切割技术、化学切割技术、水力切割技术、磨料射流切割技术和贝克休斯电切割技术。

5.2.1 机械切割技术

机械切割是一种比较传统的套管切割方法，应用于深海的机械切割技术与陆地上使用的铣刀、车刀或砂轮片切割的原理相同。套管机械割刀一般使用碳化钨割刀，将3个刀片固定在管状结构上。不工作时，刀片置于管状结构内部；工作时，通过钻机将切割装置置于套管内进行切割。

（1）适用条件与优缺点。

① 适用条件：各种规格的单层管柱。

② 优点：成本低，不受管柱规格限制。

③ 缺点：需要转盘旋转和泵车打压循环洗井液，要求切割部位以上内径一致，无明显变径。

（2）割刀结构组成。

机械内割刀由上接头、芯轴、切割机构、限位机构、锚定机构、导向头等部件组成。切割机构中有三个刀片及刀枕，锚定机构中有三个卡瓦牙及滑牙套、弹簧等，起锚定工具作用。

（3）机械切割技术工艺。

机械内割刀与钻杆或油管连接入井，下至设计深度后，正转管柱，因工具下端的锚定机构中摩擦块紧贴套管，有一定的摩擦刀。转动管栓，滑牙板与滑牙套相关运动，推动卡瓦牙上行胀开，咬住套管完成坐卡锚定。继续旋转管柱并下放管柱，刀片沿刀枕下行，刀片前端开始切割管柱，随着不断的下放、旋转切割，刀片切割深度不断增加，直至完成切割。通常，转矩突然变小时，则可判定套管已经被切断。上提管柱，芯轴上行，带动刀枕、刀片回收，同时锚定卡瓦回收，即可起出切割管柱。

5.2.2 化学切割技术

化学切割技术是利用切割工具内的化学药剂发生反应，产生高温高压的化学腐蚀剂将管柱割断。切割套管时，将化学喷射割刀下置需切割处，利用高温高压下喷出的氢氟酸液体进行切割。

（1）适用条件与优缺点。

① 适用条件：73.025～139.7mm 管柱。

② 优点：切割成功率高，切割过程中不需要转动管柱，可用于任意部位切割，切口整齐，便于后续打捞作业，缩短施工进度。

③ 缺点：成本较高，无法切割大尺寸管柱。

（2）化学切割工具组成。

化学切割工具是由专用电缆头、前磁定位仪、加重杆、点火头、雷管护帽、雷管火药仓、锚体、化学药柱、切割头、扶正器组成。

（3）化学切割技术工艺。

① 使用电缆下井，由点火器引爆。

② 固体火药引燃后产生压力迫使锚短节内的活塞下移，在楔形体配合下，锚爪张开撑在油管内壁上使割刀锚定。

③ 随着火药燃烧，工具内的压力继续上升而压破化学药筒上的密封盖，迫使化学药剂与催化剂接触。化学药剂在催化剂的作用下发生化学反应，使温度、压力骤增，导致切割头内活塞下移落入重堵，暴露出全部径向小孔而使反应中的化学药剂猛烈喷出把油管切断。

④ 化学反应物质释放完毕后，井内液体通过这些小孔进入工具内部，内外压力达到平衡，锚短节内活塞复位弹簧带动活塞上移，锚爪缩回，化学割刀则可从井内顺利起出。

（4）化学切割结果判断依据。

① 电缆有明显的抖动，张力有明显的波动；

② 钻台振动明显。

5.2.3 水力切割技术

（1）水力式内割刀切割技术适用条件与优缺点。

① 适用条件：主要用于单层套管的切割，通过刀片参数的选择可实现一次式双层套管切割，适用于小于 244.475mm 管柱的切割；

② 优点：成本低，技术安全且工具性能稳定；

③ 缺点：需要转盘旋转和泵车打压循环洗井液，采用逐级逐段进行切割，耗时较长。

（2）水力式切割工具结构。

海上石油作业常用的套管切割工具为AND–S型水力式内割刀，其结构由顶部接头、本体、活塞、活塞管、弹簧耐磨衬套、割刀片、喷嘴、铰链销等部件组成。工作时，钻井泵将高压液体（钻井液或海水）泵入水力式内割刀体内，高压液体通过活塞内的喷嘴产生压力降，推动活塞压缩弹簧使活塞杆下行，活塞杆下端推动三个割刀片向外张开与套管内壁接触，张开的三个割刀片随同切割钻具顺时针旋转，三个割刀片周向同时切割套管，直到将套管割断。

（3）水力切割技术工艺。

① AND–S型水力式内割刀下入套管内之前，先在钻台上进行水力试验，在2MPa内三个刀片能张成水平状态，卸压到零，三个刀片能自动收缩到刀体内。试验合格后，用2～3mm的白棕绳将刀片用内绑方式捆绑到割刀体内，以防刀片在下钻途中张开。

② 按切割钻具组合自下而上的顺序进行组装，并按规定的紧扣扭矩紧扣。

③ 下钻时，水力式内割刀在通过防喷器、套管挂时要慢，防止顿坏割刀或提前打开刀片而导致割刀下不到位。

④ 半潜式钻井平台在起出BOP组后切割最后一层或二层套管时，水力式内割刀下部外表涂白漆，自水力式内割刀底部起以上3.5m处的钻铤上拴4根导向白棕绳以引导水力式内割刀进入水下井口头。

⑤ 半潜式钻井平台下最后1柱钻杆前，应打开补偿器之后再下。

⑥ 套管切割位置应避开接箍。

⑦ 水力式内割刀下到切割深度后，应先进行空负荷试验，即先不开泵，只转动钻柱，作30r/min、50r/min、70r/min三种不同转速下的扭矩试验，并作好悬重、钻压、转速、扭矩记录。

⑧ 正式切割套管时采取先转动钻柱后开泵，转速先低后高、排量先小后大的原则，逐渐加大转速与排量，均匀平稳切割套管，保护刀片不被先期损坏。

⑨ 判断套管被割断后，先停转，把泵压加大到10MPa后进行过提5t左右，如能过提5t证明套管已被割断，然后停泵起出水力式内割刀。

⑩ 下入打捞矛捞住套管串后，上提2～3m，然后猛刹刹把3次，悬重不降证明捞牢后方可起钻。

（4）水力切割结果判断依据。

水深不超过500m时，用转矩是否突然变小来判定套管是否被切断；对水深超过500m的井，根据泵冲次和立管压力数据判定套管是否被切断。

5.2.4 磨料射流切割技术

磨料水射流技术是近年来发展很迅速的一种新型技术，其原理是将一定粒度的磨料粒子（石英砂、石榴石和碳化硅等）混合到高压水射流当中，利用高速磨料颗粒的硬度和动能冲蚀材料表面，实现对物料的切割。

（1）磨料射流切割技术适用条件与优缺点。

① 适用条件：泥线以下导管桩或水泥封固的多层套管；

② 优点：切割范围广，安全、环保、高效；

③ 缺点：需要大排量、高压力的泵，经济性有待提高。

（2）磨料射流切割工具。

在海上废弃油气井的弃置及平台拆除过程中，需要从管内沿周向在泥线以下切断井口套管和导管桩。采用前混合的磨料混合方式，利用水力自旋式和液压驱动式磨料射流切割工具。该切割工具的切割头上装有数个耐磨喷嘴，携带磨料的高压介质通过喷嘴产生高速磨料射流，从而实现对多层管材及环空固结水泥的管内切割。

① 水力自旋式切割工具。

水力自旋式切割工具由偏轴安装的喷嘴喷射产生的反作用力驱动切割头旋转，可以使用工程船舶连接挠性高压管线作业。切割头顶部水平均匀分布4～6个喷嘴，改变偏轴安装的喷嘴数量，调整喷嘴射流轴线与切割工具轴线间的距离，可以设计出不同转速的切割工具。切割过程中，切割管柱外通常是常压海水，管内是高压磨料浆体，须防止磨料颗粒进入切割工具中心轴与外筒的间隙中。设计的高压密封防砂机构由防尘圈、不锈钢砂网和压盖组成，分布在切割工具外筒的上下端。防砂机构设计为平衡压力式，以降低防尘圈的摩擦阻力。

② 液压驱动式切割工具。

液压驱动式切割工具由连接于管柱顶部的独立液压马达驱动切割头旋转，可更好地控制切割工具的旋转速度。使用钻机作业时，也可用钻机的旋转装置驱动。

（3）磨料射流切割技术工艺。

① 通井和洗井。组合通井工具管串通井至泥面以下15m，上下活动刮管器，循环洗井。

② 将工具头下放至泥面以下5m深度，液压张紧固定在井筒内，开泵升压至200MPa，并稳压5min。

③ 启动混砂单元，调整砂比至10%，开始加砂切割。

④ 在确定磨料到达喷嘴后，启动液压站驱动切割头旋转，根据监听系统调整切割速度。

⑤ 旋转一周完成切割。为确保切割位置重合，旋转角度通常大于360°。

⑥ 松开张紧装置，起出切割工具，回收切割完成后的多层套管。

（4）切割结果判断依据。

理论上，采用内部切割方式时，操作者可以根据水中声级大小判断是否割断，声级发生改变就表明管柱完全被切穿；但现实中，由于割缝窄且割缝内存在泥土、磨料，声级变化难以监听，这种方法难以判断切割是否完成。现场一般是利用平台吊车或者液压起重机提住导管，如果提升力达到导管重量的两倍还不能提起时，则认为切割失败。

5.2.5 爆炸切割技术

爆炸切割技术主要是利用炸药爆破的破坏作用将套管炸断。

（1）爆炸切割适用条件与优缺点。

① 适用条件：适用于海上油井水下井口的切割。

② 优点：安全性好、操作方便、爆破网路简单、爆破可控性和可靠性强、施工工期短等，同时可以减少工作量，节约爆破器材成本，大大提高爆破的社会效益和经济效益。

③ 缺点：切口不平整，且易对海底生物造成严重影响。

（2）爆炸切割原理。

利用炸药能量做成的线型切割器可切断钢板，这种聚能切割在工业和国防上早有应用。其原理是：在聚能装药条件下，炸药在起爆后推动金属聚能罩，使之产生高速斜碰撞，从而产生高速金属射流，这种高速金属射流可以将金属射穿。

轴对称的聚能穴装药在爆炸时射流沿聚能穴法线方向高速运动，并聚焦于一点，形成高速连续的射流，可以穿透几百毫米的钢靶板，根据这一原理，把装药形式由轴对称装药改为面对称聚能装药，面对称聚能装药有一环形金属壳体，截面呈 V 形，并嵌入金属罩材，空穴处装入连续均匀的炸药，在爆轰波的作用下 V 形药型罩被压垮，形成切割金属板的射流并形成杵体，最终将套管切断。

（3）爆炸切割效果影响因素。

① 炸药性能。

聚能装药爆炸时，金属药型罩能否有效地向轴线方向压合、碰撞并产生高速射流，主要取决于炸药的爆轰压力。而爆轰压力是炸药爆速和装药密度的函数，因此，为提高装药的聚能威力，应选用爆速高、猛度大的炸药，并尽可能提高装药的密度。若炸药的爆轰压力过低，则药型罩压垮时不能形成有效的金属射流，因而完全丧失切割效果。

② 药型罩参数。

药型罩的主要作用是将炸药的爆炸能量转换成罩的动能，利用金属射流的高速运动，来提高聚能装药的聚能威力。药型罩可以形容成聚能装药的心脏，切割效果不好，90% 的原因是药型罩的质量问题。实验表明：药型罩的材料和形状是影响切割效果的主要因素。

药型罩的材料：应选择可压缩性小、密度大、延展性好的金属材料，如紫铜最好，其次是铸铁、钢、铝和高密度玻璃。

药型罩的形状：尽可能简单和便于加工，对于大型管状钢结构应选择环形切割为好，药型罩可选择半球形和圆锥形。

药型罩的锥角：锥角的大小决定了聚能射流的切割能力。试验表明：当锥角小于 30° 时，切割性能很不稳定；锥角介于 30°～70° 之间，射流才具有足够的质量和速度，起到稳定的切割作用。当锥角大于 70° 以后，金属射流形成过程发生了变化，切割深度迅速下降。

③ 装药高度和炸高。

一般，装药高度不大于 3 倍的装药直径。炸高是聚能装药爆炸瞬间药型罩底平面离靶板的距离，此距离对切割深度有很大的影响。因此，应选择一个适当的炸高，否则会使射流发生径向分散、摆动、延伸到一定程度后产生断裂等现象，降低切割效果，甚至失效。一般来说，最佳炸高是药型罩罩底直径的 2.0～2.5 倍。考虑到其他因素的关系，实际的炸高应比最佳炸高稍小些。

5.2.6 高聚能镁粉切割工具

高聚能镁粉切割技术是 Weatherford 石油公司的一项专利技术，它不同于聚能切割和化学切割，操作比较安全，切割效率高，切口质量比较好。

（1）工具适用条件与优缺点。

① 适用条件：工作压力达 68.9MPa，工作温度为 260℃。其适用范围较广，可以用于 193.7mm 及以下所有尺寸的油、套管，以及 88.9mm、120.7mm 钻铤管内切割。该技术是一项成熟的切割技术，已在世界各油田得到广泛应用。

② 优点：a. 镁粉切割管串的外径较小，最大外径是 42.5mm，适用范围较广，可以循环射孔，还可以进行管柱切割，作业不同更换镁粉桶和切割头即可。b. 与普通内割刀相比，镁粉切割工具的安全性较高，不会发生因割刀刀头掉落而使事故复杂化的现象。c. 镁粉切割完管柱后，鱼头较规则，打捞颈不变形，无膨胀及喇叭口现象，有利于进行下一步作业。d. RCT 切割工具管串的下入工具比较简单，通常使用测井电缆送入；操作方便，通过电流点火引燃点火帽即可实施切割。

③ 缺点：作业时管柱水眼必须畅通，即井筒与地面能建立正常循环。

（2）镁粉切割工具组成。

镁粉切割工具分为高聚能镁粉火炬切割系列工具（RCT，Radial Cutting Torch）和高压高聚能镁粉火炬切割系列工具（HP-RCT）2 种，其主要由电缆头、双母接头、加重杆、磁定位、上击器、引火帽、镁粉筒、定位器和扶正器等组成。

（3）镁粉切割原理。

在地面装配好 RCT 切割工具，用电缆送达管内预定位置，通过电缆传输额定电流到热发生器，热发生器内电阻器被加热后温度升高，产生的热量点燃主导火索，然后通过混合粉末释放的 O_2 来燃烧大部分工作镁粉。这一过程的副产品是以高能等离子形式存在的热能。这种热能导致切割工具内压增加，一旦压力超过井筒液柱压力，工具喷嘴上的滑动套筒就会下滑，使喷嘴暴露在管径中，高能等离子体通过喷嘴释放离子，使 90% 的离子作用在管内壁上，开始切割作业。这时等离子体的切割能力是喷砂设备的 6000 倍，它就像富含高温和腐蚀物的原子微粒一样射向切割区。这种腐蚀物使得 RCT 切割工具即使在远离管壁的情况下仍有较高的效率，切割过程在 25ms 内完成。切割结束后，工具将通过电缆起出，其中的压力平衡器和热发生器可清洗后重复使用。

5.2.7 贝克休斯电切割工具

（1）适用条件。

① 直径为 54mm 的工具可用来切割 73～102mm 管柱；

② 直径为 64mm 的工具可用来切割 73～102mm 管柱。

（2）使用特点。

① 可在地面监测切割速度；

② 通过 CPU 控制精确控制切割；

③ 可以切割钢铁和合金管（铬）；

④ 工具的设置和重置无限制；

⑤ 不使用炸药和危险化学品；

⑥ 工具通过 Baker Hughes Atlas Anywhere 系统在任何单导体电缆上运行。

（3）工具优点。

① 贝克休斯电切割工具（Mechanical Pipe Cutter，MPC）不使用炸药或危险化学品，通过精确地井内管柱切割，减少作业时间，降低风险和总体成本，从而减小物流和环境限制所带来的影响。

② MPC 工具还可以在不损坏外部管柱的情况下，对内部管柱进行切割。通过不断测量和控制切割深度，可判断切割作业是否完成，避免损坏外部管柱或控制线路。MPC 工具的抗高温和抗高压的能力较强，因此允许操作人员在较热和较深的环境中切割管柱，同时可避免昂贵且耗时的连续油管或其他管柱作业。

（4）工具参数。

① 总长度 5.54m，分为两部分：2.54m+3m；

② 重量 64kg；

③ 直径为 54mm 的工具可用来切割 73～102mm 管柱；

④ 直径为 64mm 的工具可用来切割 73～102mm 管柱；

⑤ 工具最高能承受 204℃和 137.89MPa；

⑥ 最大切割壁厚 19mm。

（5）应用实例。

2013 年 8 月，在加拿大拉普拉多的一口定向井作业中，贝克休斯 MPC 工具成功地将 ϕ177.8mm 的套管切断。

在本次作业中，MPC 工具对 3340m 处的套管进行切割。在试提几次后，发现管柱仍然不能自由移动，但此时 MPC 工具仍在井内。随后，MPC 工具再次对管柱的其他部位进行切割。大约在 15min 之后，ϕ177.8mm 的管柱成功切断。

5.2.8 斯伦贝谢水力切割工具

（1）适用条件。

① 深水油井的封堵和弃置作业；

② 可用于回收筛管；

③ 通过井下容积式马达（PDM）的旋转带动；

④ 可用于打捞受卡的尾管。

（2）工具特点。

① 在单次行程中，使用三套刀片切割 12 次以上；

② 使用一个集成了“Flo–Tel”的井下机械位置指示器，指示是否成功切断；

③ 当标准的弃置作业出现紧急情况时，为其切割剩余管柱；

④ 按照预计切割位置切割套管，以便进行后续的打捞作业；

⑤ 有一个连续工作的分度活塞，允许切割刀在每个流动循环中切换切割刀片；

⑥ 在地面系统的控制下，可在单次行程中灵活地进行多次切割；

⑦ 与“Shortcut”深水封堵和弃置系统、容积式马达（PDM）高度协同作业。

（3）工具优点。

① 通过多次切割，节省了起下钻时间。

在弃置打捞筛管作业中，CutMaster X3 水力切割工具可在单次行程中进行多次切割。在需要对多层套管进行切割时，传统的切割工具通常仅能够进行两次切割，然后，切割工具必须从井眼中取出，更换切割刀片后再进行下一次切割。带有硬质合金刀片的 CutMaster X3 切割工具有三组刀片，在一次行程中可以多达 12 次切削，节省了起下钻时间和地面处理的时间。

在一次行程中进行多次切削，可最大限度地减少钻机人员处理井下动力钻具的工作量，降低工作人员换刀片时的 HSE 风险。

② 减少地面切屑，降低了 HSE 风险。

在传统的回收筛管的操作中，套铣作业会产生大量的切屑，并需要在地面进行处理。而 CutMaster X3 切割工具能够将套管切割成更小、更易控制的长度，便于取出套管，并减少套铣所产生的碎屑。相比之下，钻井液罐和压力控制设备内没有污染物，钻井人员对污染物的接触也较少。

③ 提升了切割能力。

CutMaster X3 切割工具有一个连续工作的分度活塞，使其能够在每个流动循环中切换到不同的切削刀组。这个特点使得其切割能力是传统管柱切割工具的三倍。“Flo–Tel”位置传感器为每个位置处是否成功切断提供指示，这样就可以避免在未割断之前就拔出管柱。

（4）工具参数。

① 工具系列：8250；

② 工具外径：209.55mm ；

③ 总长度：3.291m ；

④ 切割套管外径范围：244.5～273mm。

（5）应用实例。

2013 年，在北海一口油井的套管回收作业中，斯伦贝谢 CutMaster X3 水力切割工具（$8^{1}/_{4}$in）在两次起下钻过程中对套管进行了 11 次切割，将长达 1300m 的 $9^{5}/_{8}$in 套管切割成 11 个部分。随后通过打捞矛和其他工具进行打捞。

此次作业为挪威国家石油公司节省了 1.5 天的钻机作业时间，并节省了 20 万美元。

5.3 打捞技术

在海洋井筒弃置作业中，不可避免地会产生井下落物。进行弃置作业时，需要对设计的封堵点进行有效封堵，而这些落物的存在，可能导致一些必封点的封堵质量达不到预期要求，从而为海洋井筒的长期弃置埋下安全隐患。因此，在进行封堵作业前，有必要对井下落物进行打捞。

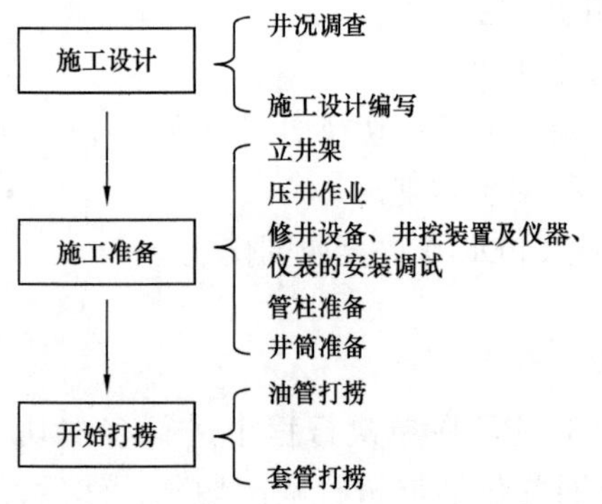

图 5.18 常规井筒打捞作业流程

根据 SY/T 5587.12—2008《常规修井作业规程 第 12 部分：解卡打捞》，常规的海上井筒打捞作业流程如图 5.18 所示。

油套管打捞物主要是管状落物，目前使用的有单管打捞技术和双管打捞技术。由于管状落物的鱼顶形状差别较大，可根据鱼顶形状和下部管柱的活动状态（是否被卡），来选择合适的打捞工具。表 5.1 展示了管状落物常用的打捞工具。

表 5.1 管状落物常用打捞工具

序号	工具名称		主要适用范围	
1	内捞工具	打捞公锥	鱼顶带接箍或接头	被卡落物
2		滑块卡瓦打捞矛		经套铣可倒扣的落物
3		可退式捞矛		可能遇卡的井下落物
4		倒扣捞矛		遇卡落物或经套铣出的部分落物
5		油管接箍捞矛	油管接箍完好及下部落物无卡	
6		水力捞矛	内径较大的落物及下部落物无卡	
7	外捞工具	打捞母锥	鱼顶为油管、钻杆本体等落物	
8		可退式卡瓦捞筒	鱼顶外径基本完整而可能有卡的井下落物	
9		倒扣捞筒	鱼顶外径基本完整而可能部分倒出或全部倒出的井下落物	
10		开窗捞筒	鱼顶外径基本完整并带有接箍或接头台肩的井下落物	

5.3.1 单管打捞技术

（1）卡点以上管柱的处理。

① 紧扣：打捞作业中，常常出现上提负荷远未达到井内管柱许用负荷时就脱扣的现象，使打捞工作复杂化，造成这种脱扣主要在于管柱丝扣本身未上紧。故有必要对要打捞的管柱紧扣。具体的做法是从井口往下，逐级紧扣，直到全部紧满为止（这项工作也可以在测卡点之前进行）。

② 活动解卡：根据被卡住管柱的许用载荷，上下活动，在允许扭矩下转动，有条件时还可进行震击，部分井内结构可得到很好的解卡效果。

③ 倒扣：倒扣的原则是考虑各方因素后，把中和点控制在卡点部位，因中和点处在倒扣时反扭矩最小处，从而一次从卡点处倒开是最理想的。当然，若是首次没有从卡点处倒开，而是在卡点以上某个部位倒开，只要捞上来后继续进行倒扣处理就行了，直到卡点为止。倒扣应该注意两点，一是工具的可退性；而是控制好倒扣圈数，以免将管柱倒散。

（2）卡点的处理。

井下事故处理的关键工艺是处理卡点。因此，必须根据卡点的不同性质，采取相应的方法进行分别处理。

① 砂卡：处理工具应带水眼，以便冲洗鱼顶，且工具材质强度比管柱高。对于砂桥卡，捞上后可猛烈冲击、转动，压井液配合冲洗，或在悬重下拉伸管柱，一定时间后再交替使用以上方法，解卡成功率较高。对于大段砂卡（超过 100m），可一次倒一个单根，每捞一根后，鱼顶上部砂子必须冲洗干净；若砂卡程度严重，或是大段地层细砂，应首先清除埋死鱼顶的砂子，采取套铣的方法解决。一般套铣管长度要大于一根油管长度，井况允许时加长套铣，套铣后再打捞，直至处理完毕。

② 落物卡：采用震击解卡，通过强烈震击后，一般可获得解卡效果。震击无效时，还可采用套铣解卡的方法，用套铣管将鱼头以外的障碍物切除，从而解除卡点。特殊情况下，在不伤害套管的前提下，还可采用磨蚀的方法解除卡点。

5.3.2 双管打捞技术

双管打捞技术目前主要有并列双管打捞、同心双管打捞两种工艺，由于结构不同，打捞工艺也有所区别。

（1）并列双管打捞。

这类管柱的打捞与单管打捞有相同之处，但也有其特殊性。活动解卡的方法仍然适用于双管井，但并列双管活动解卡时，两根管子都必须同时受力，否则如果一根管被拉断，另一根也马上会被拉断。因此必须同时活动两根管子，才能获得较为满意的效果。

若活动解卡无效或拔断时，可进行倒扣打捞。但要注意：第一，倒扣圈数应严格控制，以防倒散造成多鱼头，使打捞工作复杂化。第二，严格区分主管和副管，做到“三分”（井内分、地面分、记录分）。井内分是对井内主副管鱼头必须分清；地面分是把捞出的主副管分别摆放，记录分是在数据记录本上对捞出的主副管分别记录。主副管在井内只相差几厘米，只有作细致的“三分”工作才能加以区分，做到以上两点，倒扣工作可顺利进行。双管的卡点与尾管可按单管打捞工艺进行处理。

（2）同心管打捞。

同心双管的外管强度较高，内管强度较低。尺寸上外管也较内管大得多。操作步骤如下：① 按单管紧扣、活动解卡的方法对内管进行处理。一般情况下，内管可通过活动提出。② 内管活动无效时，再用单管紧扣，活动解卡的方法对外管进行处理，若解卡成功，可在提外管的同时提内管。③ 外管处理无效时，可采用倒扣方法处理。先倒内管，再倒外管，交替进行至卡点附近。

5.4 切割打捞一体化技术

切割打捞一体化技术就是将以往单独的切割作业和打捞作业合并为一体，利用切割与打捞不冲突的特点，采用一趟钻先后完成对钻具底部的切割和上部的打捞作业，即一趟钻完成两种作业的技术。此项技术减少了起下钻次数，更节省了起下钻的时间，同时缩短了作业周期和减小了劳动强度，提升作业效率。

5.4.1 水下井口的切割打捞组合技术

（1）传统坐压式切割打捞技术。

① 工具组合。

自下而上依次为：钻铤 + 割刀 + 捞矛 + 导向基座 + 旋转头 + 钻具 + 顶驱装置。

② 适用条件。

只能对水深小于 300m 的水下井口系统进行切割回收。

③ 切割流程。

a. 切割回收 244.475mm 及 339.725mm 套管：下入割刀，割断套管后，起出割刀工具，回收套管抗磨补心，下入套管捞矛回收套管。捞住套管后，用补偿器提起套管。卸下密封总成和套管悬挂器，回收套管。

b. 起出 476.25mm 防喷器组。

c. 起出隔水管伸缩节、隔水管、防喷器组。

d. 切割回收 508mm 表层套管和 762mm 导管，在浮式平台作业中切割与回收 508mm 表层套管和 762mm 导管时，两层套管同时切割、同时回收。

e. 回收临时导向基座，用导向绳回收临时导向基座，如果提不起，就先下入临时导向底盘送入工具，然后按上述方法回收基座。

f. 该方法适用于在浅水区作业，在深水区作业效果不佳。

④ 作业注意问题。

a. 在无隔水导管约束环境下，受压弯曲钻柱自转并公转形成弯曲甩动，并可能造成钻柱沿轴向伸缩的纵向振动。当某一激励与钻柱自身的固有频率接近时，会发生钻柱位移场突变的共振现象，其交变应力和振幅的变化容易导致断钻具事故。

b. 由于旋转头与高压井口头之间没有相对固定关系，因此切割过程中刀具晃动大，不易扶正，不能保证刀片在一个水平面上切割，容易对管体形成椭圆切口，或造成大半边切断留下一小段未切断的问题；而且刀片受力不均，极易卡蹩，割刀工况十分恶劣。

c. 旋转头位置与 508mm 内捞矛位置的长度配置繁琐且不精确，造成捞矛挡环顶着高压井口内台肩进行切割，捞矛极易磨损并碰撞井口头内密封面，造成高压井口头报废损失。

d. 容易造成捞矛捞不住，或捞矛卡在高压井口头内从而捞住却不易卸脱的问题。

e. 容易发生井口头割断后的倾倒或导向基座连同导向绳缠绕在一起的问题，造成打捞困难。

f. 当 508mm 割断，而 762mm 未断完，需要换刀时，常发生刀片蹩进割缝内被卡死、起钻换刀难的问题。

g. 切割钻柱受风浪流影响严重，天气条件往往导致许多非生产时间。

（2）威德福（Mechanical Outside Trip）水下井口切割回收系统。

① 工具组合。

主要有以下两种组合方式：

a. MOST 系统 + 1400MS 旋转头组合的水下机械切割：套管割刀 + MOST 工具 + 井口头 + 旋转头。

b. MOST 系统 + 螺杆马达的动力切割：橡胶引鞋 + 套管割刀 + 稳定器 + 芯轴 + MOST 工具 + 井下动力钻具。

② 适用条件。

适用于水深大于 300m 的井筒。

③ 优点。

a. 采用提拉切割方式，切割钻柱处于受拉状态，避免弯曲甩动问题发生；切割平稳，对中性好，切割效率高，并且不会形成椭圆切口问题，更不会发生井口割断倾倒问题。

b. 钻柱处于提拉状态的动力切割，钻柱不旋转，其割刀由螺杆马达驱动，作业更加平稳、高效、安全，可以在更深水深的井口应用。

c. 高压井口头内密封面得到很好保护，不会有磨损撞击破坏密封面问题发生。深水高压井口头的重复使用可大大降低设备费用。

d. 中途换刀方便安全。由于切割钻柱下部有伸缩短节，可有 0.5m 活动伸缩距，便于刀片的收拢和防卡，中途换刀快捷方便安全。

e. 提升回收安全可靠，外悬挂工具就是提捞工具，免去了捞矛打捞作业的复杂和不安全问题发生，而且工具容易从井口系统解脱。

f. 风、浪、流对该切割工具影响小，提高了对恶劣天气条件的适应性，减少非生产时间。

（3）斯伦贝谢 ProLATCH 井口回收系统。

① 技术特点。

a. ProLATCH 井口回收系统，可以单次入井，完成表层套管的切割、啮合并回收，同时回收井口。

b. ProLATCH 井口回收系统简化了机械弃井作业。当一口海上油井成功封堵后，必须移除井口和导向基座，以便恢复水下环境。ProLATCH 系统可单次入井回收表层套管和井口。

c. 该系统无需将重力传递到旋转并处于受压状态的 BHA，通过减少旋转、扭曲和弯曲，最大限度地降低钻柱的疲劳失效风险。

d. 当井口打捞矛啮合后，可以施加一定的上提力，协助拉伸切割作业。由于在切割总成之上立即形成了一个啮合点，系统避免了不必要的 BHA 移动。如果 BHA 移动，则可能导致切割失败。当采用高效液压套管切割工具将套管串切割完成后，井口打捞矛便啮合，从而回收套管和井口。

② 应用实例。

在澳大利亚西海岸的封堵和弃置作业中，ProLATCH 系统节省了 60 万美元。此次弃置作业中面临的挑战是：在深水封堵和弃置操作中，回收井口和套管柱。使用 ProLATCH 系统回收井口和表层套管，简化了井筒弃置操作。最终将套管柱留在泥线以下，并回收了井口，减少操作时间 12.5h，并节省了 60 万美元。

5.4.2 井内管柱的切割打捞组合技术

（1）斯伦贝谢 ProCISE 切割打捞技术。

① 技术特点。

a. ProCISE 套管切割和回收系统，可以一次入井，完成多层套管的切割和回收。ProCISE 系统通过减少切割套管和入井的次数，节约成本。在一次入井的过程中，系统可以完成套管切割、充分循环、啮合套管，以高效回收套管。

b. 可多次循环的套管切削齿共有 3 组刀翼，可以一趟钻完成多层套管的切割，可以节约切割多层套管的钻机时间。

c. 一旦确认套管被成功切割，ProCISE 系统的同轴套管矛即可插入需要起出的套管末端并锁定，这么做可以使被回收的套管坐在转盘上，在套管起出井眼的过程中，可以更安全、高效地操作套管。

d. 此外，该系统具有一个液压密封机构，可进行环空循环，使其免受任何沉降的固体颗粒或重晶石影响。其他的系统组件包括一个 Hydra–Stroke 减震接头、一个常规的减震接头和一个钻井液马达。

ProCISE 工具相关技术参数见表 5.2。

表 5.2 ProCISE 工具相关技术参数

规格	工具系列 8000
套管尺寸（mm）	244.475，250.825，273.05
封隔器等级（MPa）	475.39
拉力（tf）	545.773

② 应用实例。

在墨西哥湾深水老油田，ProCISE 系统省掉了两趟作业操作：

a. 在墨西哥湾老油田的深水作业中，减少切割、上提、循环 244.475mm 套管（已知环空含固体颗粒和气体）所需的钻机时间。

b. 下入包含多个组件的 ProCISE 系统，单次入井进行 P&A（封堵和弃置）作业。

c. 一次入井，采用 BHA 完成了井口密封的回收，在具备井控的条件下完成了套管切割，并循环出了圈闭气和堆积在环空的固体颗粒，最大程度地回收了套管，确保了斜向器的下入深度满足新的侧钻井设计要求。

（2）贝克休斯 Harpoon 切割打捞一体化技术。

① 技术特点。

a. Harpoon 切割打捞一体化工具可以在一次起下钻中进行多种操作，不需要停钻，同时完成切割和打捞，提高了回收套管的可能性。这种技术增加了切割套管和水泥环的难度，但极大地减少了与起下钻相关的非生产时间（NPT），提高了效率。

b. Harpoon 切割打捞一体化工具在工作时，直接使打捞矛作用在套管切割点的上方，以确保在切割点上受到的拉力最大。一旦钻具进入设计的打捞位置，设计的特殊的 flex-lock 卡瓦就会与套管接触，使负荷均匀地分布在整个套管上，最大限度地提高拉力，以防止套管变形。切割过程中，在割刀上施加张力，以改善切割性能。内置的过滤器有助于控制碎屑。

c. 打捞矛的设计还支持双向荷载的作用，可容纳短鱼打捞筒。在切割过程中，为了增加安全性，在打捞矛上安装密封装置，来控制循环路径上的压力。

d. 当切割完成后，套管回收可以采用以下几种方法的组合进行打捞：超拉、震动和液压。当套管自由时，Harpoon 切割打捞一体化工具从原来的套管底部位置上提至鱼顶位置，以便于打捞。如果井况（固井或修井质量）不好，无法打捞该部分套管。捞矛就可以上提至更佳合适的位置，重新定位，再次进行切割和打捞。这种重新打捞功能，减少了一次专门的起下钻时间，这样就降低了费用和减少了 HSE 风险。

② 应用实例。

贝克休斯最近部署的 Harpoon 切割打捞一体化工具有效地拆除了在挪威海中一座井中的套管。这次作业需要移除套管的顶部部分，以便于进行定向井的裸眼侧钻作业。作业队在设定的井深，下入工具，使用复合刀具进行切割。仅仅只用 3min，便切断了在 1226m 处的套管。但将套管从最初的切割点进行打捞时出现困难。上提打捞矛至 894m 的鱼顶处，施加 156t 的力，再次进行打捞。这一次，加大拉力，仅仅花费了 16.5h，便取出 345.6m 长的套管柱。若不使用贝克休斯 Harpoon 切割打捞一体化工具，则需要 36h 的时间。因此，Harpoon 切割打捞一体化工具节省了钻机时间 19.5h，预计节省资金 65 万美元。

5.5 小结

本章主要调研、分析、总结了常规完井方式及生产管柱、切割技术、打捞技术和切割打捞一体化技术。

首先，介绍了常见生产管柱的结构组成，详细分析了生产多年以后（弃置之前）井内生产管柱可能遇到的各种复杂情况（包括封隔器无法解封、腐蚀和冲蚀导致的管柱失效、砂卡、硬卡），总结了腐蚀油管砂卡和硬卡时的打捞方法，介绍了海上双管封隔器无法解封的工程背景，并研究了针对海上双管封隔器的套铣方法。

其次，通过调研国内外现有的管柱切割技术，总结了常用的几种切割技术（包括机械切割、化学切割、水力切割、磨料射流切割、爆炸切割、高聚能镁粉切割），分别从切割技术的适用范围、技术优缺点、工具结构组成、切割工艺或切割原理等方面对管柱切割技术进行系统性的分析，还对贝克休斯和斯伦贝谢公司成熟的切割技术进行了研究。

然后，研究了井内管柱的打捞技术，调研了常用的打捞工具，并根据海上油井生产管柱的实际工程情况，总结了单管打捞技术、双管打捞技术。

最后，研究了弃置井水下井口、井内管柱的切割打捞一体化技术，通过调研世界各大知名油服公司的弃置井切割打捞一体化系统（工具），总结了各种切割打捞一体化系统（工具）的技术特点，并分别介绍了其应用实例。

6　井筒弃置封固技术

随着海上油田的不断开发，越来越多的老油田面临废弃处置。海上油气田的弃置对技术设备及工艺流程要求较高。经历高强度长时间开发而进入废弃阶段的油井，由于油套管腐蚀、固井设计、工程因素及生产过程中的井内条件变化，导致井内情况复杂，给弃置作业带来了较大的挑战。本章介绍了井筒封固技术的基本原理和方法，总结了国外井筒弃置封固技术。针对复杂井况下的油气井弃置作业，通过分析井内管柱结构、层间矛盾、套管完整程度、窜槽等情况，依据不同的井下状况，提出了相适应的弃置井封固方法，调研并总结了永久屏障的评估方法，形成一套适合国内海上油田的弃置井封固技术。

6.1　井筒封固技术原理及方法

6.1.1　井筒封固原理

井筒封固技术原理从宏观上讲主要是：通过向套管或者裸眼井段中注入水泥或者其他封堵材料，使得凝固的水泥塞（或其他封堵材料）、套管（或裸眼）、盖层形成阻止地下流体相互窜流或流出地表污染环境的屏障，如图 6.1 所示。国内习惯于直接封堵井下潜在渗流层，包括主要的油气产层、可能相互窜流的层位和地下水层，而国外更倾向于封堵潜在渗流层的上部盖层从而间接封堵目的层位。

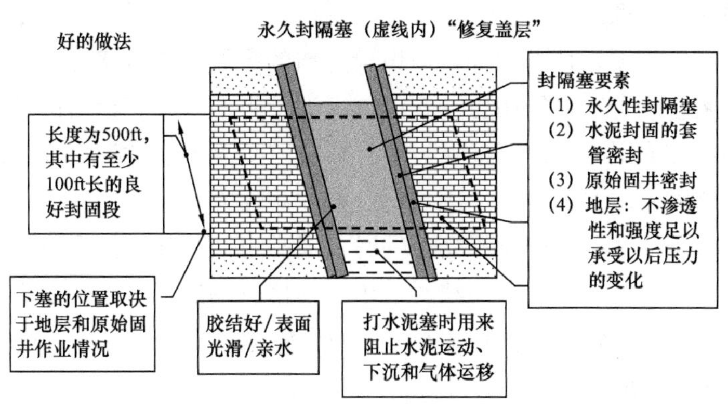

图 6.1　套管内水泥塞封堵示意图

井筒封固技术原理从微观上讲是：当干水泥与适量的水混合成水泥浆后，水泥颗粒与水发生水化反应，使水泥浆中产生以硅酸钙为主要成分的胶体，随着水化作用的不断进行，胶体不断增多，并逐渐聚集变稠。同时在胶体中形成水泥石的新化合物，逐渐在非晶质胶体中开始呈现微粒晶体，并逐渐硬化，使水泥浆失去流动性。在这一过程中，当水泥浆开始变稠并部分失去塑性时，称为初凝；当水泥浆完全失去流动性并能承担一定压力时称为终凝。终凝完毕后水泥浆硬化成石形成封堵。

6.1.2 注水泥塞方法

6.1.2.1 循环顶替法

通过钻杆或油管向井筒内注入水泥浆并顶替到管柱内外高度一致时，缓慢上提管柱，使水泥浆留在原位，候凝固结形成封堵，此种方法应用最为广泛。当井内达不到静态平衡条件时用挤注水泥塞法。循环顶替法施工步骤如下：

（1）将注水泥管柱下至预计水泥塞底部，并循环洗井脱气、降温，洗至出口返出同密度液体，关井平衡无外溢。

（2）按设计配制好水泥浆后将前隔离液、水泥浆、后隔离液、顶替液按顺序和设计量注入井内。

（3）将水泥浆替置到设计位置，此时管内外应处于平衡，上提管柱至预定水泥面以上1～3m。

（4）反循环洗井，洗出多余水泥浆。

（5）起管柱至安全位置（500m 以上），坐井口、灌满压井液、关井候凝。

（6）候凝 24～48h 后，探水泥面位置（深度）。

（7）按标准试压检验水泥塞密封情况，试压方法根据不同的井况采用相应的方法。

6.1.2.2 挤注法

（1）管内挤注水泥塞。

用油管、连续油管或钻杆挤水泥浆至设计封堵的层段，或直接在井口关闭油套管环空进行挤注，水泥浆会顺着工作管串（油管或连续油管等）而下直至目的井段。高压挤入将使水泥浆脱水并留在炮眼、裂缝或地层表面，形成一个高强度的滤饼，凝固后的水泥形成一道阻止地层流体流入井筒的屏障（图 6.2）。挤注法通常用于封堵井内地层或修补套管漏失。另外，在井内条件达不到静态平衡条件时，通常也使用此方法。一般挤注水泥是通过封隔器或水泥承留器来完成的。挤注法不适用于封堵目的层以上套管漏失、修复或套管存在其他问题的井（比如套管射孔位置不确定，或套管承受不住挤注施工压力等）。

管内挤注法施工步骤：

① 将注水泥管柱和封隔器下至设计位置。

② 充分洗井后关井（或坐井口）或坐封封隔器。

③ 用清水试挤，并记录数据，包括挤入水泥浆量及替置量。

④ 按试挤参数，挤入水泥浆量及替置量，并上提至反洗位置。

⑤ 反洗井或正（反）挤入压井液，关井候凝。

⑥ 候凝一定时间后探水泥面位置。

⑦ 按标准试压检验水泥塞密封情况。

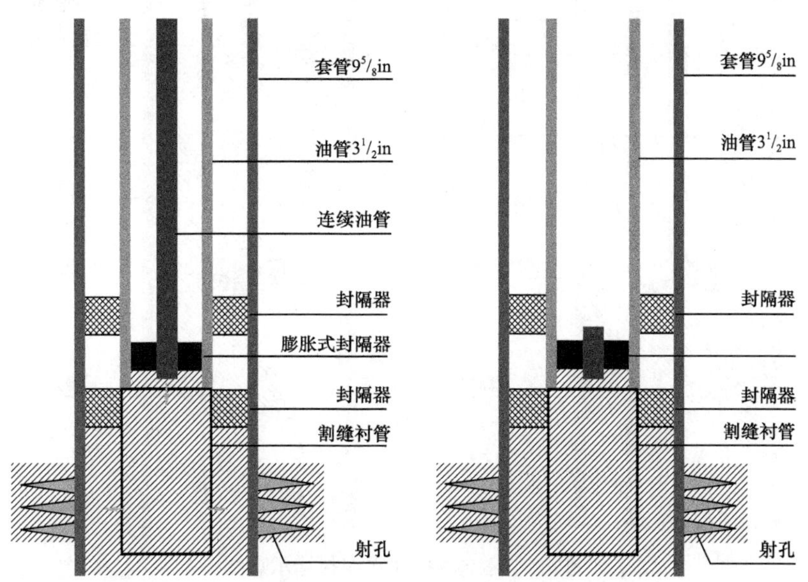

图 6.2　管内挤注水泥塞示意图

（2）油套环空或套管环空挤注水泥塞。

井筒弃置过程中常有油管未取出或部分遗留在井筒中的情况，此外完井过程中油层套管水泥浆也有未返至地面的情况，因此，存在需要封固油套环空或套管间环空的情况。其具体做法是在油管或者油层套管上开两对孔，两对孔分别位于预计注入的水泥塞的顶端和底端，然后通过封隔器或水泥承留器和这两对孔形成水泥浆循环通道。充分洗井后，向环空中循环挤入水泥浆，待水泥浆达到设计位置后，剪断或拔出注入管柱，继续循环注入水泥浆直至管内外水泥浆均达到设计位置（图 6.3）。

环空挤注法施工步骤：

① 在油管或油套上开两对孔，上下两对孔位于水泥塞设计位置的顶端和末端，形成水泥浆循环通道。

② 将注水泥管柱和封隔器或水泥承留器下至设计位置。

③ 充分洗井后坐封封隔器。

④ 按设计配制好水泥浆注入井内并将水泥浆替置到设计位置。

⑤ 剪断注入管柱，继续循环注入水泥浆直至管内外水泥浆液面均达到设计位置，上提至反洗位置。

⑥ 反洗井或正（反）挤入压井液，关井候凝。

⑦ 候凝一定时间后探水泥面位置。

⑧ 按标准试压检验水泥塞密封情况。

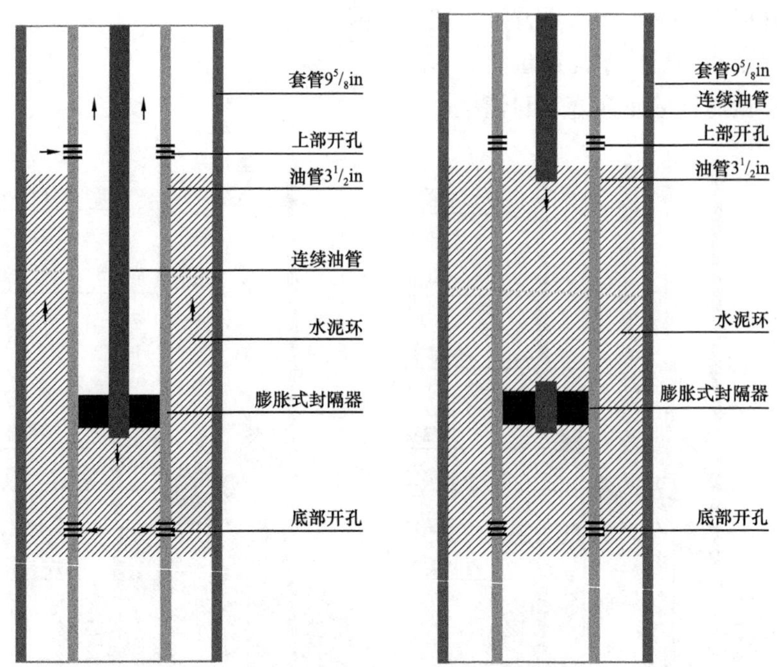

图 6.3　环空内挤注水泥封堵示意图

6.1.2.3　机械塞法

桥塞、水泥承留器、永久性封隔器等机械封隔工具，能有效地封隔井内各个部分。一般情况下，机械塞作为阻止水泥浆下沉的屏障，与水泥搭配使用。机械塞通过电缆、油管或钻杆放置在规定深度，同时在机械塞顶部注入水泥帽提供第二道密封。

6.1.2.4　倒灰法

倒灰法是利用倒灰筒等工具将配置好的水泥浆装入桶内，由电缆或钢丝绳送到预定位置，通过电流爆破或机械撞击等方法将灰筒打开，并将胶塞推出，胶塞坐封于套管上，水泥浆被推出并沉积于胶塞上凝固形成封堵。此方法多用于封堵要求不高，水泥塞厚度较小的层段。施工步骤：

（1）用电缆 / 绳索 + 带规环的碎屑打捞篮通井至预定水泥塞底部以下，定位校准深度并标定记号。

（2）配置水泥浆，将水泥浆灌入倒灰筒内。

（3）用电缆或钢丝绳送至预定的注水泥深度处，深度采用校深或标记的记号记录。

（4）将灰筒打开后提出倒灰筒，关井候凝。

（5）候凝一定时间后，探水泥面位置。

（6）按标准试压检验水泥塞密封情况，试压方法根据不同的井况采用相应的方法。

6.1.2.5 泵注法注水泥塞

泵注法注水泥塞是往井筒内一定深度处泵注部分水泥浆，然后上提管柱至安全位置，关井候凝，滞留在井筒内的水泥浆候凝固结，形成封堵。泵注法注水泥塞多用于夹层较厚、灰面要求不严格的井，是成功率最大的一种工艺。施工步骤如下：

（1）将注水泥管柱下至预计水泥塞底部，循环洗井直至井内达到稳定。

（2）配制好水泥浆后按前隔离液、水泥浆、后隔离液、替置液顺序和设计量注入井内。

（3）将水泥浆替置到设计位置。

（4）起管柱至安全位置，坐井口，关井候凝。

（5）候凝一定时间后，探水泥面位置。

（6）按标注试压检验水泥塞密封情况，试压方法根据不同的井况采用相应的方法。

6.1.2.6 水泥承留器法

水泥承留器注水泥塞法是在挤封目的层确定后，下水泥承留器至挤封目的层以上3～5m坐封并丢手，挤封前将油管与密封插管相连插入水泥承留器中心管内打开水泥承留器，实现挤封目的层与油管的连通，然后按设计要求从油管内挤入一定量的水泥浆于目的层，挤注结束后上提挤封管柱1～2m，将密封插管拔出水泥承留器中心管，自动关闭水泥承留器阀体，反循环洗出油管内多余的水泥浆，挤封目的层保持高压候凝36～48h。水泥承留器挤水泥浆能够有效地防止挤封时的层间污染及水泥浆倒流，对层间距小的井也可以进行有效封堵，对任何层位可进行选择性的挤封，能够有效地解决常规封堵带来的风险，现场应用效果明显。

水泥承留器工作原理是：在下挤堵管柱时，水泥承留器的坐封套抓紧、套住上卡瓦，控制弹性接头在支撑套和凸轮块的作用下与插入接头紧连，压力阀始终处于打开状态，保证油管与套管连通，便于工具的下放。当水泥承留器下至设计深度后，先上提管柱，给上卡瓦和弹性控制接头以必需的行程后，充分正旋管柱将控制套从中心管上释放出来；然后再次下放管柱至设计深度，此时弧型弹簧与套管之间的摩擦力使控制套和坐封套保持不动，同时推动上卡瓦从坐封套内脱出，上卡瓦内的弹簧使卡瓦紧贴在套管壁上，在上卡瓦释放出来的过程中，支撑套从凸轮块上脱开，凸轮被弹出；从而使控制弹性接头从插入接头上被释放出来，并有一定的相对轴向运动。再次上提管柱，此时上卡瓦在上锥形体作用下紧咬住套管壁，下卡瓦在下锥形体向上的作用下被撑开紧咬在套管壁上，同时胶筒被压缩膨胀紧贴套管内壁，将套管上下分隔开。下放管柱至管柱正常悬重并增加5～10kN后正转管柱8～10圈，完成机械坐封工具与水泥承留器的丢手。上提管柱5cm使插入接头密封段处于水泥承留器密封段处同时水泥承留器阀体关闭，就可以进行油管柱压力试验及水泥承留器密封试验，下放管柱5cm使插入接头下行离开密封段同时压开水泥承留器阀体，就可以进行挤堵施工，施工结束后上提管柱，将插入接头提出水泥承留器，阀体在井筒下部压力作用下关闭，上部管柱则可进行反洗井完成施工。

水泥承留器法注水泥作业施工步骤：

（1）施工准备。

① 井况了解：了解施工井过去和近期井下状况，如套管完好情况，措施参数等；

② 井筒处理：包括刮管、探砂面、洗井、验套等；

③ 射工程孔；

④ 下水泥承留器管柱；

⑤ 校深：如对水泥承留器深度要求较高，采用磁定位测井校深，确定水泥承留器下深。

（2）洗井。

以上步骤进行完后，应再次进行彻底洗井，保证管柱内外畅通，洗井液量应大于水泥承留器以上套管容积。

（3）坐封、试挤。

① 坐封、丢手：按水泥承留器坐封操作规程坐封、丢手；

② 验管柱、验封：按操作规程进行验管柱及验封操作；

③ 试挤：按施工设计要求试挤清水，求吸水量。

（4）配、挤水泥浆。

① 以上步骤完成后可按设计配制水泥浆，一般水泥浆密度为 1.7～1.85g/cm^3 之间，水泥浆配制量为工程孔与油层之间的间距，以及处理半径来计算，为防止水泥浆凝固过快，应在水泥浆中加入缓凝剂；

② 挤水泥浆：正挤水泥浆，顶挤清水（顶挤量按水泥承留器以上油管内容积计算）；

③ 洗井、关井候凝：挤堵完后上提管柱 1～10m，反洗出多余水泥浆；关井候凝。候凝时间不少于 24h，一般为 48h。

（5）钻塞。

起管柱，下钻塞管钻塞至水泥承留器位置或钻至人工井底，起出钻塞管柱。

（6）常见水泥承留器。

① WSRA 水泥承留器技术特点：适用于所有硬度等级的套管，耐压差 70MPa，温度 177℃以下，三节不同硬度的胶筒及浮动金属支撑环组成可靠的密封系统，适用于各类复杂井况。阀体开、关由地面控制，操作方便、简单而可靠。棘轮锁环保持坐封负荷，保证压力变化情况下仍可靠坐封。结构组成：主要由密封系统、锚定系统、锁紧系统和活瓣锁套阀等部分组成，如图 6.4 所示。

a. 密封系统由胶筒、上下锥体和浮动金属支撑环组成。上下锥体在释放工具作用下剪断销钉，压缩胶筒形成密封，浮动金属支撑环主要作用是防止胶筒压缩时“肩部突出”。

b. 锚定系统由上下卡瓦、自锁锁环等组成。上下卡瓦的作用是将水泥承留器支撑在套管上，并限制其纵向移动，用于保持水泥承留器密封性。

c. 锁紧系统是棘轮锁环上的倒齿与中心管的倒齿相啮合，水泥承留器一旦坐封后使之永久固定于坐封状态。所以，这种机构决定了该工具解封方式只能是钻铣。

d. 锁套阀部分当插管插入时，使水泥承留器上下形成通道，插管取出，自动关闭，堵死水泥承留器下接头的孔眼，防止倒流。

e. 密封接头有 B–1 型和 D–1 型两种，B–1 型接头能锚在水泥承留器上，D–1 型则要靠管柱重量维持密封，作业时常用的是 D–1 型密封接头。

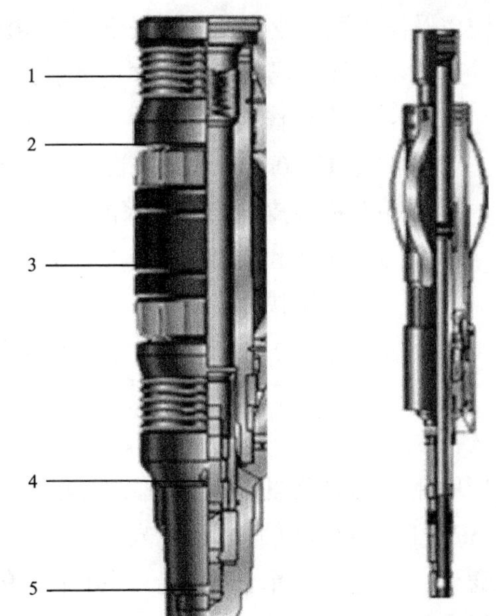

(a) WSRA水泥承留器机构示意图 (b) 密封插管示意图

图 6.4 WSRA 水泥承留器结构示意图

1—整体卡瓦；2—锥体；3—胶筒；4—剪切销；5—阀体

② MMR 机械式水泥承留器。技术特点：MMR 水泥承留器适用于 $4^1/_2$in 到 16in 的套管，可以承受较高压力，$8^5/_8$in 及以下规格最高可承受 70MPa（10000psi）压差，常规胶套推荐使用温度 148℃（300℉）以内。主要用于对油、气、水层进行临时或永久性封堵或二次固井，通过水泥承留器将水泥浆挤注进入环空需要封固的井段或进入地层的裂缝、孔隙，以达到堵炮眼、堵套管破损漏失、堵尾管重叠段的目的。

MMR 机械式水泥承留器典型结构如图 6.5 所示。

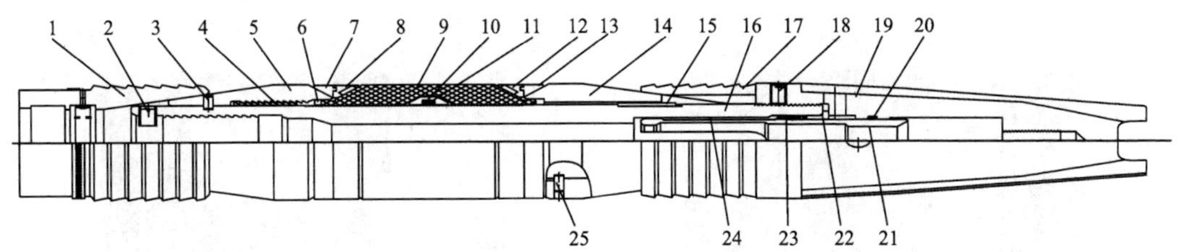

图 6.5 MMR 机械式水泥承留器典型结构

1—上端卡瓦总成；2—剪切销；3—销钉；4—锁环；5—上锥体；6—挡环；7—外背圈；8—内背圈；9—橡胶套；10—承留环；11—O 形密封圈；12—内背圈；13—外背圈；14—下锥体；15—键；16—中心管；17—下端卡瓦；18—内六角紧定螺钉；19—套阀；20—O 形密封圈；21—阀体；22—密封挡圈；23—密封阀背圈总成；24—收敛套；25—销钉

6.1.3 国外井筒封固技术及应用

（1）Archer 公司 Barricade 井眼封固系统。

Archer 公司 Barricade 井眼封固系统，主要设计用于冲刷和清洗已射孔套管、尾管（下入至选定的地层），或者两层套管之间的环空，然后形成精确的永久封固段。加入了单次入井的 TCP（油管传输射孔）模块后，Barricade 封固系统可以一次入井，完成射孔、冲洗以及注水泥作业，带来更安全、完美的井筒封固效果。

其技术优势体现在单次入井（带射孔枪）完成作业：

① 立管压力可作为指示信号，清洗过程可控；

② 高转速（120r/min）带来良好的井眼清洗能力；

③ 采用双抽汲皮碗精准注水泥；

④ 无需挤水泥和候凝（WOC），节约 16～24h 的作业时间；

⑤ 下入速度更快。

（2）斯伦贝谢公司 CemFIT Heal 自修复固井系统。

CemFIT Heal 自修复固井系统在从钻井到弃井的整个过程中，提供环空密封，防止油气泄漏和井口环空压力过大。该固井系统不但能支撑外力作用井壁，而且可以在油气层间密封出现问题时，实现系统自动修复，防止油气窜流。与传统的固井系统不同，CemFIT Heal 自修复固井系统安装后会使水泥环膨胀，提高固井作业的稳固性，封闭窜流通道，避免油气窜流发生。固井采用的水泥弹性模量小，用以防止水泥环因受力而断裂。

传统固井水泥环［图 6.6（a）］会由于井内压力和其他外力的影响而出现裂缝和微环隙，进而导致层间窜流和井口窜气。CemFIT Heal 自修复固井系统［图 6.6（b）］通过自动修复和密封，阻断油气窜流。当固井水泥环损坏（出现裂缝或微环隙），出现烃类气体泄漏时，该固井系统会自动修复并封堵裂缝，保证井内环境稳定。并且，如果在生产过程中水泥环出现任何问题，该固井系统可以实现多次修复操作。

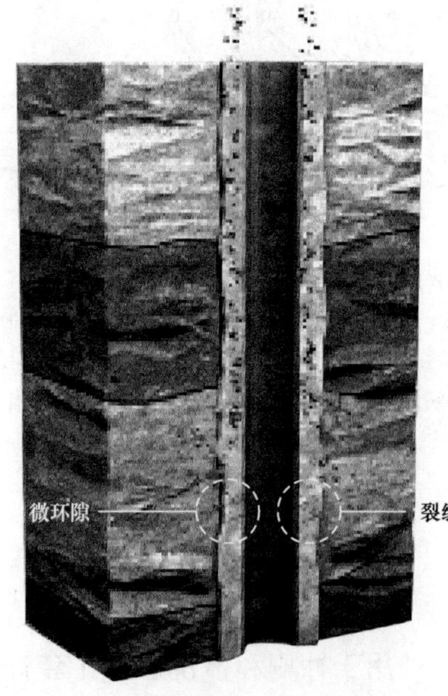

(a) 传统固井水泥环

(b) CemFIT Heal自修复固井系统

图 6.6　传统固井水泥环和 CemFIT Heal 自修复固井系统

该固井系统特点：

① 弹性模量小，灵活性大；

② 接触烃类气体自动修复（即使是干燥气体）；

③ 标准设计，适用于多种密度和温度条件；

④ 可利用传统设备实现水泥批量混合和连续混合。

6.2 井筒弃置封固施工设计

6.2.1 潜在封固点与废弃井处置分类

（1）潜在封固点。

地层的潜在渗流能力主要源于两个方面：一是地层的有效渗透率；二是该地层与其他地层或地表之间的压力差。但由于低渗透率或无渗透率岩层中可能存在天然或由于相关作业或生产（如压裂）引起的裂缝，也有可能拥有潜在渗流能力，在此情况下需要进行封隔。

地层潜在渗流能力可能仅在井眼弃置作业过程中显现出来，可从钻井记录（溢流量 / 漏失量 / 气测值）、测井评价（包括来源于邻井的测井评价）及井眼环空压力的变化加以推断。因此，在弃置作业期间，为了稳妥地进行压力控制，要求采取相关预防措施，对开发区域建立地质资源报告，明确并检验资源区块的潜在流动能力。地质资源报告应当对每一区块的流动能力进行描述，并界定其流动能力的大小。

对具有可运移烃类的资源区域来说，若所含烃量大到足以对环境及安全造成影响，那么这块资源区域就会被称为潜在流动区。根据表 6.1 可界定潜在流动区域的等级。对潜在流动区域的界定其实就是对资源区块预期运移能力的划分，划分标准包括：潜在恢复能力、资源生产再开发能力或二次应用于其他项目的能力（如地热项目、能源或二氧化碳的存储项目）。

表 6.1　流动等级划分

潜在流动能力划分	定义
无害潜在流动	储层内的油气资源不会造成环境或安全危害
中级潜在流动	储层内的油气资源可能会造成环境危害，但不会造成安全危害
顶级潜在流动	储层内的油气资源既会造成环境危害，也会造成安全危害

（2）废弃井处置分类。

废弃井风险分类见表 6.2。单井评价时，有任何一项指标达到较高等级，则全井按照较高的等级确定风险。

表 6.2　废弃井风险分类表

评价准则	一类	二类	三类
井口压力（MPa）	0	＜10	≥10
H_2S 含量（ppm）	0	＜20	≥20
与环境敏感区的距离（m）	距离≥100	100≤距离≤1000	距离＜100
层间干扰情况	层间不沟通，不存在油气水窜	层间存在沟通，但油气水窜影响较小	层间存在沟通，存在严重油气水窜
套管破损情况	无破损，或破损点在油层套管水泥返高以下	有破损，但破损点在油层套管水泥返高以上但无窜漏	破损点在油层套管水泥返高以上且窜漏

6.2.2　封堵位置的选择

永久性封堵的封堵深度应当选在不渗透地层附近，因为在此深度附近，地层的完整性高于潜在压力层的完整性，同时该处地层强度足以承受含烃层的最大预期载荷。主要屏障和次要屏障的封堵位置推荐如下：

（1）主要屏障应该贯穿潜在渗流层井段上面合适的盖层。如果在尾管或套管内设置封隔塞，那么套管外环空必须要有水泥。如果封隔塞底部位置远高于渗流层（比如在生产封隔器顶部），要确保封隔塞底部位置的地层破裂压力要大于被封隔层位的最大预期压力。

（2）合格的盖层具有非渗透性，横向连续性并且有足够的强度和厚度来承受被封隔层位的最大预期压力。

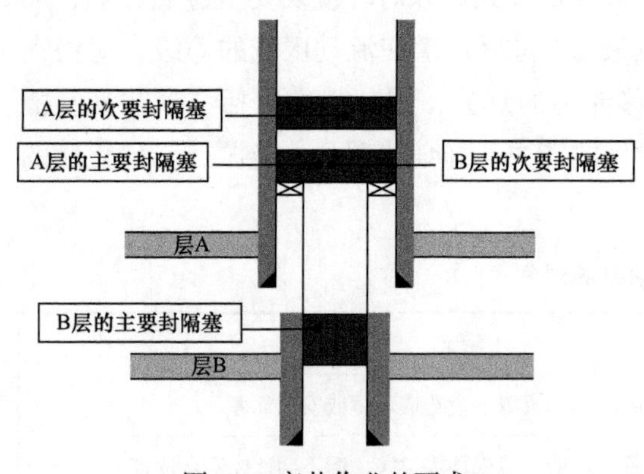

图 6.7　弃井作业的要求

（3）如果需要的话，次要封隔塞也应该位于合适的盖层位置。作为主力封隔塞的备用次要封隔塞的位置也要遵守同样的原则，比如次要封隔塞底部位置的地层破裂压力要大于被封隔层位的最大预期压力。

潜在渗流层的次要封隔塞可以是另一个上部更浅的位置渗流层的主要封隔塞，如图 6.7 所示。永久封隔器的位置要根据实际的地质情况，也就是说与盖层或渗透性地层有关，如图 6.8 所示。

在图 6.8 所示的例子中，每一个有潜在渗流的层位都有两个封隔塞。这就是封隔塞不能共享的情况，也就是盖层 L 不能承受主力储层的最大预期压力或者盖层 K 不能承受砂岩 B 层的压力。同时封隔塞设置在作为固定支撑的封隔器或者桥塞上，以防止水泥浆在稠化期间下沉或者气体向上运移。

通过位置优选，针对不同的井型，有如下几种常规封固方法：

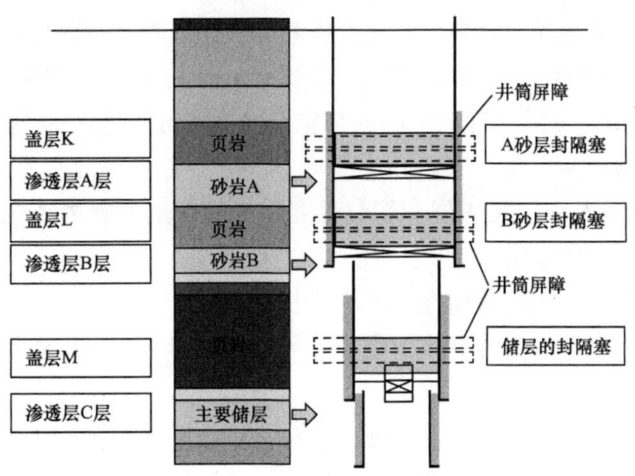

图 6.8 井筒屏障示意图

（1）永久弃置裸眼井（图 6.9）。

永久弃置裸眼井需要建立主要屏障、次要屏障和表面屏障，其封固方法如下：

① 主要屏障总长 100m，从油层顶部以下 50m 向上注水泥塞，水泥返高不应少于油层顶部以上 50m。

② 次要屏障 50m，在套管鞋处下入机械塞，试压合格后在机械塞以上注入长度 50m 的水泥塞（确保环空至少有 30m 的胶结良好的水泥环）。

③ 表面屏障总长 50m，在表层套管鞋深度附近的内层套管内（或环空有良好水泥封固处）处向上注入 50m 的水泥塞。

（2）永久弃置裸眼无流入源井（图 6.10）。

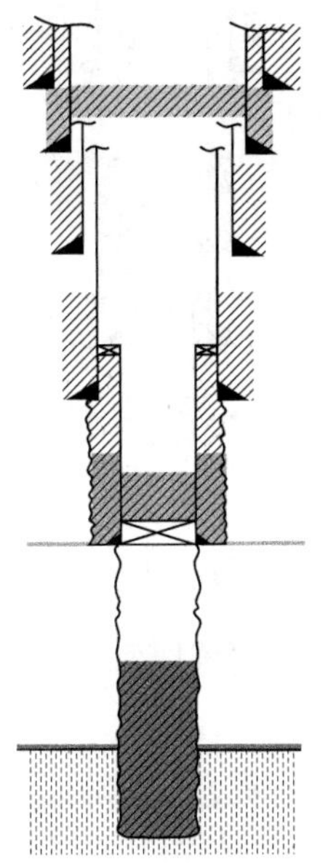

图 6.9 永久弃置裸眼井

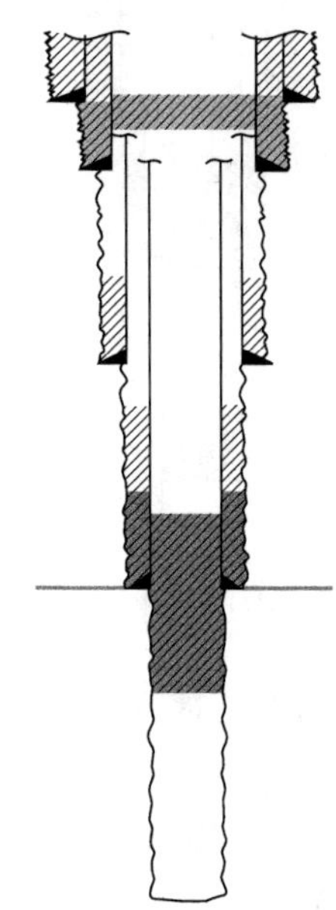

图 6.10 永久弃置裸眼无流入源井

永久弃置裸眼无流入源井需要建立主要屏障和表面屏障，封固方法如下：

① 主要屏障总长 100m，从套管鞋底部以下 50m 处向上注水泥塞，水泥返高不应少于套管鞋底部以上 50m（确保套管鞋上部的环空至少有 30m 的胶结良好的水泥环），候凝，下钻探水泥塞面，试压。

② 表面屏障总长 50m，在表层套管鞋深度附近的内层套管内（或环空有良好水泥封固处）向上注入 50m 的水泥塞，候凝、探水泥塞面。

（3）永久弃置射孔井（油管留在井内）（图 6.11）。

永久弃置射孔井（油管留在井内）需要建立主要屏障、次要屏障和表面屏障，封固方法如下：

① 主要屏障总长 100m，从油层顶部以下 50m 向上注水泥塞，水泥返高不应少于油层顶部以上 50m，候凝，下钻探水泥塞面，试压。

② 次要屏障 50m，在油管的底部下入机械塞，试压合格后在机械塞以上注入长度 50m 的水泥塞（确保环空至少有 30m 的胶结良好的水泥环）。

③ 表面屏障总长 50m，在表层套管鞋深度附近的内层套管内（或环空有良好水泥封固处）向上注入 50m 的水泥塞，候凝、探水泥塞面。

（4）永久弃置射孔井（油管移除井）（图 6.12）。

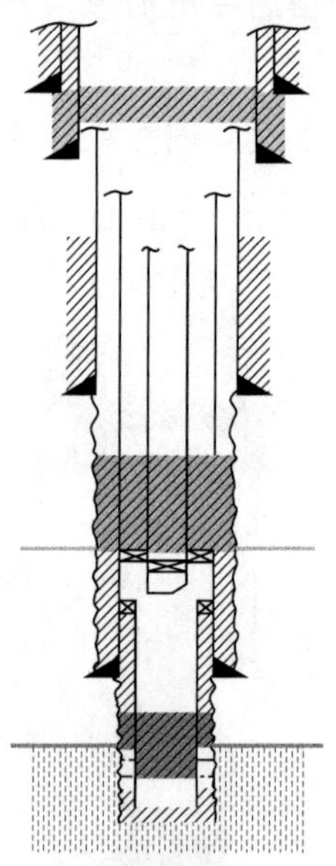

图 6.11 永久弃置射孔井（油管滞留井内）

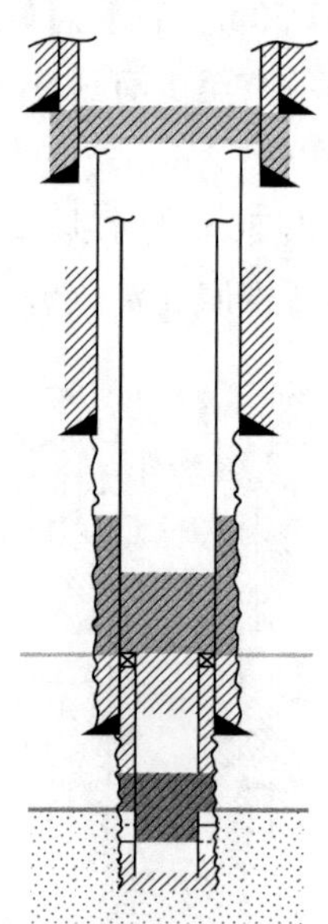

图 6.12 永久弃置射孔井（油管移除井）

永久弃置射孔井（油管移除井）需要建立主要屏障、次要屏障和表面屏障，封固方法如下：

① 主要屏障总长 100m，从油层顶部以下 50m 向上注水泥塞，水泥返高不应少于油层顶部以上 50m，候凝，下钻探水泥塞面，试压。

② 次要屏障，在悬挂器以下约 50m 处向上注一个长度不小于 100m 的水泥塞，候凝，

探水泥塞顶面，试压。

③ 表面屏障总长 50m，在表层套管鞋深度附近的内层套管内（或环空有良好水泥封固处）向上注入 50m 的水泥塞，候凝、探水泥塞面。

（5）永久弃置带割缝衬管或多孔筛管井（图 6.13）。

永久弃置带割缝衬管或多孔筛管井需要建立层间窜流屏障、主要屏障、次要屏障和表面屏障。

① 层间窜流屏障 50m，在最下层套管鞋处下入桥塞，试压合格后在桥塞以上注入 50m 的水泥塞。

② 主要屏障 50m，在悬挂器上层套管鞋处以下 50m 位置下入桥塞，试压合格后在桥塞以上注入 50m 的水泥塞。

③ 次要屏障，在悬挂器顶部注入至少 50m 的水泥塞（确保环空至少有 30m 的胶结良好的水泥环），候凝，探水泥塞顶面，试压。

④ 表面屏障 50m，在表层套管鞋深度附近的内层套管内（或环空有良好水泥封固处）向上注入 50m 的水泥塞，候凝、探水泥塞面。

（6）永久弃置多个油层带割缝衬管井（图 6.14）。

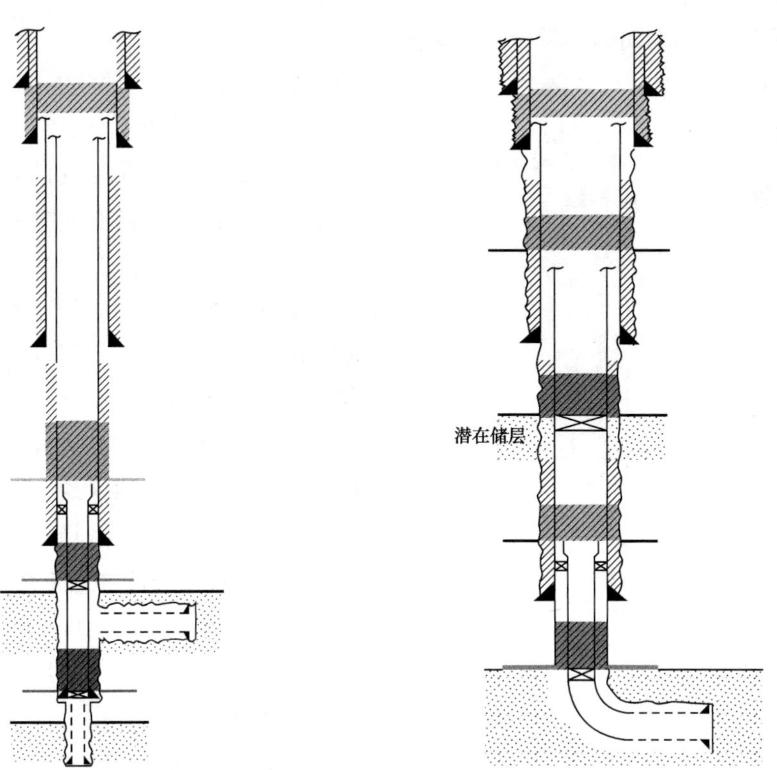

图 6.13　永久弃置带割缝衬管或多孔的筛管井　　图 6.14　永久弃置多个油层带割缝衬管井

永久弃置多个油层带割缝衬管井需要建立主要屏障、次要屏障和表面屏障，封固方法如下：

① 主要屏障：分别在两个油层的顶部下入桥塞，试压合格后在桥塞以上分别注入至少 50m 的水泥塞，并在管内安装机械塞。

② 次要屏障：在悬挂器顶部至少注入 50m 的水泥塞，候凝，探水泥塞顶面，试压。

③ 表面屏障总长 50m，在表层套管鞋深度附近的内层套管内（或环空有良好水泥封固处）向上注入 50m 的水泥塞，候凝、探水泥塞面。

6.2.3 封固点数量

（1）一个油气井屏障。

通过对封堵层位流动资源的评估，属于以下情况的采用一个油气井屏障：

① 地层之间有不良交叉流动；

② 无流动潜力的无烃常压地层；

③ 无流动潜力的无烃异常压力地层（例如没有烃蒸气的焦油地层）。

（2）两个油气井屏障。

同样对封堵层位流动资源评估，属于以下情况的采用两个油气井屏障：

① 含烃类地层；

② 有潜力流向地面的异常压力地层。

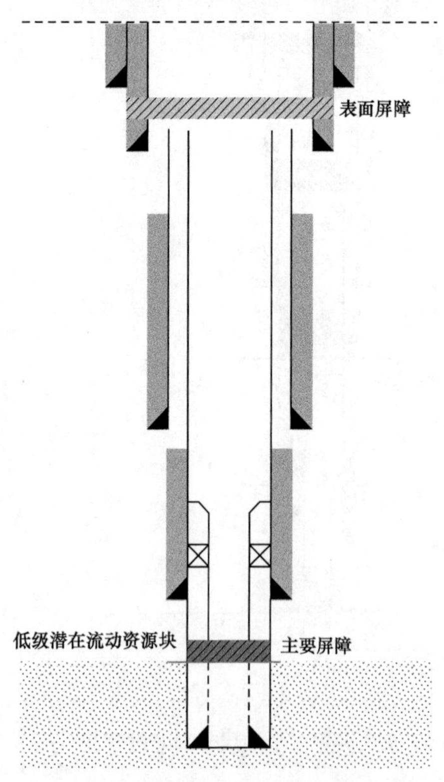

图 6.15　单一无害潜在流动区块的封堵方式

在屏障数目的设计方案中，如果该方案具有多个独立的永久性封堵工具，那么该设计方案的稳定性就会越高。对于非独立的封堵工具，只要合并后的封堵工具同时具有主要和次要封堵工具的效率及可靠性，那么主要和次要封堵工具可合并为一个封堵工具。除了利用主要和次要封堵工具对油气井进行封堵外，还需要利用表层封堵工具对井筒通道进行封堵。

如图 6.15 展示了油气井废弃设计方案为一块具有无害潜在流动的资源区块，且仅带有一组简单的封堵组合工具。图 6.16 展示了油气井废弃设计方案为两块具有中级潜在流动能力的资源区块，其中分别采用了两个独立的屏障单元和合并的屏障单元。图 6.17 展示了油气井废弃设计方案为一块带有盖层且具有无害潜在流动能力的资源区块和一块具有中级潜在流动能力的资源区块，其中潜在流动资源区块采用两个独立的屏障单元，而无害潜在流动资源区块则直接利用表层封堵单元来封堵。

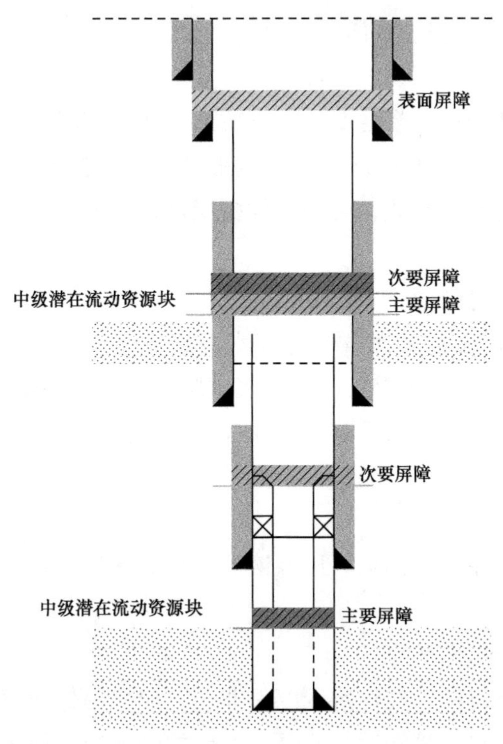

图 6.16 具有中级潜在流动区块封堵方式

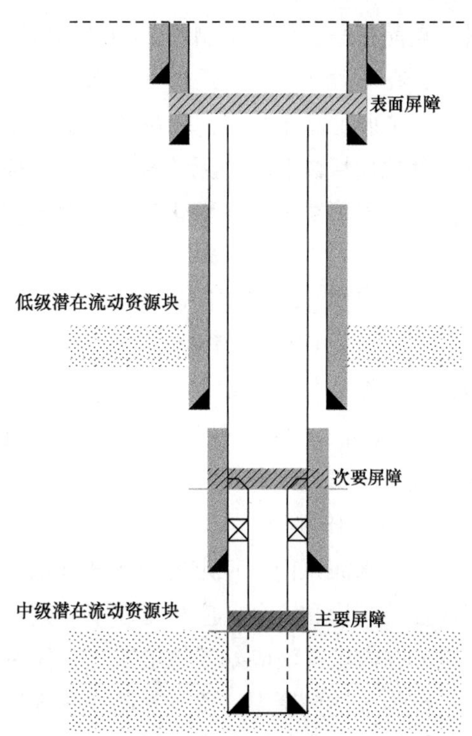

图 6.17 无害潜在流动区块和中级潜在流动区块的封堵方式

6.2.4 封固材料要求

（1）常规水泥浆体系及作业要求。

① 水泥及其添加剂。

注水泥塞是进行封井作业的基本程序之一。注水泥塞作业所用水泥的主要性能、设计、用量必须满足地层条件和作业的要求，具体要求如下：

a. 注水泥塞作业所用水泥的化学和物理指标，应符合 GB/T 10238—2015《油井水泥》的相关规定。

b. 注水泥塞作业所使用的水泥，均需按井下条件进行水泥浆设计，通过对水泥浆性能进行调节来满足封井作业要求，达到水泥浆密度、流变性能、稠化时间、抗压强度等质量标准。

c. 水泥养护温度应与注塞深度位置的温度一致。

d. 依据地层条件、作业实际需要等，水泥浆密度主要有如下几种：

常规密度：按水泥级别规范要求（GB/T 10238—2015《油井水泥》)。例如 G 级水泥，密度设计为 1.90g/cm^3。低密度：用减轻剂使其降低到 1.58g/cm^3 或更低密度，用于封固一般较软的地层，但不能封固目的层。它只能做先导浆，通常和尾浆（密度≥1.90g/cm^3）配套使用。高密度：通过加入加重材料，例如铁粉、钛铁矿石、赤铁矿石、氧化锰加重材料、重晶石等，密度配制到2.40g/cm^{3}左右，用于高温、高压井的封井。

e. 在一般井底温度条件下，水泥石强度应不低于14MPa/24h。

f. 注水泥塞作业前，应在井下温度条件下测定水泥浆性能。当有特殊作业要求时，应进行其他项目试验；当无特殊要求时，应以作业时间加上1～2h作为稠化时间；对于气层固井，应尽可能地缩短稠化时间；对于高温、高压井作业，必须增加缓凝剂，并做稠化时间实验。

g. 应根据注水泥塞作业的要求，计算得出水泥用量。

h. 为封井作业所用水泥浆选择添加剂时，需要采集水样，进行水泥浆室内实验，全面检测水泥浆性能，取得基本数据，确定添加剂品种和用量。水泥浆试验方法参见GB/T 19139—2012《油井水泥试验方法》及GB/T 33294—2016《深水油井水泥试验方法》中的相关规定。

② 井内压井液。

在注水泥浆前，一定要泵入压井液，防止水泥浆受污染。压井液的设计要保证注水泥浆作业的质量和安全，应注意以下原则：

a. 井内压井液应处于稳定状态，保持油管与套管平衡。

b. 为了达到降温、除气、防止水泥浆污染等目的，在注水泥塞作业前，应采用低屈服点和低塑性黏度的钻井液，进行充分循环；在注水泥浆之后，要泵入适量的隔离液，使管内外液柱压力平衡。

c. 进行水泥浆与压井液配伍性试验，调整压井液、水泥浆以及隔离液的性能。

d. 为了保证注水泥塞的质量，在调整好压井液性能基础上，有必要时可对水泥塞井段的井壁滤饼进行清除，并对套管进行洗刷。

（2）高温高压井筒弃置封固水泥浆体系。

针对目前高温高压井固井存在的问题，提供如下几种水泥浆方案：

① 高温高压条件下防气窜水泥浆设计。

从现有的添加剂使用情况来看，胶乳在高温下的降失水性能最为稳定，且具有颗粒堵塞孔隙通道和化学收缩小的防气窜功能，冷浆与热浆稠度变化不大等优点，因此它通常作为高温高密度防气窜水泥浆的主剂。由于胶乳的悬浮能力偏弱，所以，它常常还要和某些增稠的降失水剂配合使用。

a. 抗高温防气窜剂优选。

胶乳颗粒作为一种弹性微粒，粒径比水泥颗粒粒径小，不仅可以在水泥浆中均匀分散，填充水泥颗粒间隙，减少水泥浆滤失量，降低水泥石渗透率，有效防止气体侵入及在水泥石中的运移；而且可以在压差作用下，在水泥颗粒间聚结成一道非渗透膜覆盖于滤饼表面，有效平衡地层孔隙压力，阻止气侵。与此同时，胶乳颗粒还参与CSH凝胶网的形成，并且互相粘结，在整个水泥基体结构中形成一个弹性网状体，可以避免水泥石应力集中，降低水泥石脆性。室内优选了DC200型丁苯胶乳，其粒径在200～500nm之间，耐温可达200℃，优选加量为8%～15%之间。

b. 弹性粒子优选。

依据填充理论，当水泥石受外力作用时，低弹性模量的弹性粒子填充于 CSH 凝胶之间，在水泥水化产物与颗粒壁面之间形成一定的软支持，使得水泥石具有一定的变形能力而不发生破坏，满足水泥石弹性要求。室内通过对普通弹性粒子应用粉碎、膨化、包覆等技术，形成了一种改性弹性材料 SFP1–2，其粒径分布在 10～100μm，弹性模量为常规水泥石的 6%～11%，非压缩条件下体积率为 2.3%～8.0%。结果显示：随着 SFP1–2 加量增加，抗压强度有所降低，在加量小于 6% 时，抗压强度足以满足现场工程应用，但当加量超过 6% 以后，抗压强度过低不适于现场应用；随着 SFP1–2 加量增加，抗折强度先增加后减小，当加量超过 6% 以后抗折强度过低；水泥石弹性模量随着 SFP1–2 加量增加亦明显降低，有效地改善水泥石的脆性。通过室内评价，综合水泥石力学性能，优选 SFP1–2 加量为 3%～6% 之间。

c. 增韧材料优选。

增韧材料作为改善水泥石抗拉强度及韧性的关键，须具备以下特征：其一，有效改善水泥石韧性和延展性，当水泥石受到热应变或外力冲击，能够有效控制裂纹的延伸和扩展，保证水泥石在外载作用下的完整性，提高水泥石抗冲击性能；其二，增韧材料需在水泥浆中自由分散，不结团，对水泥浆常规性能影响较小。

SFP2–1、SFP2–2 增韧效果明显。SFP2–1 是一种有机聚合物高强度短切纤维，该纤维耐化学侵蚀、力学性能好（弹性模量低≤3.8GPa、抗拉强度高≥270MPa）等特点。但当 SFP2–1 加量超过 0.2% 后水泥浆增稠现象明显，加量须控制在 0.1%～0.2% 之间。而 SFP2–2 是一种采用单组分矿物质原料熔制而成的高性能无机矿物纤维，为非晶态物质，具有非人工合成的纯天然性，其拉伸强度高、弹性模量低、耐高温性能好，可以在 600℃甚至更高温度下使用。实验显示当 SFP2–2 加量超过 2% 以后，水泥石抗拉性能增加不明显，因此优选 SFP2–2 加量为 1%～2%。

以 DC200 丁苯胶乳作为耐高温高效防气窜剂，SFP1–2、SFP2–1 和 SFP2–2 作为复合降脆增韧材料，并优选配套外加剂，研发出一套弹韧性防气窜水泥浆体系，并对该体系性能进行了评价。体系基本配方如下：G 级水泥 + SiO_2 + 分散剂 + 降失水剂 + 缓凝剂 +（10%～15%）DC200 + 稳定剂 + 消泡剂 +（3%～6%）SFP1–2 +（0.1%～0.2%）SFP2–1 +（1%～2%）SFP2–2 + 44% 水（水固比）。

② 超高密度水泥浆体系。

根据高温高压油气井固井常遇到的问题，选用特定粒径分布的高密度锰铁矿粉作为加重剂，构建密度可达 2.8g/cm³ 抗高温的超高密度聚合物水泥浆体系。通过对水泥浆高温下的流变性、稳定性以及失水与强度性能试验研究发现，该水泥浆体系具有流变性好、浆体稳定性高、失水量低、水泥石强度发展迅速、防窜能力强的优点，其综合性能能够满足深井、超深井固井作业要求，具有良好的应用前景。

超高密度水泥浆在使用过程中面临诸多问题，最为突出的是如何在高固相含量下实现水泥浆的良好性能。问题的解决方法应从以下几个方面着手：a. 提高水泥浆的抗高温性能。水泥浆体系抗高温与否关键在于降失水剂的选择，超高密度水泥浆体系中所使用的降失水剂为 AMPS 类聚合物降失水剂 SY659，其最高使用温度可达 220℃，其优异的滤失和浆体稳定性的控制能力，能够有效解决超高密度水泥浆的抗高温性与沉降稳定性。b. 超高密度的实现。建立一套超高密度水泥浆体系，需对水泥浆中固体材料的堆积粒径进行合理搭配。只有在合理的粒径搭配下，水泥浆才能在较少配浆水用量下获得最高加重密度与最佳流变性的统一。高密度水泥浆的实现可通过减少水灰比、提高固体材料的堆积密度、提高配浆水的密度和外掺加重材料来完成。为方便现场作业，这里选择添加高密度锰铁矿粉 CX26S 来实现加重。CX26S 为球形颗粒并具有特定粒径分布，其密度可达 5.4g/cm³，具有加重性能好、稳定性高、对水泥浆流变性影响小的特点。c. 水泥浆防气窜性的实现。高温高压气井固井的主要风险之一是环空气窜的发生。解决环空气窜问题的核心在于水泥浆在注入环空到固化整个过程需要很好地平衡地层压力。要求环空封固段上部水泥浆要优先于下部水泥浆固化，并且水泥浆胶凝强度的发展迅速，足以抑制气窜的发生。

2.8g/cm³ 水泥浆配方为：100%G 级水泥 + 272%CX26S 加重剂 + 76% 淡水 + 7% SY659 降失水剂 + 5%CF44L 分散剂 +（1.5%～3.7%）H63L–H 缓凝剂 + 35% 硅粉 + 3%PF–2 增强剂。

水泥浆材料：水泥浆体系所用 G 级水泥为四川嘉华高抗硫 G 级硅酸盐水泥；降失水剂是 AMPS 类聚合物降失水剂，其相对分子质量在（10～250）$\times 10^4$ 之间；CF44L 分散剂是一种甲醛和丙酮的缩聚物；PF–2 增强剂为高活性二氧化硅与微硅的混合物；H63L–H 缓凝剂为 AMPS/AA 共聚物，相对分子质量在（1～30）$\times 10^4$ 之间；淡水为实验室自来水。

（3）含腐蚀性气体井筒弃置封固水泥浆体系。

① 防腐蚀的非渗透性胶乳聚合物水泥浆。

PC–CB86L 非渗透缓蚀剂与胶乳水泥浆体系具有良好的相容性，含有 PC–CB86L 非渗透剂的水泥浆体系渗透率降低率达到 98.94%。与水泥石与 PVA 聚乙烯醇水泥浆制备的水泥石比较，开始产生渗透现象的初始压力增加 6 倍，体现出非渗透胶乳聚合物水泥石具有较强的抗 CO_2 和 H_2S 等腐蚀能力，具有防气窜和抗腐蚀的功能。

非渗透性聚合物胶乳水泥浆体系基本配方：100%G 级水泥 + 30% 淡水 + 2%AMPS 降失水剂 + 10% 胶乳 + 1.67% 稳定剂 + 0.5%PC–CB86L 非渗透剂 + 1% 渤海分散剂 + 5% 膨胀剂 + 0.33% 消泡剂。

② 抗高温防 H_2S 和 CO_2 腐蚀水泥浆体系。

参考以往胶乳或树脂结合微硅来改善水泥石抗腐蚀性能的方法，为了提高硅酸盐 G 级水泥石高温高压抗酸性气体腐蚀能力，提出了化学反应与物理填充相结合的方法构建高温防腐蚀水泥浆体系。

a. 通过化学反应，研发了多功能防腐剂 PC–MTA。该多功能防腐剂可以与水泥形成良好的颗粒级配，同时其中含有一定量的球形颗粒材料，可以改善水泥浆的流动性。多功能防腐剂 PC–MTA 的成分中富含 SiO_2 可与 Ca（OH）$_2$ 反应产生水化硅酸钙新物相 C–S–H–（II），从而使水泥石结构致密，进而提高水泥石抗侵蚀能力。

b. 加入一定量的胶乳，通过其在水泥石空隙间充填聚合物薄膜或凝胶粒，使水泥石渗透率下降，提高水泥石抗侵蚀能力，同时可以增强水泥浆的防气窜能力。

配方：100% G 级水泥 + 35% 硅粉 PC–C81 + 12% 多功能防腐剂 PC–MTA + 0.5% 消泡剂 PC–X601 + 5% 降失水剂 PC–G801 + 2% 分散剂 PC–F461 + 1%PC–H431 +27% 淡水。

（4）渗透性易漏地层井段封固水泥浆体系。

目前高性能低密度水泥浆体系的开发主要是以矿渣、微硅或粉煤灰为主要添加材料，另外附加微珠、漂珠等减轻剂，还有早强剂、降失水剂、减阻剂等外加剂，结合油田低压易漏地层的具体地质条件，选择合适的材料和外加剂，进行粒级筛选和材料配比优选，在满足水泥浆密度要求的同时提高水泥石强度，以达到提高低压易漏地层固井质量的目的。

常用的低密度水泥浆体系主要分为泡沫低密度水泥体系、减轻材料类低密度水泥浆体系。其中，泡沫低密度水泥体系包含自发泡、充气两种；减轻材料类低密度水泥浆体系包含粉煤灰低密度水泥浆体系、矿渣低密度水泥浆体系、膨润土低密度水泥浆体系、漂珠水泥浆体系、微珠低密度水泥浆体系、复合低密度水泥浆体系等。

国外各大油田服务公司为满足复杂井况需求都开发出了适合自己的需求的低密度水泥浆体系。其中，Schlumberger 公司 Repvill 等利用紧密堆积理论，提出了一种设计高性能油井用低密度水泥浆的新方法。通过优选外掺料、优化颗粒粒度和配比，使低密度水泥浆的抗压强度、流变性、稳定性等性能与常规密度水泥浆的性能相当。以高强度抗压缩的空心玻璃微珠（$0.36g/cm^3$）为减轻剂，研发了密度为 $0.98g/cm^3$ 低密度水泥浆，抗压强度可与正常密度的水泥浆相当，渗透率降低 10 倍。该水泥浆用于低压易漏层固井时，能有效防止漏失，满足层间封隔和水力压裂的要求。BJ 公司研发了 BJSP–LITEG 低密度水泥浆，密度可达 $1.25g/cm^3$，取得了良好的固井效果。3M 公司研制了高强度玻璃微珠，研发了 HGS 低密度水泥浆体系，具有较高的抗压强度，且抗剪切强度和杨氏模量接近泡沫水泥浆体系。RIPI 公司开发的纳米低密度水泥浆体系，水泥浆密度 $1.0g/cm^3$，具有超低渗透率的优点。国外泡沫水泥固井技术逐步成熟，在各种低压漏失层井中广泛应用。美国、俄罗斯和中东等地采用泡沫水泥浆对低压易漏井、深井长封固井进行固井。在 1975 年由美国的 Aldrich 和 Mitchell 首次研发泡沫水泥浆，具有密度低、高塑性、防止水泥石裂纹等优点。经过多年不断研发，Halliburton 公司 Lance、Chatterji 开发了铝酸钙泡沫水泥浆体系、矿渣泡沫水泥浆体系，Baireddy 开发了化学发泡泡沫水泥浆体系、高强中空微珠化学发泡水泥浆体系，Schlumbergera 公司开发 RAS 泡沫水泥浆体系（Stiles）及低水灰比泡沫水泥浆体系（David）等。通过采用泡沫水泥浆进行固井施工，已成功地实现了易漏失地层的一次性固井作业。美国的哈里伯顿公司研制了机械注氮泡沫水泥浆，形成了计算机控制系统及配套现场施工工艺技术。

针对易漏区块的地层特点，通过对不同粒径不同长度纤维及其他外加剂的优选，开发出一种防漏水泥浆体系。固井注水泥过程中，如果水泥浆大量失水，会出现瞬时假凝，给固井施工带来困难，严重影响固井质量。同时由于大量的自由水进入地层，会污染产层，因此必须严格控制水泥浆的滤失及析水。

室内水泥浆配方为G级油井水泥 + 降失水剂 + 防漏剂 + 分散剂，其性能为：水灰比为0.44，密度1.90g/cm^3，流动度大于230mm，失水小于50mL/6.9MPa，24h抗压强度大于18MPa，稠化时间在120～160min之间可调，析水为零。

GJQ型防渗漏水泥浆体系材料主要由4种不同粒径的减轻材料复配而成。其主料为海绵体，密度低于漂珠，具有一定的膨胀特性。但由单一材料形成的水泥浆受压后密度会增大，体系不稳定，必须引入其他辅助减轻材料、颗粒级配材料、活性胶凝材料来控制浆体密度，达到体系稳定并满足现场施工的要求。这4种材料的粒径互补、配伍性强，能够充填水泥石空隙，形成更加致密的水泥石，可显著提高低密度水泥浆各项综合性能。

GJQ防漏材料形成的低密度水泥浆稳定、析水量小、抗压强度高，适用于低压易漏地层及井筒上部填充段固井，其基础性能见表6.3。

表6.3　GJQ水泥浆基础性能

水泥加量（%）	GJQ加量（%）	水灰比	密度ρ（g/cm^3）	析水量（mL）	p_{24h}（MPa）	p_{48h}（MPa）
60	40	1.1	1.15	0.3	2.2	3.5
65	35	1	1.25	0.3	2.6	4
70	30	1	1.28	0.2	3.2	4.8
75	25	0.9	1.3	0.1	5.8	7.8
90	10	0.65	1.65	0.05	11.2	14.8

由表6.3看出，当GJQ加量为10%～40%时，水泥浆密度可控制为1.65～1.15g/cm^3；其既满足低压易漏层固井的要求，也可用于水泥浆堵漏，解决固井返高不足的问题；水泥浆48h抗压强度大于3.5MPa，满足现场固井需求；固井成本低，配伍性好，混配工艺简单易操作。

防漏机理：

① GJQ水泥浆在压力变化下的防漏作用。地层因压力变化发生漏失时，GJQ水泥浆自动由高压端向低压端发生膨胀，使水泥浆自身密度降低，压差大幅度下降，从而可减缓和阻止漏失，其防漏效果明显优于非膨胀水泥浆。

② 增大摩阻的防漏作用。GJQ水泥浆通过井底时由于被加压体积收缩，上返时体积膨胀对井筒起到支撑作用，在井壁和套管表面产生一定的膨胀压力，增大了水泥浆挂壁的静摩阻值，起到防漏的效果。

（5）封堵井筒微环隙水泥浆体系。

超细水泥的粒径比常规水泥的粒径小，在封堵过程中可以进入到常规水泥不能进入的裂缝中，尤其适合于低孔、低渗油藏的封堵作业。超细水泥的比表面积越大，水化反应速度越高，水泥颗粒与水的接触面大，使水泥石内部的极小空隙变为不连通，从而很大程度地提高了水泥石的抗渗性能；水泥粒径越小，通过窄缝的能力越强，超细水泥通过0.25mm 窄缝的体积分数均在 95% 以上。

通过分析，实验所用超细水泥的矿物组成为 56.78%C3S、1.35%C3A、21.55%（C3A+C4AF）、2.03%MgO、2.22%SO_3。用激光粒度分析仪测定超细水泥和嘉华 G 级油井水泥的粒径分布、比表面积及平均粒径，结果见表 6.4。从表 6.4 可以看出，超细水泥的粒径比嘉华 G 级油井水泥粒径小得多，超细水泥的平均粒径只有普通水泥的十分之一左右，其比表面积是嘉华 G 级油井水泥的 4 倍以上。

表 6.4　超细水泥与普通水泥的粒度与比表面积对比情况

水泥	粒径（μm）				比表面积（cm^2/g）
	D_{max}	D_{90}	D_{50}	$D_{平均}$	
超细水泥	≤12.0	≤6.5	≤3.0	5	15544
G 级油井水泥	≥90	≤53	≤53	53	3300

在压力为 0.63MPa、缝宽为 0.25mm、25℃下，比较超细水泥浆和普通油井水泥浆通过窄缝的能力，结果见表 6.5。从表可见，超细水泥通过 0.25mm 窄缝的体积分数为 95%左右，而普通 G 级水泥通过的体积分数只有 17% 左右。这说明，水泥粒径越小，越易进入微细缝孔，封堵效果越好。

表 6.5　水泥浆通过 0.25mm 窄缝的能力对比

水泥浆	$V_{水泥浆}$（mL）	$V_{通过}$（mL）	通过体积分数（%）	通过质量分数（%）
超细水泥	140	134	96	93.6
超细水泥 + ZF-1	140	138	99	97.4
G 级	140	23	16.4	16.7
G 级 + ZF-1	140	25	17.8	18.1

（6）封固桥塞。

桥塞的作用是油气井封层，具有施工工序少、周期短、卡封位置准确的特点。桥塞封层技术，经过十几年的研制开发，国外技术更趋完善，在耐高温、高压、多用途、新材料、可回收和可靠性等方面有了更进一步的发展，国内也初步形成了能满足各种井况和各种作业需要的系列封层技术，并在不断地发展和完善。按照封层技术的解封方式和用途可分为可钻式（永久式）桥塞封层技术、可回收桥塞封层技术和多功能桥塞封层技术三大类。

① 永久式桥塞封层工艺。

永久式桥塞形成于20世纪80年代初期，由于它施工工序少、周期短、卡封位置准确，所以一经问世就在油气井封层方面得到了广泛应用，基本上取代了以前打水泥塞封层的工艺技术，成为试油井封堵已试层，进行上返试油的主要封层工艺。其利用电缆或管柱将其输送到井筒预定位置，通过火药爆破、液压坐封或者机械坐封工具产生的压力作用于上卡瓦，拉力作用于张力棒，通过上下锥体对密封胶筒施以上压下拉两个力，当拉力达到一定值时，张力棒断裂，坐封工具与桥塞脱离。此时桥塞中心管上的锁紧装置发挥效能，上下卡瓦破碎并镶嵌在套管内壁上，胶筒膨胀并密封，完成坐封。

整体施工要求条件为：a. 桥塞深度以上的套管无变形，坐封位置的套管钢级强度不超过P110。b. 井筒液体清洁、无杂物、无结块，密度小于1.5g/cm^3，黏度小于30mPa·s，H_2S含量小于5%。目前在中浅层试油施工中出现的干层、水层、气层及异常高压等特殊层位，为方便后续试油，封堵废弃层位，通常采用该类桥塞进行封层，同时对于部分短期无开发计划的试油结束井也采用永久式桥塞封井。此外，该桥塞也用于深层气井的已试层封堵，为上返测试、压裂改造等工艺技术的成功实施提供保障。

该类桥塞具有以下特点：a. 结构简单，下放速度快，可用于电缆、机械或者液压坐封。b. 可坐封于各种规格的套管。c. 整体式卡瓦可避免中途坐封。d. 采用双卡瓦结构，齿向相反，实现桥塞的双向锁定，从而保持坐封负荷，压力变化亦可保证密封良好。e. 球墨铸件结构易钻除。f. 施工工序少、周期短、卡封位置准确、深度误差小于1m，特别是封堵段较深、夹层很薄时更具有明显的优越性。总结起来就是施工简单，坐位准确，密封压差大，性能可靠，不受夹层厚度限制，施工速度快。

该类桥塞按坐封方式可分为液压坐封、电缆坐封、机械坐封和液压机械坐封，桥塞有些是通用的，其区别主要在于坐封工具的不同。

a. 液压坐封桥塞。这种桥塞是采用油管或钻杆输送，地面泵车加压，通过专用液压坐封工具坐封。坐封工具采用二级活塞液缸机构，通过释放螺栓与桥塞联接，桥塞采用双锥体、双卡瓦卡紧机构、单密封胶筒带两端防突高压密封设计及内卡瓦自锁机构。其特点是管柱起下不需专用设备，适合海上油井及大斜度、稠油井的封层。它主要用于大斜度井、稠油井、高压溢流井和严重漏失井的相对较薄夹层的封层。主要技术性能参数为：坐封压力18～20MPa，丢手载荷150～240kN，密封压差35～70MPa，耐温125～204℃。主要产品有：美国Bkaer公司的T型和N-1型可钻桥塞及液压坐封工具，Owen公司的P/A型可钻桥塞及液压坐封工具，Weahteforrd公司的PDQ-XM型桥塞。

b. 电缆坐封桥塞。电缆坐封桥塞采用电缆输送，在地面接通电源，通过电缆电点火点燃坐封工具内的动力火药，使桥塞坐封并丢手。坐封工具采用慢燃火药为动力，二级液压传递，通过释放螺栓与桥塞联接，桥塞采用双锥体、双卡瓦卡紧机构、单密封胶筒带两端防突高压密封设计及内卡瓦自锁机构。其特点是电缆起下施工速度快、磁性定位器定位准确，适合薄夹层封层。主要用于直井或小斜度井的薄夹层、高温层及严重漏失层的封层。主要技术性能参数为：丢手载荷150～240kN，密封压差35～70MPa，耐温10～204℃。

主要产品有：美国Baker公司的T型和N-1型可钻桥塞及电缆坐封工具、Owen公司的PREMIUM、ECONO、MAGNA等三种可钻桥塞、Weahtefordr公司的PDQ-XM型桥塞、Geharart公司的ELITE、THRIFTEE型可钻桥塞、Map Oil Tools公司的MAP型以及Halliburton公司的SPEED-E-LINE型可钻桥塞。

c. 机械坐封桥塞。机械坐封桥塞采用钻杆或油管输送，通过转动上提管柱坐封、丢手，无需泵车和电缆车，施工成本低。主要用于直井、稠油井、高压溢流和严重漏失层的封层。主要技术性能参数为：丢手载荷150～240kN，密封压差35～70MPa，耐温10～204℃。主要产品有：美国Baker公司NRC-1型可钻桥塞及NC-1型机械坐封工具和Weahtefordr公司的PDQ-XM型桥塞及工具。

d. 液压—机械坐封桥塞。这种桥塞采用油管或钻杆输送，地面泵车加压坐封，通过上提旋转管柱丢手，无需专用坐封工具，坐封液压力低。主要用于井深较浅的斜井、稠油井、高压溢流和漏失层的封层。主要技术性能参数为：坐封压力8～15MPa，丢手载荷2.5～13kN，密封压差70MPa，耐温175～204℃。主要产品有：美国Baker公司的HYDRO-MECH Ⅱ型和Owen公司的HY-MECH型可钻桥塞。

e. 过油管桥塞。过油管桥塞采用电缆输送穿过油管在更大直径的油管或套管内坐封，特点是减少了起下管柱的时间和费用。主要技术性能参数为：密封压差70MPa，耐温204℃。主要产品有：美国Owen公司和Geharart公司的MAGNA-RANGE型过油管桥塞。

f. 其他方式。电缆倒灰塞，在地面把预先搅拌均匀的水泥浆装入电缆倒灰筒内，用电缆快速送至井下原桥塞顶部，利用冲击力或动力火药打开倒灰筒，把水泥浆倒在桥塞上，与桥塞凝固在一起形成复合塞，主要用于超高温、高压的薄夹层封层。根据需要一次可注3～5m，主要产品有：美国Baker公司的撞击式倒灰筒和Gearhart公司的引爆式倒灰筒。化学桥塞，国外研制了一种化学桥塞，原理是向井内预定封层位置顶替一种化学材料，这种材料遇水后迅速膨胀至原体积的十几倍并凝固成塞，能承受较高的温度和压力，并且易钻铣，由于其施工工艺较为复杂，至今没有被推广应用。

② 可回收桥塞封层工艺。

可回收桥塞是随着永久式桥塞的出现而产生的，形成于20世纪80年代，作为一种油田用井下封堵工具，在油田勘探和开发中广泛用于对油水井分层压裂、分层酸化、分层试油施工时封堵下部井段。由于可回收封层技术具有可回收性，所以应用非常普遍，主要用于暂时性封层。缺点是承压能力低，成本高，其应用受到限制。目前国外已研制出耐压性能达到可钻桥塞水平的可回收桥塞。它较好地解决了坐封、打捞、解封操作复杂且使用成功率低的问题。

同永久式桥塞基本一样，也是由坐封机构、锚定机构和密封机构等部分组成。功能上部分可以替代丢手＋封隔器、永久式桥塞和注灰封堵，是一种安全可靠、成本低廉、功能齐全的井下封堵工具。该桥塞下井时通过拉断棒及拉断环与坐封工具连接，利用电缆或者管柱将其输送到井筒预定位置后，通过地面点火引爆或者从油管内打压实现桥塞坐封和丢手，既安全又可靠。打捞时只需下放打捞工具打开该桥塞上的中心管锁紧机构再上管柱即可实现解封。

该类桥塞具有以下特点：a. 桥塞坐封力由张力棒控制，保证坐封安全可靠。b. 能可靠地坐封在任何级别的套管内，可在斜井中安全使用，不易遇阻遇卡。c. 锁紧装置保护坐封负荷，保证压力变化下仍可靠密封。d. 双道密封胶筒能可靠密封。e. 打捞头和平衡阀相配套容易解封。f. 由于非正常原因不能捞出时，可较方便地钻除。

目前在中浅层试油施工中，对于封隔异常高压、高产、跨距大或者斜井等特殊层位，实现上返试油，双封封隔器施工的成功率较低，为方便后续试油，提高试油一次成功率，通常采用该类桥塞进行封层。

可回收桥塞的打捞用油管连接桥塞专用打捞器下井，当管柱下放到桥塞坐封位置以上50m时，减速慢下，注意观察吨位表。当吨位表有明显减小变化，打捞器已到鱼顶，立即停车，采用压裂车从油管和油套环空中进行正、反循环冲砂，将桥塞上部沉砂及杂物返出井口，然后正转油管使打捞器套铣进入桥塞上部。利用油管钻具重量缓慢下压打捞器，并观察吨位表和油管柱，若有变化证明打捞器的衬管下推桥塞平衡阀，并使打捞器的爪子抓住了打捞头。上提管柱，同时观察吨位表，若在原管柱悬重的基础上增加2～3t，突然降至原悬重时，证明桥塞已成功解封，然后匀速起出管柱和打捞器以及桥塞主体。若打捞器抓住桥塞后反复上提管柱不解封时，可将钻具悬重提起，正向转动油管，使桥塞上部安全帽自行脱开，起出管柱和打捞器，然后套铣桥塞本体。

可回收桥塞可分为以下几类：

a. 压缩式可回收桥塞：压缩式可回收桥塞可用电缆或管柱输送，由动力火药或液压坐封。解封时用管柱下入专用打捞工具联接可回收桥塞，上提一定载荷或旋转管柱解封，提出井筒。一般采用双锥体、双向卡瓦卡紧，三胶筒密封，内卡瓦自锁，解封机构各异。主要用于分层试油、分层压裂酸化及分层生产中的短期封堵，需要下返时，下入专用打捞工具起出即可 。主要技术性能参数为：丢手载荷为150～240kN，密封压差35MPa，耐温100～175℃。主要产品有：美国Baker公司的C型可回收桥塞、Weahteford公司的WRP型可回收桥塞、Owen公司的RBP可回收桥塞以及Haliburton公司的BV型、3L PACKER型、N型和最新的NIPPLELESS可回收桥塞。

b. 膨胀式可回收桥塞：用油管输送液压坐封，主要用于裸眼井、水平井及直井的分层试油、分层压裂酸化及分层生产。主要技术性能参数为：根据密封井眼的内径和桥塞外径的不同配合，这种桥塞的密封压差最高可达到37.5MPa。主要产品有：美国Baker公司的PIP型膨胀式桥塞。其特点是胶筒长并带不锈钢片加强筋，膨胀性能好，承压能力高，坐封可靠。有可回收式和永久式两种。

c. 金属桥塞：俄罗斯研制的金属封隔器和桥塞是对传统橡胶密封封隔器和桥塞的一次重大技术革命。其原理是利用易熔金属在高温条件下被熔化，充填环空或套管，冷凝后牢牢地与套管焊接在一起，形成密封。解封时，利用电缆把加热器下入井内封隔器或桥塞位置，使易熔金属熔化即可。主要特点：具有不易腐蚀、不易老化、密封时间不受限制和性能可靠等特点，且不受套管变形等其他损伤的影响。如果密封失效，可以重新熔化，恢复密封。无上卡瓦和水力锚，对套管无破坏。不动管柱操作简单，性能优良。主要技术性能参数为：密封压差 70MPa，承受载荷 90kN，耐温 180℃。

d. 电动坐封可回收桥塞：这种坐封工具和桥塞是 Haliburton 公司的新技术，MPPLELES 桥塞接在电动坐封工具上，坐封工具由井下动力源（DPU）提供电力，整套工具用钢丝绳起下，动力源定时控制，当下到预定位置，定时器完成定时后启动电动坐封工具，使桥塞坐封丢手。电动坐封工具及动力源参数：最大外径 93mm，长度 200mm，耐压 70MPa，坐封力 272kN，行程 222mm，耐温 121℃，电压 30V（DC），电流 5A，电源为 40 节 1.5V 的 C 型干电池，定时有 10min、45min、80min 和 160min 4 个挡。特点：坐封速度慢，胶筒膨胀充分，无火药爆炸的隐患，操作简单、安全，不用电缆车，作业成本低，电池易购，工具维护简单。缺点：定时器一旦启动，中途无法停止。

③ 多用途桥塞。

多用途桥塞具有优良的性能和可靠性，现已从单纯的封层向完井方面发展，兼有桥塞和封隔器的功能，具有较大的使用价值。

a. 可钻（永久）阀式桥塞。

这种桥塞有三种用途：一是作为普通桥塞用于封层；二是作为高性能分层工具用于挤水泥，坐封后，下入油管打开桥塞中心管内的阀，可向地层内或套管外挤水泥封堵地层和窜槽，提出插管桥塞恢复关闭；三是用于完井，打开阀套开采下部产层，对高压、高产和严重漏失产层的完井特别适用。可用电缆、液压或机械式坐封，配套专用密封插管、补偿器和扶正器。技术参数为：密封压差 70MPa，耐温 120～204℃，插管与桥塞密封 35MPa。主要产品有：美国 Baker 公司的 K–1 型滑阀式、活门式挤水泥桥塞，B–1 型、H–1 型球阀式挤水泥桥塞。Haliburton 公司的 EZ DRILL 型挤注封隔器和 Map Oil Tools 公司的 WBM 型挤水泥桥塞。

b. 可回收封隔器型桥塞。

可回收封隔器型桥塞是美国 Baker 公司最新研制开发的产品，主要特点是耐高温高压，既可用作桥塞暂时封层，又可用作封隔器分层完井。主要产品有：M 型为机械坐封式，WL 型为电缆坐封式。主要技术参数为：密封压差 70MPa，耐温 177℃。

6.3 弃置井井筒完整性影响因素分析

6.3.1 水泥石力学参数对弃置井井筒屏障完整性影响分析

针对不同压力体系的地层，现场往往会采用不同配方的水泥浆体系，这就会导致弹性模量、泊松比和胶结强度等水泥石力学参数存在较大差异。为此，本节研究了不同水泥石力学参数下的水泥塞界面完整性。假设初始状态下水泥塞—套管界面胶结良好，随后在水泥塞底部一恒定流体压力作用下，水泥塞—套管界面开始发生剥离。

（1）弹性模量的影响分析。

模拟了不同弹性模量下水泥塞—套管界面的失效过程，模拟所采用的水泥塞弹性模量分别为：10GPa、15GPa、20GPa、25GPa、30GPa。为方便研究水泥塞界面处的径向应力、周向应力及剪应力分布规律，建立了柱坐标系，将模型计算结果转换到柱坐标系中。为便于比较水泥塞—套管界面应力随水泥塞轴线方向的分布规律，取过最大水平主应力方向的竖直平面与水泥塞—套管界面交线为计算结果的输出路径，提取该路径上的径向应力、周向应力和剪应力。图 6.18、图 6.19、图 6.20 分别为不同弹性模量下界面径向应力、周向应力、剪应力的分布关系曲线。

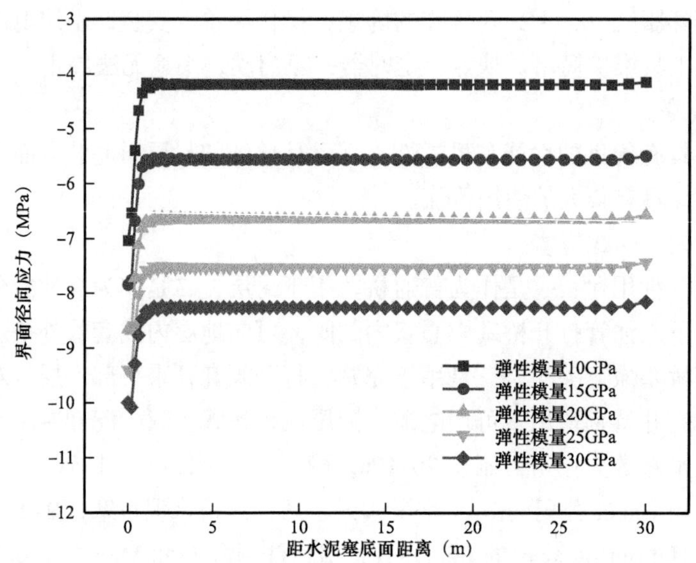

图 6.18　不同弹性模量下水泥塞—套管界面径向应力分布

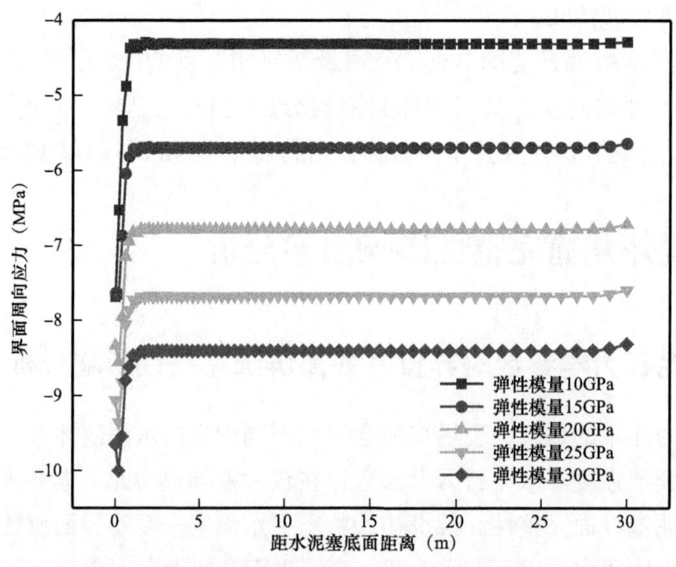

图 6.19　不同弹性模量下水泥塞—套管界面周向应力分布

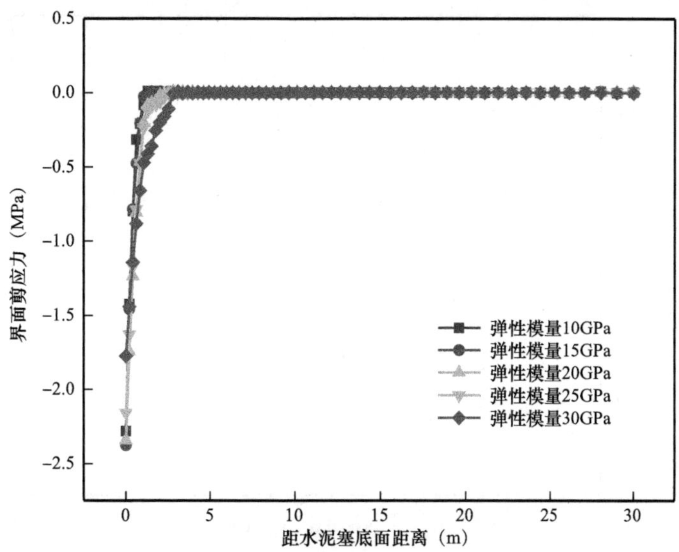

图 6.20　不同弹性模量下水泥塞—套管界面剪应力分布

由图 6.18、图 6.19、图 6.20 可知，在同一弹性模量下，沿水泥塞底面向上，水泥塞—套管界面处的径向压应力、周向压应力和剪应力均呈现出先减小后基本保持稳定的变化趋势；随水泥塞弹性模量增加，水泥塞—套管界面处的径向压应力与周向压应力均增大，界面处的剪应力变化规律不明显。

由于水泥塞长度过大，取一部分来展示水泥塞—套管界面处的刚度退化指数分布。此处的刚度退化指数是用来表征 Cohesive 接触面损伤程度的参量，当刚度退化指数为 0 时，界面未发生破坏；刚度退化指数为 1 时，则界面发生了破坏。

如图 6.21、图 6.22 所示分别为不同弹性模量下水泥塞—套管界面刚度退化指数分布、

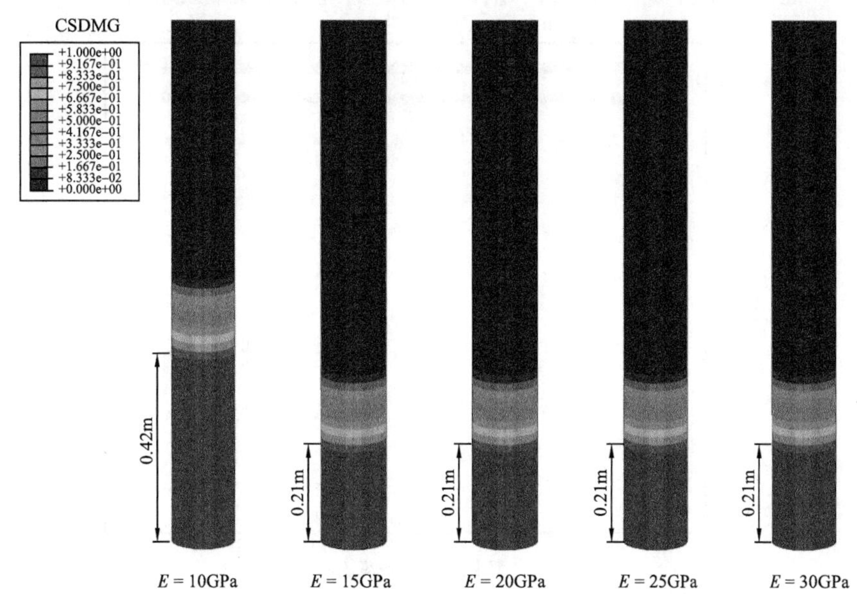

图 6.21　不同弹性模量下水泥塞—套管界面刚度退化指数分布

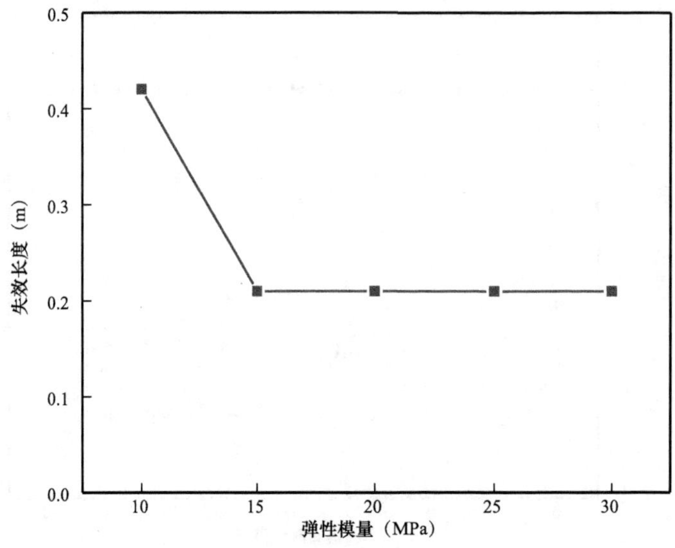

图 6.22　水泥塞弹性模量与失效长度的关系曲线

水泥塞弹性模量与失效长度的关系曲线。由图 6.21、图 6.22 可知，当水泥塞弹性模量大于 15MPa 时，水泥塞弹性模量对水泥塞界面的刚度退化指数分布基本无影响；弹性模量小于 15MPa 时，降低弹性模量会使得水泥塞界面失效长度增加。综合图 6.18、图 6.19、图 6.20 可知，适当降低水泥塞刚度，会降低水泥塞—套管界面处的压应力，从而减小界面发生力学失效的风险。

（2）泊松比的影响分析。

模拟所采用的水泥塞泊松比分别为：0.15、0.2、0.25、0.3。图 6.23、图 6.24、图 6.25 分别为不同弹性模量下界面径向应力、周向应力、剪应力的分布关系曲线。

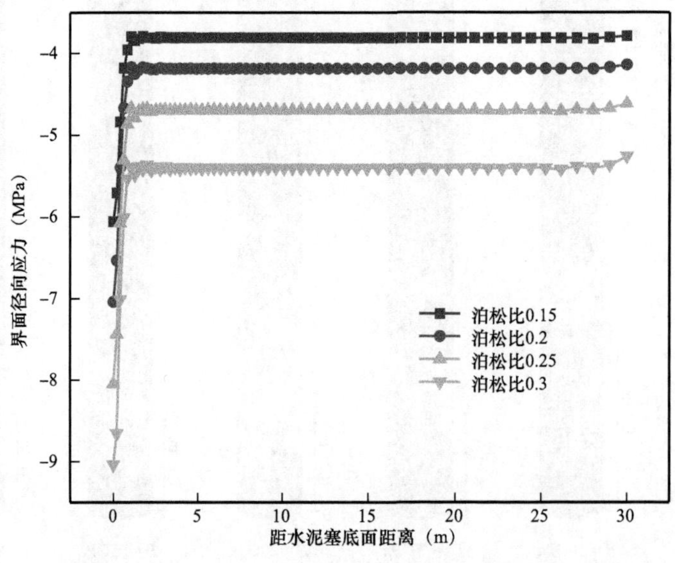

图 6.23　不同泊松比下水泥塞—套管界面径向应力分布

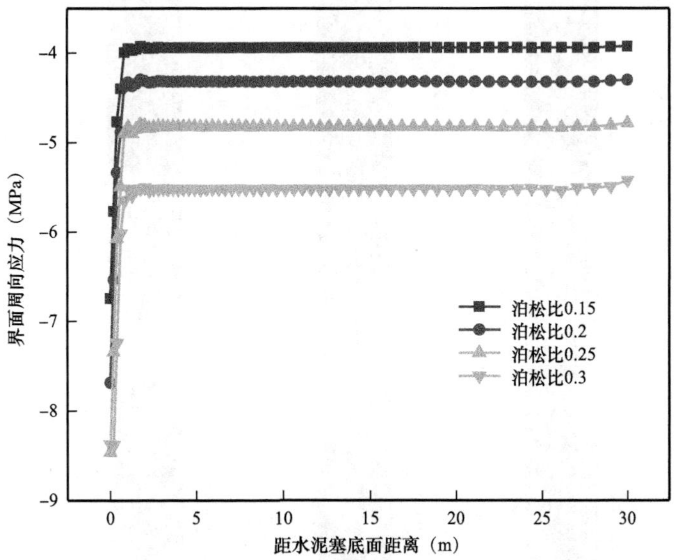

图 6.24　不同泊松比下水泥塞—套管界面周向应力分布

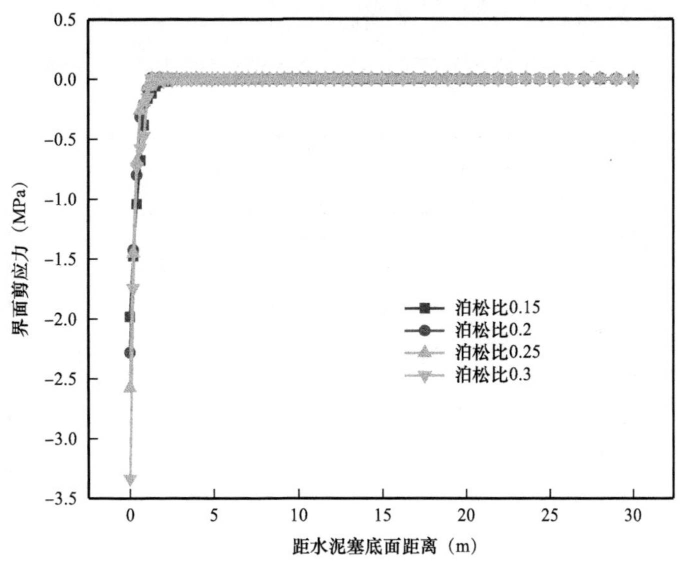

图 6.25　不同泊松比下水泥塞—套管界面剪应力分布

由图 6.23、图 6.24、图 6.25 可知，随水泥塞泊松比增大，水泥塞—套管界面处的径向压应力、周向压应力均增大，界面处的剪应力变化规律不明显。

如图 6.26、图 6.27 所示分别为不同泊松比下水泥塞—套管界面刚度退化指数分布、水泥塞泊松比与失效长度的关系曲线。由图 6.26、图 6.27 可知，当水泥塞泊松比大于 0.25 时，增大泊松比可降低水泥塞—套管界面的失效长度。

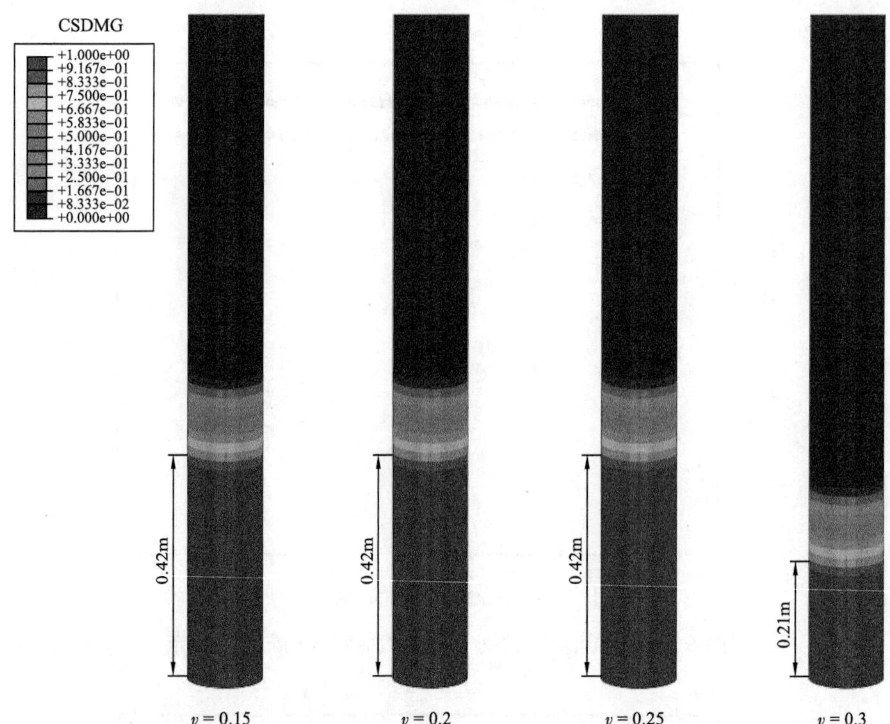

图 6.26　不同泊松比下水泥塞—套管界面刚度退化指数分布

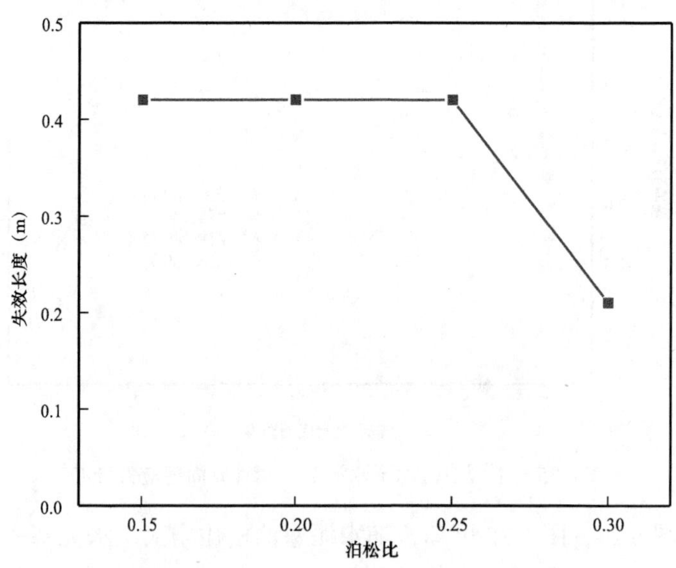

图 6.27　水泥塞泊松比与失效长度的关系曲线

（3）胶结强度的影响分析。

模拟所采用的水泥塞—套管界面胶结强度分别为：1.0MPa、2.0MPa、3.0MPa、4.0MPa。图 6.28、图 6.29、图 6.30 分别为不同弹性模量下界面径向应力、周向应力、剪应力的分

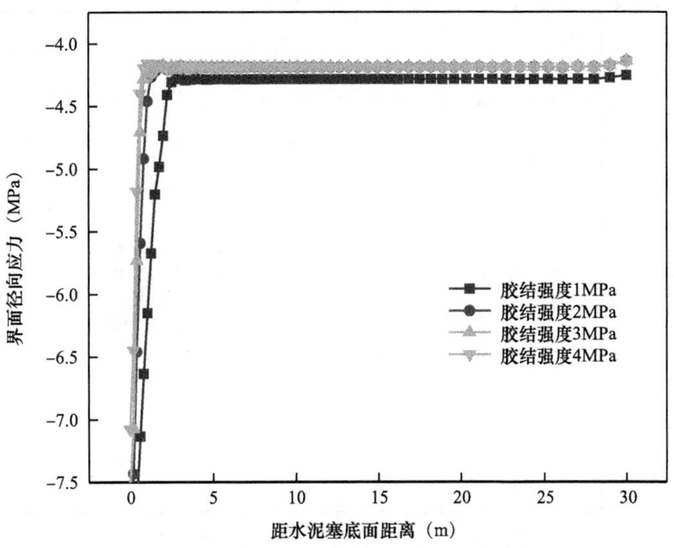

图 6.28　不同胶结强度下水泥塞—套管界面径向应力分布

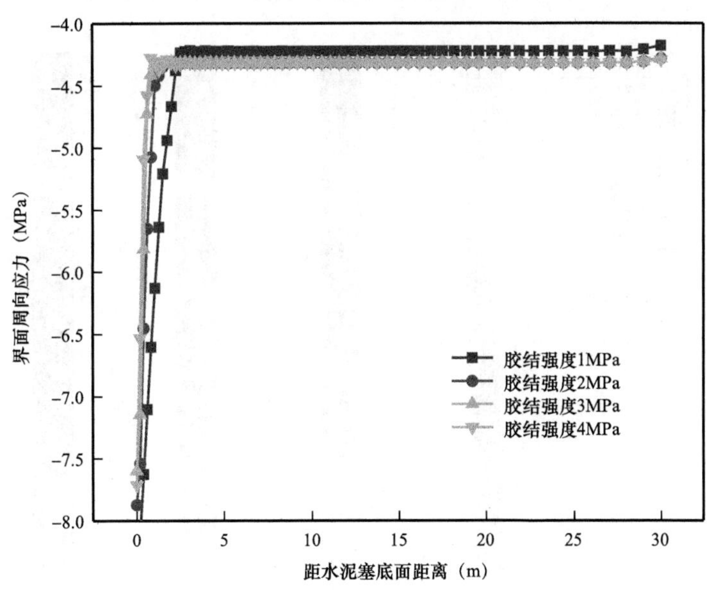

图 6.29　不同胶结强度下水泥塞—套管界面周向应力分布

布关系曲线。

由图 6.28、图 6.29、图 6.30 可知，不同胶结强度下，界面处径向压应力与周向压应力与距离的关系曲线变化段的斜率存在差异。即在界面应力变化段内，胶结强度越大，水泥塞同一位置处的界面径向压应力与周向压应力越小。胶结强度对于界面处剪应力的分布影响规律不明显。

图 6.31、图 6.32 分别为不同胶结强度下水泥塞—套管界面刚度退化指数分布、水泥

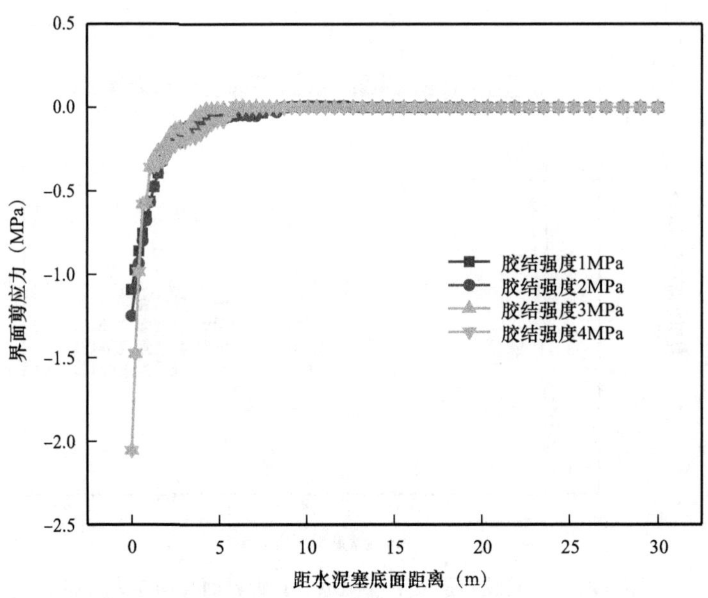

图 6.30　不同胶结强度下水泥塞—套管界面剪应力分布

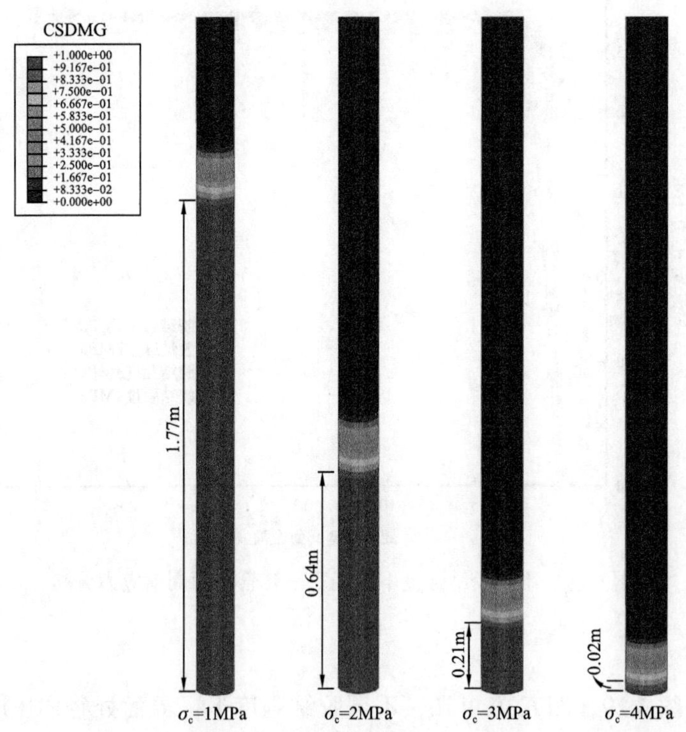

图 6.31　不同胶结强度下水泥塞—套管界面刚度退化指数分布

塞胶结强度与失效长度的关系曲线。由图 6.31、图 6.32 可知，随水泥塞胶结强度增加，水泥塞—套管界面的失效长度显著降低。综合图 6.28、图 6.29 可知，增加水泥塞胶结强

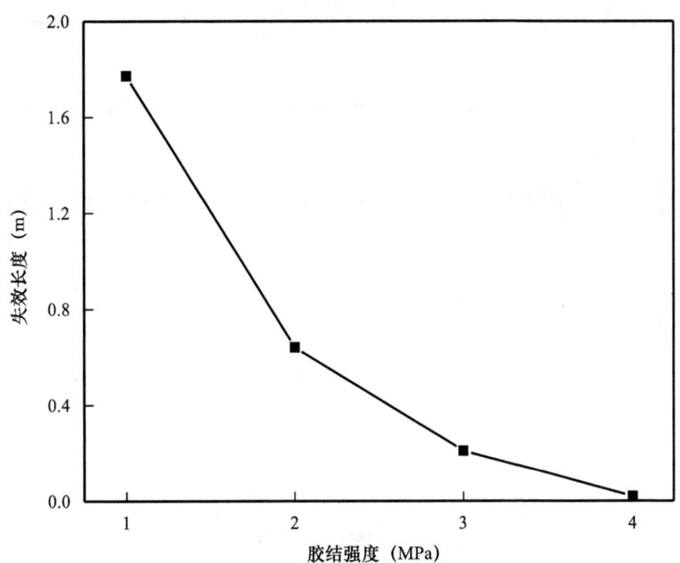

图 6.32 水泥塞—套管界面胶结强度与失效长度关系曲线

度还可以降低水泥塞—套管界面应力变化段的压应力。因此，改善水泥浆配方，适当增大水泥塞与套管之间的胶结强度可显著提高弃置井井筒的密封完整性。

6.3.2 几何参数对弃置井井筒屏障完整性影响分析

经过长期的储层改造、试油、油水井维修和油水井大修等井下作业，井筒内的套管和水泥环往往会受到严重的破坏，例如，磨损、冲蚀、腐蚀所造成的套管内壁变薄甚至局部穿孔，循环变化的温度和套管内压导致套管—水泥环—地层组合体变形不一致，最终导致固井一界面和二界面处存在微环隙。在海上井筒弃置前，这些生产过程中造成的完整性问题必须得到解决。因此，现场常采用段铣的方式，将套管和水泥环完整性程度低的部分段铣，再注水泥塞封固。而段铣之后的井眼半径发生了变化，这种变化对井筒屏障的密封完整性产生何种作用将是本节研究的内容。本节所建立的井筒屏障模型不包含套管和水泥环，为裸眼井弃置井筒屏障模型。

模拟所采用的水泥塞半径分别为：0.1m、0.15m、0.2m。图 6.33、图 6.34、图 6.35 分别为不同半径下水泥塞—岩石界面径向应力、周向应力、剪应力的分布关系曲线。

由图 6.33、图 6.34、图 6.35 可知，随水泥塞半径增大，水泥塞—岩石界面处的径向压应力和周向压应力增大，且剪应力变化段的长度也增加。

图 6.36、图 6.37 分别为不同半径下水泥塞—岩石界面刚度退化指数分布、水泥塞半径与失效长度的关系曲线。由图 6.36、图 6.37 可知，随水泥塞半径增大，水泥塞—岩石界面的失效长度显著增加。综合图 6.33、图 6.34、图 6.35 可知，水泥塞半径较大时，界面处的径向压应力和周向压应力均处于较高水平，因而，界面发生密封失效的风险也较高。因此，在套损严重井段时，应控制合理的段铣范围。

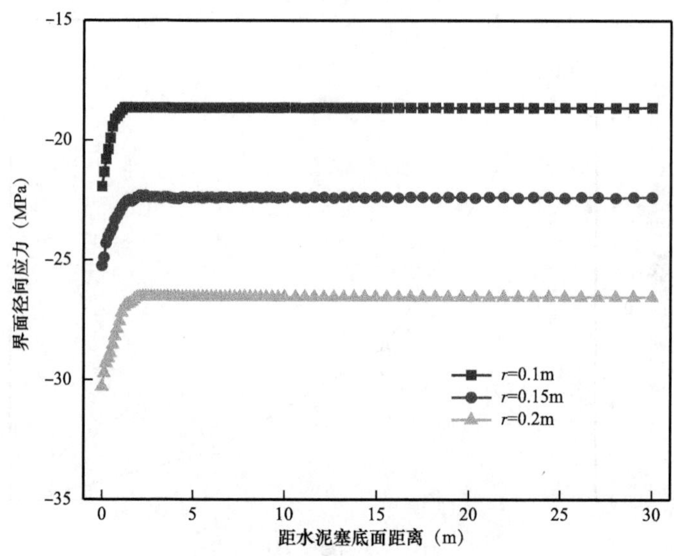

图 6.33　不同半径下水泥塞—岩石界面径向应力分布

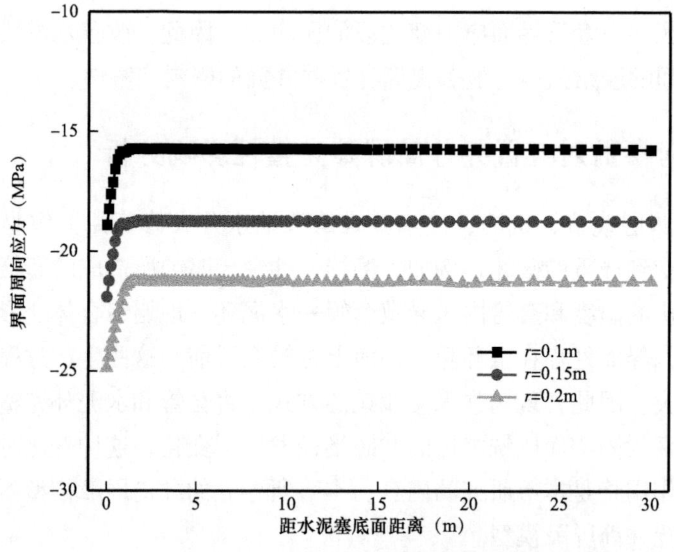

图 6.34　不同半径下水泥塞—岩石界面周向应力分布

6.3.3　邻井工况对弃置井井筒屏障完整性影响分析

影响弃置井筒后期密封完整性的因素不仅包括水泥塞的材料力学参数、几何参数，还包括弃置作业后邻井的工况。Marc Mainguy 等对某井弃置后周围地层的孔隙压力、温度等参数进行了模拟研究，结果表明；在邻井注入冷水后，储层的温度由 111℃ 降到了 42℃；弃置作业时孔隙压力为 25MPa 的储层在弃置后逐渐恢复至 35.5MPa。由邻井工况的变化导致的弃置井筒内部温度压力变化不可忽视。因此，本节考虑到弃置作业后邻井工况导致弃置井筒温度、压力变化的工程实际，研究了压力变化和温度变化对弃置井井筒屏障密封完整性的影响。

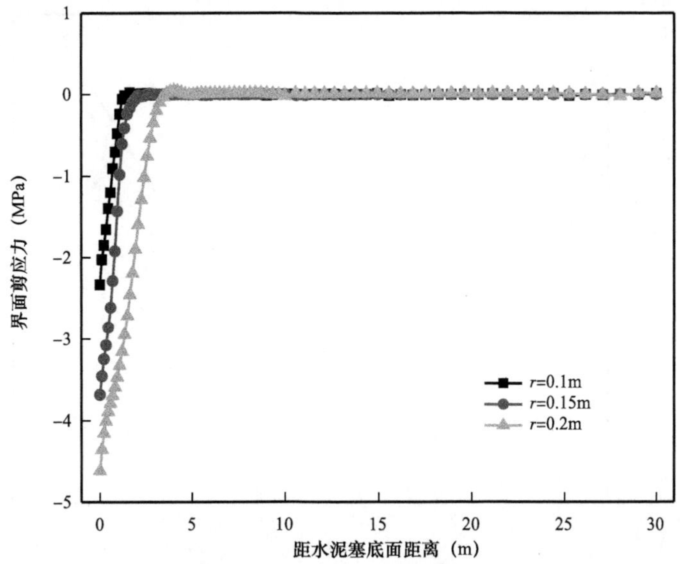

图 6.35　不同半径下水泥塞—岩石界面剪应力分布

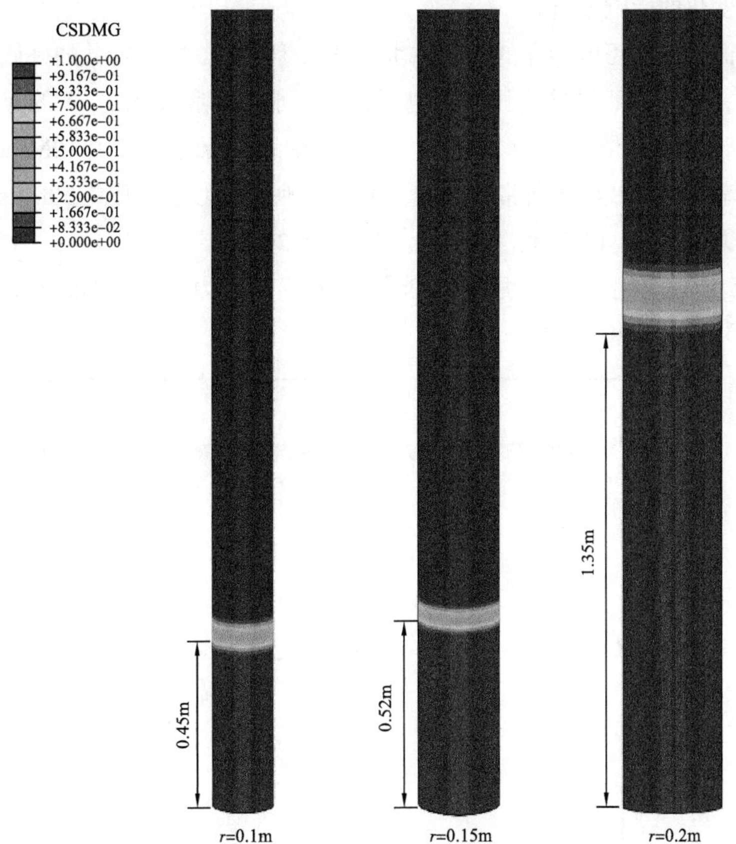

图 6.36　不同半径下水泥塞—岩石界面刚度退化指数分布

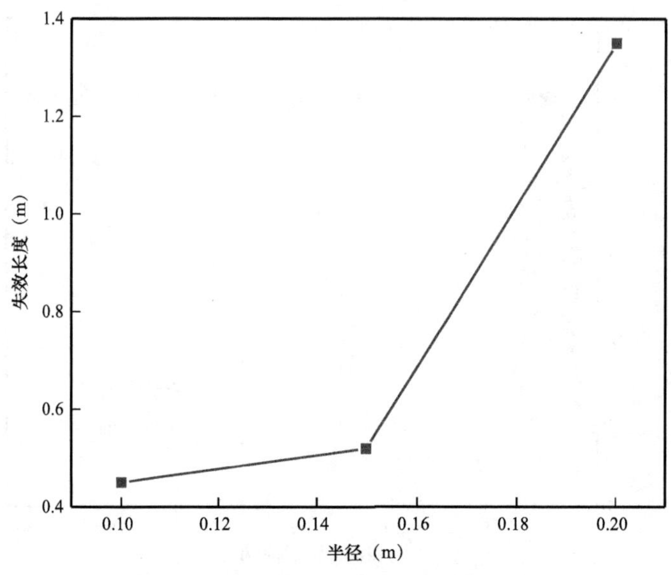

图 6.37　水泥塞半径与失效长度关系曲线

（1）压力变化的影响分析。

考虑到井筒弃置后可能存在的邻井注水、开采等工况，即弃置井的井底压力可能升高或降低等情况，建立了不同井底压力（也可称为“水泥塞底部压力”）的弃置井井筒屏障数值模型。假设初始地层压力为 20MPa，弃置初期地层压力降低到 10MPa。此后，由于地层能量的逐渐平衡以及注水所带来的能量补充，地层压力逐渐升高 30MPa。此处设置的水泥塞底部压力分别为：10MPa、15MPa、20MPa、25MPa、30MPa。

不同底部压力作用下的水泥塞—套管界面径向应力、周向应力和剪应力分布如图 6.38、图 6.39、图 6.40 所示。

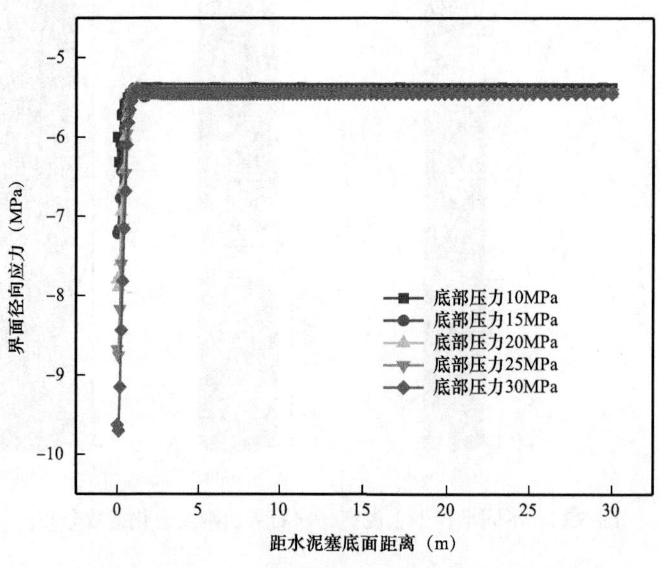

图 6.38　不同底部压力下水泥塞—套管界面径向应力分布

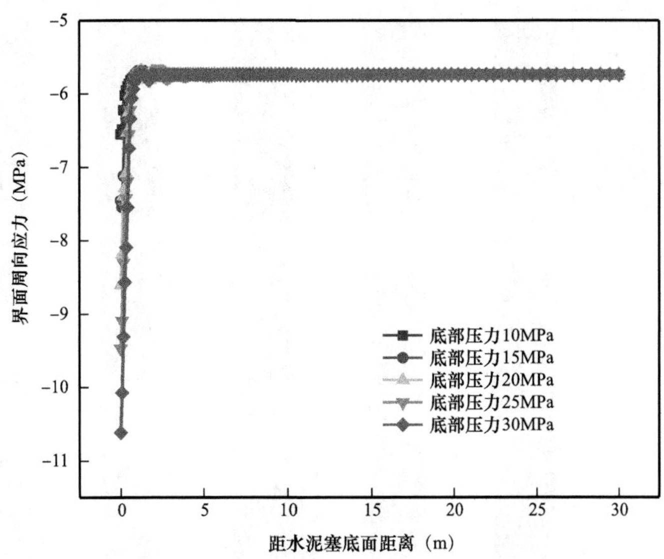

图 6.39　不同底部压力下水泥塞—套管界面周向应力分布

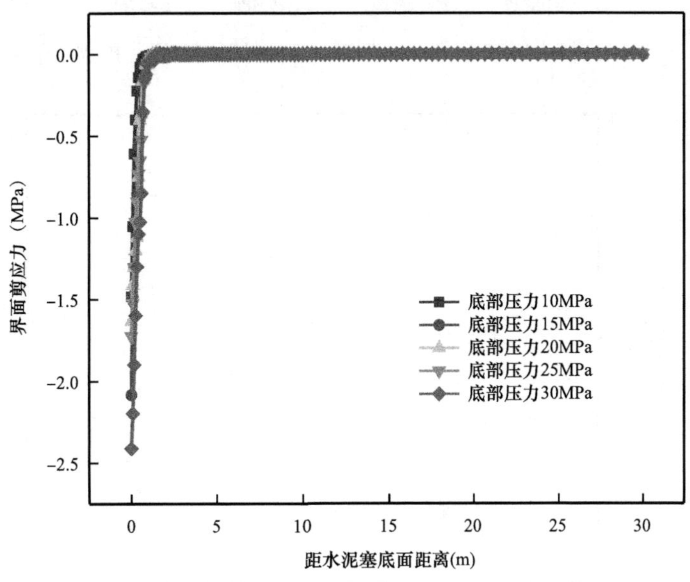

图 6.40　不同底部压力下水泥塞—套管界面剪应力分布

由 6.38、图 6.39 和图 6.40 可知，不同的底部压力作用下，水泥塞—套管界面处的径向压应力、周向压应力和剪应力分布规律基本相同。在水泥塞底部附近，随水泥塞底部压力增大，水泥塞—套管界面处的径向压应力、周向压应力和剪应力增大。

图 6.41、图 6.42 分别为不同底部压力下水泥塞—套管界面刚度退化指数分布、水泥塞底部压力与失效长度关系曲线。由图 6.41、图 6.42 可知，随水泥塞底部压力增大，水泥塞—套管界面的失效长度增加，但失效长度增加的速度逐渐降低。因此，在井筒弃置后，应严格限制其他注水井的注入压力，合理规划其他井筒的注水作业，并及时预测弃置井筒所在区块的地层压力。

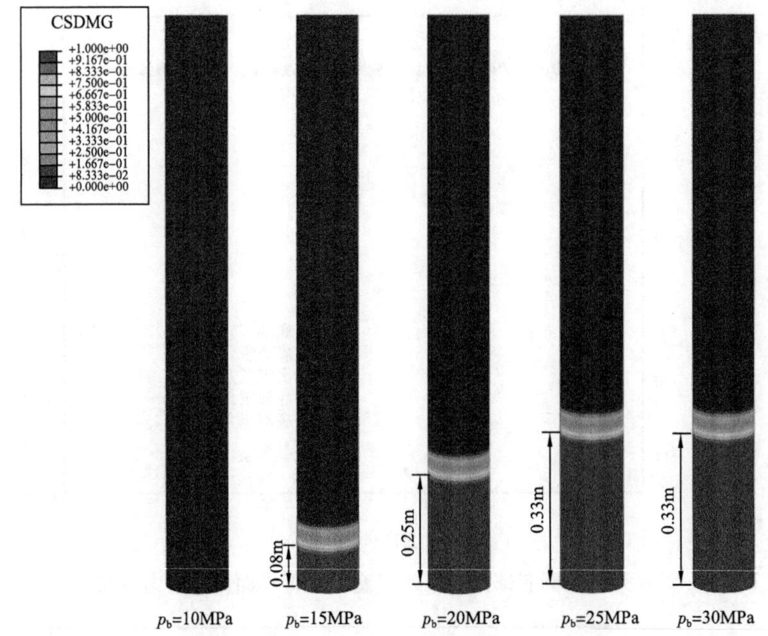

图 6.41 不同底部压力下水泥塞—套管界面刚度退化指数分布

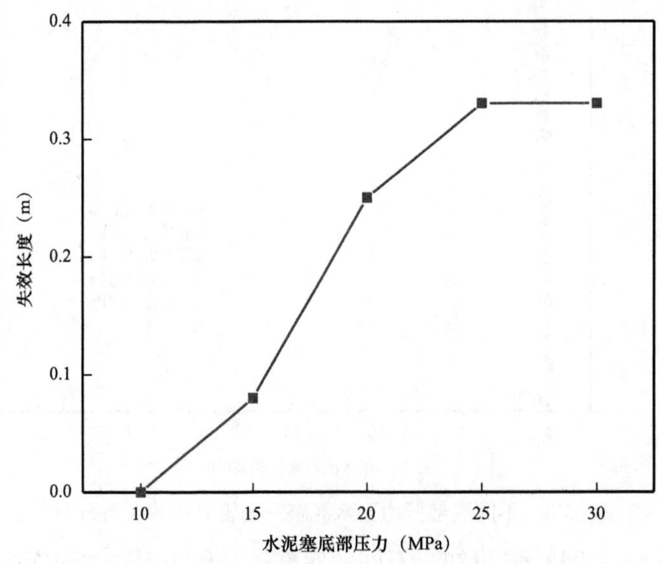

图 6.42 水泥塞底部压力与失效长度关系曲线

（2）温度变化的影响分析。

井筒弃置后，邻井可能继续注水或进行热采等作业，导致弃置井筒附近地层温度发生变化，因而，在较大的温差下，弃置井井筒屏障的应力状态也会发生较大变化。本节基于邻井热采导致地层温度上升的工程背景，利用弃置井井筒屏障数值模型，研究了温度变化对井筒屏障密封完整性的影响规律。

假设弃置井筒的初始温度为 60°C，即水泥塞—套管—水泥环—地层组合体内各部分的温度均为 60°C；弃置一段时间后，由于邻井注蒸汽，弃置井筒附近地层的温度升高到某一值，并保持稳定，这一特定值分别设为 80°C、100°C、120°C。

图 6.43、图 6.44、图 6.45 展示了不同井筒温度下水泥塞—套管界面径向应力、周向应力、剪应力的分布曲线。

由图 6.43、图 6.44、图 6.45 可知，在不同温度下，水泥塞各处的径向应力、周向应力均为压应力；随组合体整体温度的增加，水泥塞—套管界面处的径向压应力、周向压应力均增大，不同温度下界面处剪应力的分布基本相同。

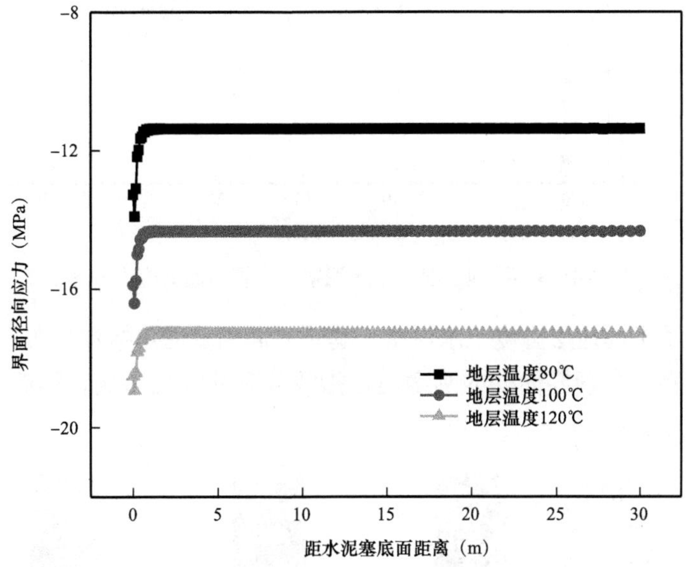

图 6.43　不同地层温度下水泥塞—套管界面径向应力分布

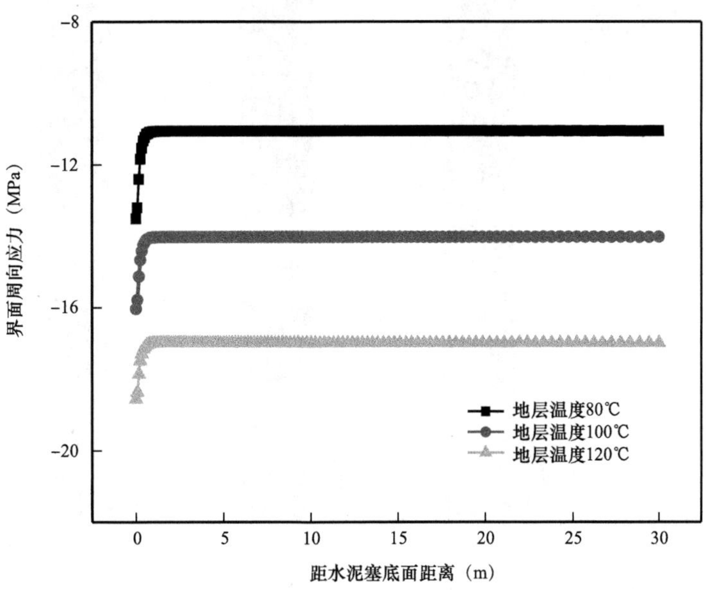

图 6.44　不同地层温度下水泥塞—套管界面周向应力分布

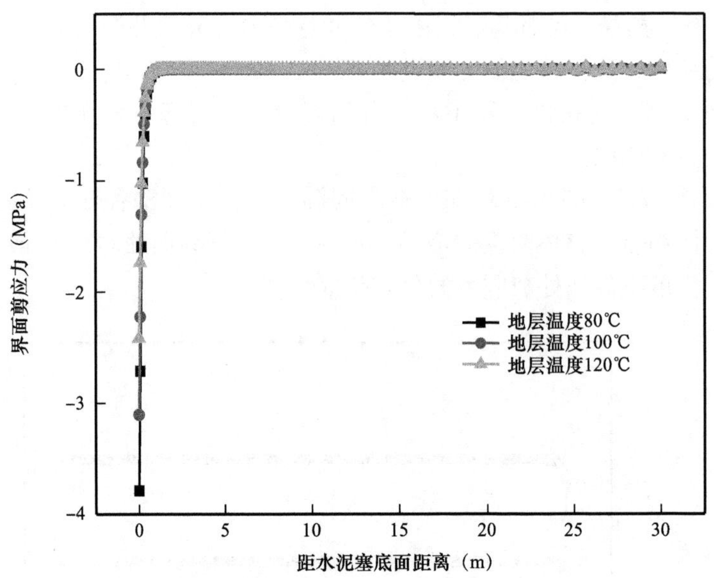

图 6.45　不同地层温度下水泥塞—套管界面剪应力分布

图 6.46 展示了不同地层温度下水泥塞—套管界面刚度退化指数分布。由图 6.46 可知，温度变化对水泥塞—套管界面处的刚度退化指数分布基本无影响，即温度变化对于水泥塞—套管界面的失效长度基本无影响。

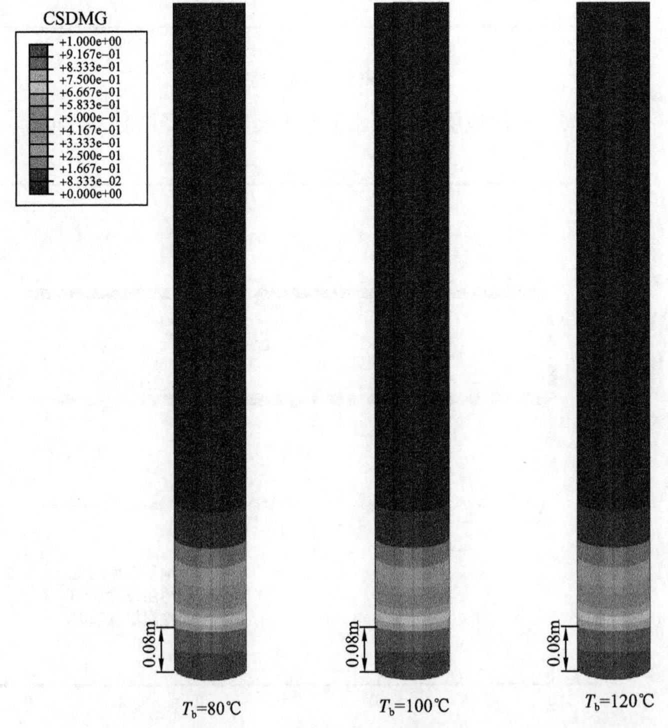

图 6.46　不同地层温度下水泥塞—套管界面刚度退化指数分布

6.4 特殊工况井筒封固工艺技术

废弃井一般井下技术状况较复杂，部分井采用常规封井处置方法无法实施。为此，开展特殊井况永久性封井技术研究，依据不同的井下技术状况，采取相应的封井处置方法实施封井，确保了永久性封井效果。

6.4.1 落物井封堵技术

针对油层段或油层顶界以上有遇卡落物（如油管、钻杆等），常规大修技术无法打捞出井内落物的弃置井，通过求吸水指数验证落物与油层段是否有通道，判断是否可实施挤堵封层，实施时则采取下水泥承留器至鱼顶以上 100～200m，挤堵封层后，并在水泥承留器上继续覆灰，灰塞厚度不低于 50m，确保永久性封井效果，如图 6.47 所示。

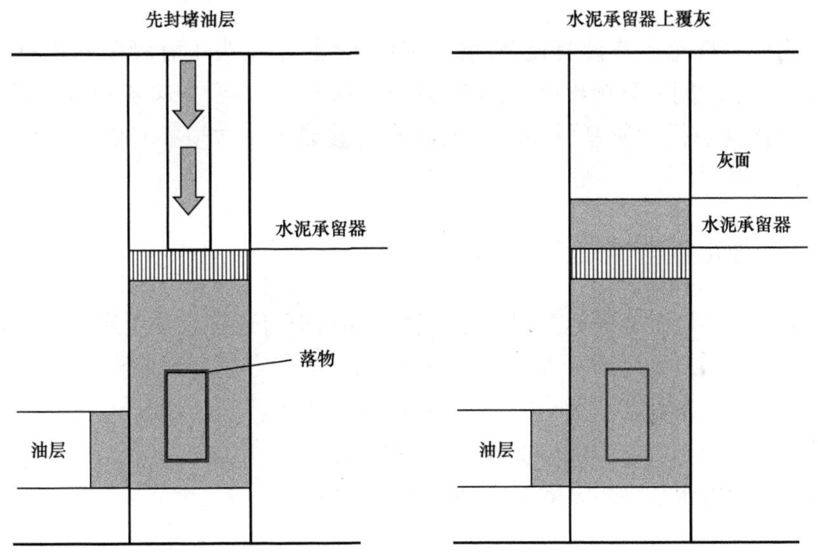

图 6.47 落物井封堵工艺示意图

6.4.2 分段封井工艺技术

根据井下具体状况，具备分层封堵条件的油水井，采用分段封堵管柱进行分层封井。若在验窜过程中发现有漏失的井段，分段时应将漏失井段和非漏失井段分开，并以此作为划分分段的原则。

在油层段或油层顶界以上存在常规大修无法打捞的井内落物，而鱼顶以上有大跨度套漏井段（套漏点距离油层顶界≥500m），能下入分段挤封管柱的井，则采取下水泥承留器或封隔器至鱼顶以上 100～200m，实施挤堵封层后，并在水泥承留器上继续覆灰，灰塞厚度不低于 50m 后，再封堵上部套漏井段，确保永久性封井效果，如图 6.48 所示。

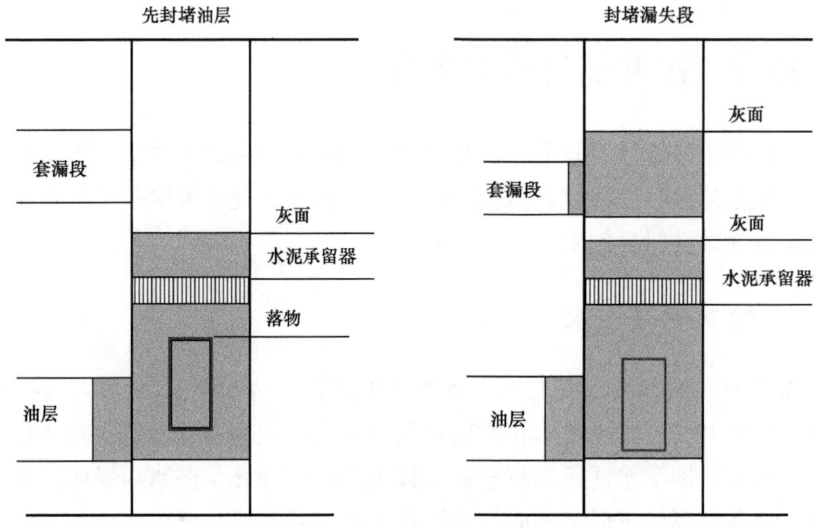

图 6.48　分段封堵工艺示意图

管柱结构：井口总控装置及控制闸门 + 油管 + 丢手接头 + 分段压缩式封隔器 + 注水泥器。特点：对于层间矛盾突出井，具有良好封井效果，套漏井起到分离作用。挤水泥层针对性强，非挤封层得到较好保护，使上部套管破漏及非常规井避免了上部套管承受高压，做到有目的挤封。

6.4.3　套管错断封井工艺技术

对于在油层顶界以上水泥返高以下套管错断而可以打通道至油层底界（套管错断点距离油层顶界≥500m），又无法下入水泥承留器或封隔器至错断点以下挤堵封层的油水井，先下光油管至油层底界以下注水泥塞封堵至油层顶界以上 50～100m，再下水泥承留器或封隔器至错断点上部 100～200m，实施挤封错断点后，在水泥承留器上继续覆灰，灰塞厚度不低于 50m，确保永久性封井效果，如图 6.49 所示。

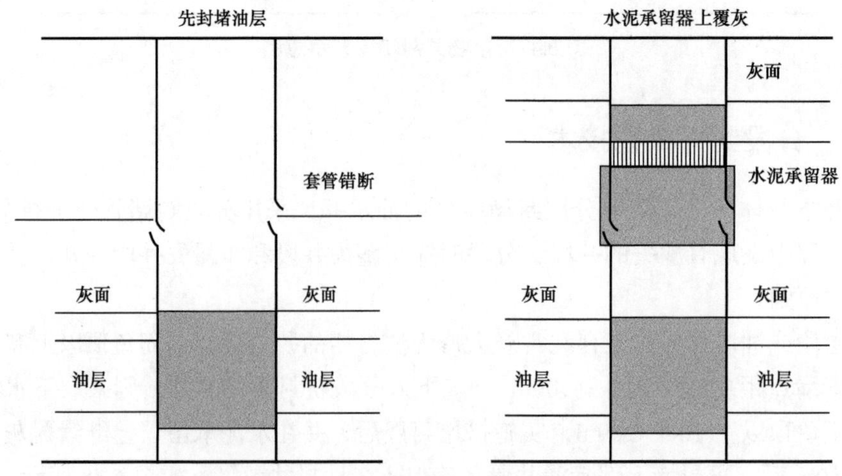

图 6.49　套管错断封堵工艺示意图

6.4.4 套外窜漏封堵技术

对于因固井质量差或水泥返高未过油层顶界等造成窜漏至井口的井，采用先挤堵封层后，再射工程孔二次固井工艺进行封井处置，如图 6.50 所示。

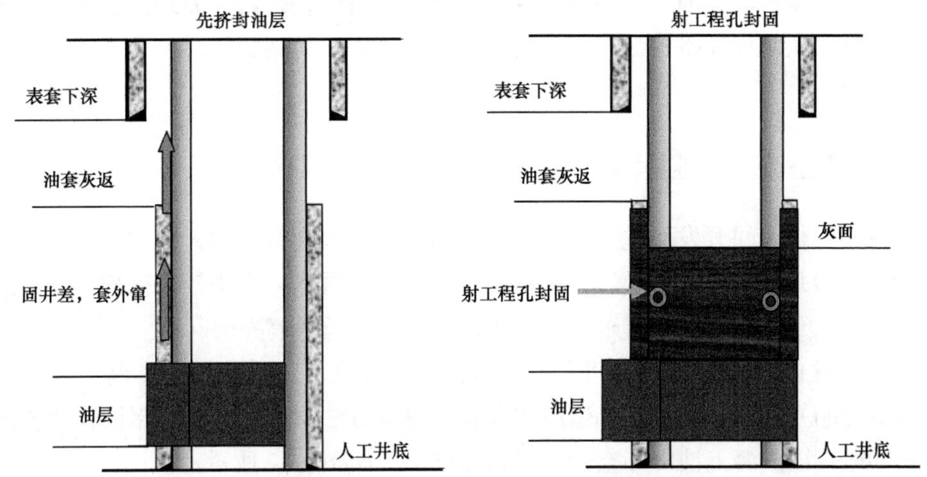

图 6.50 套外窜漏封堵工艺示意图

6.4.5 空井筒平推封堵技术

对于水泥返高以上浅部套漏沿油层套管外侧窜漏至井口的油水井，采用先挤堵封层，再平推封堵套漏封井处置，如图 6.51 所示。

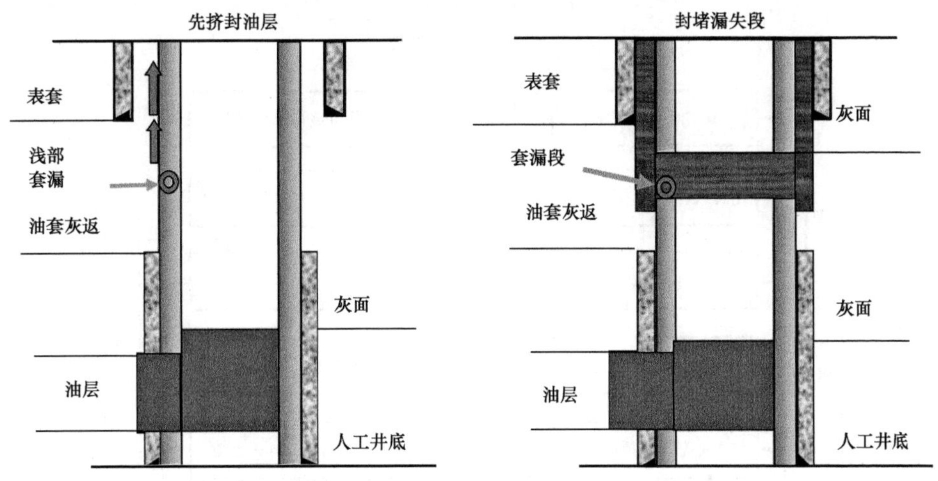

图 6.51 空井筒平推封堵工艺示意图

6.4.6 循环封井工艺技术

部分报废老井年限较长，套管已严重变形损坏，其内通径无法达到下分段封井工艺管柱的要求。该类井一般采取循环法封井，即将油管下到封堵层位的底界，将水泥浆循环到设计位置，再上提管柱，洗井后施加一定液压，使水泥浆进入目的层。

管柱结构为：井口总控装置及控制闸门＋油管。

循环封井工艺技术的特点为：管柱结构简单，容易操作；施工工艺安全可靠，成本较低；对挤封层段多且部分油、水层易形成单层突进的情况，采用该方式能使水泥浆较均匀进入各挤封层，从而提高挤封效果；对吸收量小，挤入压力高的层段，采用该方式能有效控制挤入压力。

6.4.7 环空带压井封固技术

经历高强度长时间开发而进入废弃阶段的油井，因油套管腐蚀、固井设计、工程因素及生产过程中的井内条件变化导致环空带压问题，给弃置作业带来较大挑战，如何改进弃井的施工程序，实现废弃油气层永久性封堵，成为一个亟待解决的问题。

通过分析井内管柱结构、层间矛盾、套管完好程度、窜槽等情况，判断环空压力来源，依据不同的井下状况，提出相适应的弃置井封固方法，确定弃置井封固作业程序，进而形成一套适合国内海上油田环空带压井封固技术，如图 6.52 所示。

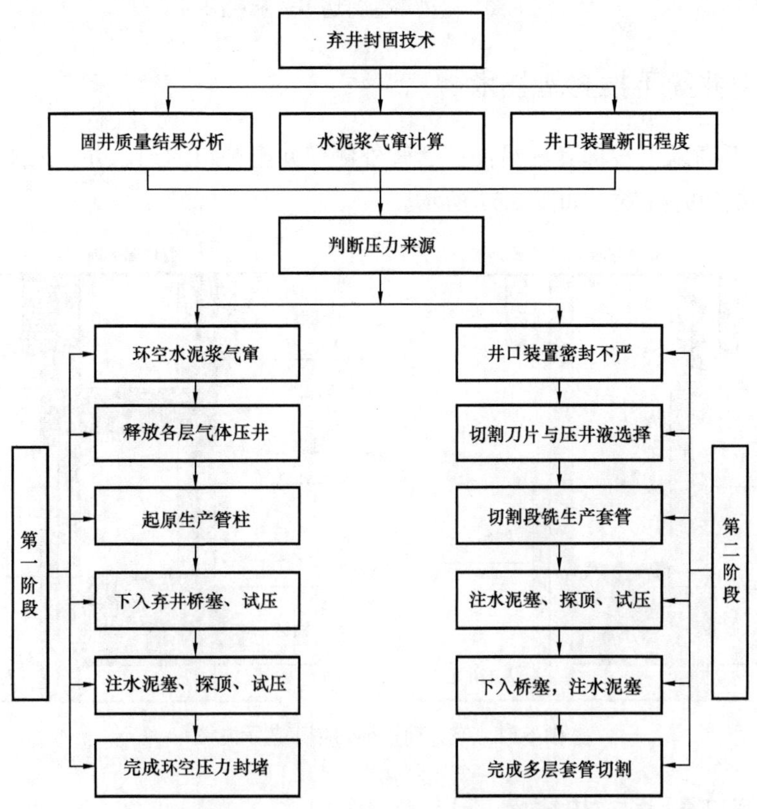

图 6.52　环空带压井封固技术流程

（1）环空压力来源分析。

水泥浆失重导致气窜是水泥浆气窜方式中最主要的一种。一是根据固井质量测试结果分析环空压力的来源。二是根据水泥浆气窜计算公式计算液体静压系数，若计算结果不小于 1，表明注水泥后气窜风险大。二者结合判断套压是否来源于老井弃置不合理、固井水泥浆效果差。

当两层套管的压力出现时间不一致时，如果从外观观察井口装置时间较为久远，推断为井口装置密封不严导致井口各套管头发生渗漏而产生压力的可能性较大。

水泥有效密封高度计算公式：

$$H = G_{\mathrm{f}} \frac{L}{\rho_{\mathrm{m}} L_{\mathrm{m}} + \rho_{\mathrm{c}} L_{\mathrm{c}}} \tag{6.1}$$

式中 ρ_{m}——钻井液密度，g/cm^3；

ρ_{c}——水泥浆密度，g/cm^3；

G_{f}——地层压力当量密度，g/cm^3；

L——井深，m；

L_{c}——环空水泥浆长度，m；

L_{m}——管柱中钻井液长度，m。

（2）环空压力封堵思路。

分为两个阶段，第一阶段为封堵环空压力。① 通过专用油气分离器和燃烧臂释放油套环空及套管外各层套管的气体并燃烧，油管内则通过平台压井流程，正挤注海水压井。在井口压力降低后使用高黏材料堵漏，随后继续使用海水压井并释放气体，直至压井成功。② 拆采油树并装升高立管及防喷器组，起原井生产管柱。③ 下入桥塞并试压。④ 若试压合格，注弃井水泥塞，探顶试压。第一阶段压井作业实施成功，同时亦可验证在压力来源分析中提出的环空压力是否与套管内压力来自同一产层。

第二阶段为多层套管切割阶段。难点在于切割时割刀选择与压井液选择两个方面。通过第一阶段压井作业成功实施，基本确定各层套管间压力来源是否与之前分析一致。① 考虑最大井口压力及油水的密度，结合切割位置井深确定需要使用的压井液密度，附加一定的附加量。而采用水力割刀进行内切割，最重要的是优选与割刀本体尺寸相匹配的刀片。切割套管时，确保即便割刀紧贴套管内壁，刀片完全张开情况下，刀片伸出套管外无法接触及上上层套管内壁。② 使用水力割刀在设计井深处切割套铣生产套管。③ 在生产套管割口上下打水泥塞封隔套管割口，候凝试压并探顶。④ 下入弃井桥塞坐挂至上上层套管上，试压。若试压合格，在桥塞上打注水泥塞。观察 1 周，若井筒内压力始终为零，并且上上层套管外各层井口压力为零，确认气体通道已经被成功封隔在套管内部。⑤ 完成多层套管切割。

6.4.8 封固注意事项

（1）因侧钻或其他原因的局部弃井。

侧钻前，原井眼必须按照相应的条例进行永久弃置，除非该井在永久弃井时，有更可靠的技术手段能确保永久封隔塞能够施工和验证。如果侧钻水泥塞用作永久封隔塞，则在侧钻之后剩余的封隔塞应该满足永久封隔塞的最低要求。同时封隔需满足后续钻井作业的井控要求。对于进入储层较多的侧钻点，为了井生产期间的储层管理，要求穿过侧钻点对原井眼进行封隔。

（2）无法打捞回收放射源的井。

放射源在井底不能被回收时，需要尽可能精确地标定（测井和试探）其位置，并且最好用水泥塞封隔。放射源之上的水泥塞至少 50m 长。隔离的主要目的是：① 固定源的位置；② 与可能会流动的流体隔离。根据相应情况，水泥塞封固方案应当得到 HSE 和环境局（或者 SEPA）的认可。井史记录应该记录相关情况并加以注释，并且在井口上设置警示性名牌。

（3）大斜度井和水平井。

原则上，水平井的永久弃置与标准井眼无异，唯一的不同是实现高质量封堵作业更困难。在只有一个产层的情况下，如果它的侧面环空能被有效封隔，则在储层顶部下入一个桥塞，并在其上注水泥塞，作为第一个永久封隔塞。如果存在多个产层，产层之间的井眼环空及内部也应该进行封堵。

对于水平段或大斜度井段未固井的生产尾管，要通过固井方式达到环空有效封隔困难较大。一般推荐做法是形成一个大于 50m 优质水泥段的封隔塞，如图 6.53 所示。

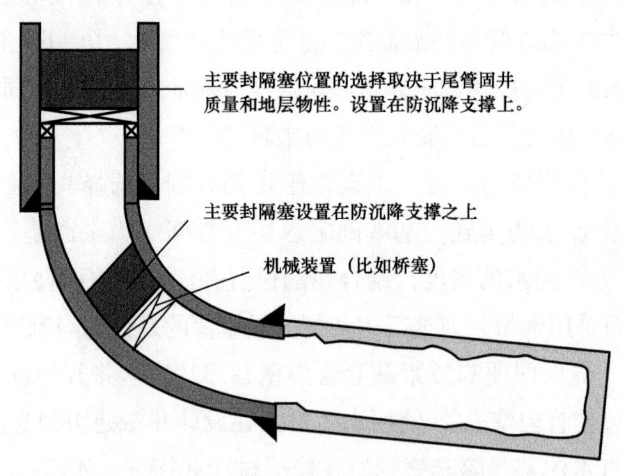

图 6.53 大斜度井浅层段弃井示意图

（4）分支井。

在钻井设计时应考虑永久弃井的作业难度，因在某些情况下，重新进入原始老井眼很困难；侧向分支井眼可能存在不同的压力体系；其上部环空要进行固井。

（5）尾管重叠段。

尾管重叠段不应该作为永久封隔塞的一部分，除非已经确认至少有 50m 的优质水泥环贯穿其中。如果尾管重叠段的固井质量不确定，应该在尾管重叠段以上或者以下打水泥封隔塞，如图 6.54 所示。

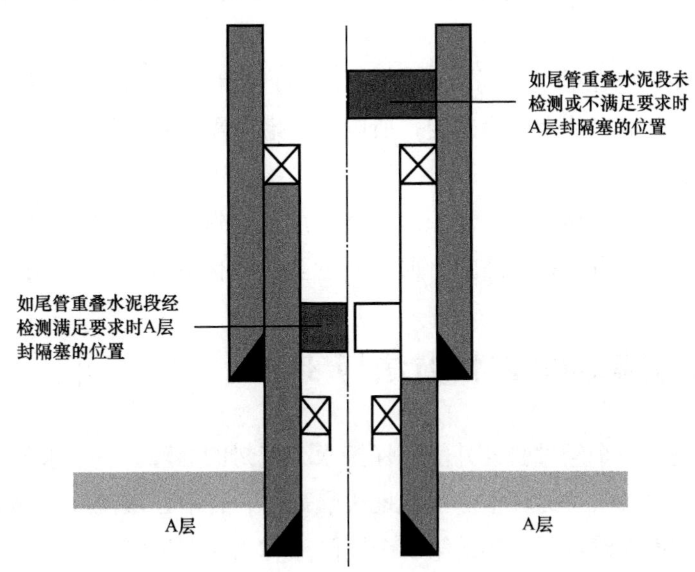

图 6.54 尾管重叠水泥段

（6）高温高压井。

随着这些井的复杂性和危险性的增高，需要着重强调高温、油藏压实和下沉等问题引起的持续性高压、盖层缺失、薄的压力过渡层、尾管形变、温度交替变化和主要水泥封隔塞性能退化等因素。

（7）含 H_2S 的井。

含硫化氢井的屏障塞在选择和设计时应该考虑腐蚀情况。

（8）含 CO_2 的井。

在高浓度 CO_2 的井中，选择和设计封隔屏障时，需要考虑使用能够承受腐蚀气体影响的水泥、金属管串。CO_2 会致使含水的水泥塞封堵性能降低，特别是在 Portland 水泥中，会使其渗透率增加。同时 CO_2 也会加速金属腐蚀，以及增加地层的渗透率。

（9）含镁盐的井。

镁盐的存在可能会给水泥注入期间和水泥塞的长期稳定带来一定的风险。镁盐可通过降低机械强度和增加渗透性的方式来降解硅酸盐水泥。任何有关水泥作业的设计都应考虑到含镁盐层位的存在。

（10）天然气井和高油气比井。

天然气井和高油气比井还存在潜在气体穿过封隔屏障运移的问题，这个问题在过平衡、平衡或欠平衡地层都可能发生。建议谨慎选择封隔材料的类型及注入工艺来解决这个问题。

（11）油藏压实/沉降引起的超压作用。

某些地质环境易发生海床的压实、沉降。相关的地质运动可能影响潜在的流体流动、地层压力、岩石强度、井筒受力方向（井筒变形），这就要求在选定永久性屏障的性能及位置时进行风险评估。

上覆岩层增加了潜在运动，例如白垩岩，在生产过程中形成诱导裂缝。在井的生命周期内，地层的压力剖面可能会发生改变，所以要考虑所需封隔塞的数量及深度。

（12）浅水层。

要基于不同井的具体情况对正常压力的浅水层进行封隔（例如浅水层是否与海床纵向连通）做决定。如果封隔塞是必需的，那么环空至少要有100m胶结良好的封固段。

6.5 永久屏障的后评估方法与要求

永久性屏障是指一个经过验证并能够保持永久密封的屏障。一个永久性屏障必须贯穿整个井的横截面，包含所有的环空。当从地表隔离时，在潜在渗流层上部的第一个屏障被称为主要屏障；在潜在渗流层上部的第二个屏障被称为次要屏障。井筒屏障是保证弃置后井筒安全的根本手段，故在建立井筒屏障之后需要检验永久封隔屏障，评估其密封能力。目前井筒屏障的后估评方法主要包括压力测试与探塞测试，不同类型的井以及作业设计对应不同的检验要求。

6.5.1 影响永久屏障封固能力的因素

6.5.1.1 水泥屏障的渗透性

套管外屏障渗透性的影响因素主要包括水泥石本体渗透性、水泥环胶结面完整性、水泥环连续性、套管与水泥环所受腐蚀与应力情况等。

（1）水泥石的基本渗透性通常不大于0.01mD，但在某些条件下（如高温井未加硅粉水泥）会出现渗透率变大的情况，这会导致屏障密封失效。

（2）水泥环界面胶结缺陷：由于裸眼井扩径、水泥浆沉降稳定性不好会导致水泥环胶结面缺陷，地层流体会沿着水泥环第二胶结面上返，造成环空带压甚至流体溢流。

（3）水泥在凝固过程中受到气侵或水侵，水泥的胶结质量变差，影响水泥环空的渗透性。

（4）套管和水泥环受地层流体的腐蚀及应力破坏，会增大屏障的渗透性，造成屏障密封失效。

6.5.1.2　层间压差变化

封隔长度和第一界面胶结强度可以通过测井资料确定，在封隔长度和水泥强度给定的条件下，水泥环的封隔效果受层间压差的影响。

6.5.1.3　有效封隔长度

即使水泥胶结强度足够高，水泥环纵向长度太短，也难以承受层间压差。所以有效层间封隔也依赖于足够的“有效封隔长度”。

6.5.1.4　井眼外径

经验表明，最小有效封隔长度随着套管外径的增大而增大，因此不同井径段的封固屏障评估要求不同，井径大的水泥塞段要求压力测试能力高，固井质量好。

6.5.1.5　流体性质

气体黏度很小，在很低的渗透率下就可以流动；稠油黏度大，较高的渗透性才可以流动。宽度为 0.1mm 的微间隙一般不会导致油水在层间的窜通，但可能引起层间气体窜漏。

6.5.2　永久屏障的后评估方法

永久屏障的评估是一个系统的工作，包括了封固作业之前水泥塞强度实验与设计评估、封固作业施工状况评估、测井作业评估、探塞与压力测试等环节。

水泥强度实验是对选用的样品在预期井下温度和压力下进行作业前试验，确定水泥的渗透性与强度，结合封固设计，评估预测水泥塞屏障的密封性与屏障的合理性。

封固作业施工状况评估是根据固井期间的作业记录推算（如泵入量，固井期间的返出及压差等参数）评估水泥塞的位置，根据最初固井期间有没有异常情况发生（如固井期间发生漏失，要进行固井评价测井）评估水泥塞整体密封质量。

测井作业评估是建立环空水泥塞屏障后基于测井作业，评估水泥环的胶结质量与长度，判断水泥环是否存在胶结缺陷。

而目前的固井质量探测能力有限，第二界面胶结状况探测能力大大落后第一界面，只能进行定性评价，而第二界面是水泥环层间封隔最薄弱的环节，无法探测水泥环因裂缝、气体侵入和钻井液污染等引起的水泥环渗透性，相邻层间压差和水泥胶结状况处于动态变化中。

故目前最经济有效的井筒屏障评估手段是进行水泥塞探塞与压力测试，即通过下入工具确定水泥塞的位置，通过施加重力确定水泥塞的整体胶结质量；对于环空水泥则施加正压或负压载荷并密封一段时间，确定水泥环的密封性。

6.5.2.1 水泥塞屏障评估

水泥塞的强度需要进行验证。首先要对选用的样品在预期井下温度和压力下进行作业前试验。作业期间取的地面样品也可以作为一个参考指标，但是由于无法复制井下压力和温度将对水泥塞强度有较大影响。封隔塞的位置需要通过探塞或者其他测量方法来验证以确定封固良好的水泥塞顶深。注水泥塞作业应该做好记录，包括固井作业报告（泵入量、作业期间返出量、亲水添加剂的量等）。具体验证方法如下：

（1）裸眼段水泥塞的验证。

封隔塞全部在裸眼段，需要通过施加重量的方式来验证，可以用下入钻杆的方法，施压 4.53～6.80tf，明确水泥塞位置，同时确保水泥塞胶结质量良好。此外，还可以用电缆、连续油管或插入头等方法。

（2）套管段水泥塞的验证。

在套管井中，其封隔屏障应该通过标准的加压或负压试验来验证。

加压试验的试压值应该高于封隔塞以下井段的注入压力（比如射孔段的注入压力或套管鞋下部裸眼地层的注入压力），且不低于 5MPa；但是不能超过允许磨损量下的套管强度或者损坏原始的套管水泥环。负压试验的压力值必须达到封隔塞可能会承受的最大压差值。在套管井段，如果封隔塞下部有经过探塞或者试压验证过的机械塞或者水泥塞作为基础，则按照作业计划对封隔塞进行压力试验没有意义，没有必要进行探塞作业（确定封隔塞面）。当决定不进行探塞作业时，应该记录原因并进行风险评估，必须充分考虑井眼状况、封隔塞的长度和体积、施工作业效果、后续计划情况及封固失败带来的后果。如果存在增加风险的情况（例如水泥塞过短、复合封隔塞、高温高压、存在井眼完整性问题、作业期间有异常现象），建议进行探塞作业。

6.5.2.2 环空屏障评估

（1）环空水泥面顶深需要通过以下方法进行检验：

① 测井（如水泥胶结、温度或声波）；

② 根据固井期间的作业记录推算（如泵入量、固井期间的返出量及压差等参数）。

（2）环空水泥环的封固能力需要通过相关资料进行评估，包括但不局限于：

① 测井；

② 井周期内没有持续的套管压力；

③ 管鞋处的 LOT；

④ 最初固井期间没有异常情况发生（如果套管或者尾管固井期间发生漏失，要进行固井评价测井）；

⑤ 相关影响因素（如套管居中度、井眼冲刷、领 / 尾浆、环空压力、现场经验、水泥附加量的考虑）。

6.5.3 井筒屏障的评估标准

井筒永久废弃，必须考虑到未来任何可预见的化学和地质条件的影响，对于做出的调整应加以核实和记录。水泥环层间封隔评价指标的主要依据：（1）水泥石抗压强度上限：根据多个油田测井得到的水泥石抗压强度、封隔长度和验窜结论汇集结果，当水泥石抗压强度低于 1.38MPa 时，引起层间窜通的可能性极大，所以可以将 1.38MPa 看成是导致层间流体窜通和胶结失效的必要条件。（2）封固屏障长度：国外研究人员通过常规密度水泥固井验窜资料分析发现，当 BI 为 0.8 时层间最小有效封隔长度随着套管尺寸的增大而增大。当 $0.6<BI<0.8$ 时，只要适当加长封隔长度，也可以实现层间封隔。此外，胶结比 BR 也可以用来评价层间水泥环封隔性，当水泥胶结质量较好（$BR>0.6$）时，BR 与 BI 很接近。如果 $0.6<BR<0.8$，按公式 $BR \cdot L>0.8L$（BR=0.8 时所要求的封隔长度），计算与 BR 相应的最小封隔长度 L，即 BR 减小由 L 增大来补偿。

6.5.3.1 屏障评估要求准则总结

根据英国油气井弃井指南相关井筒屏障要求，总结了海上井筒内不同位置、不同类型的单个永久屏障与组合式永久屏障的评估准则，见表 6.6、表 6.7。

表 6.6 单个永久屏障的评估准则

屏障类型	井内 / 油管内屏障的确认		套管环空屏障的确认	
	位置	密封能力	位置	密封能力
过油管屏障	探顶	试压	① 测井确认，要求至少 30m 的优质固井水泥环；② 压差估算，要求在屏障基底往上有 300m 水泥环	试压
过油管坐在机械支撑上的屏障	① 探顶；② 在风险评估前提下，套管测量水泥浆体积确认屏障深度	分别进行机械屏障、油管内屏障、环空水泥屏障的试压	① 测井确认，要求至少 30m 的优质固井水泥环；② 压差估算，要求在屏障基底往上有 300m 水泥环	试压
套管内屏障	探顶	试压	① 测井确认，要求至少 30m 的优质固井水泥环；② 压差估算，要求在屏障基底往上有 300m 水泥环	试压
套管内坐在固定支撑上的屏障	① 探顶；② 在风险评估前提下，套管测量水泥浆体积确认屏障深度	分别对机械屏障与水泥封隔塞进行试压	① 测井确认，要求至少 30m 的优质固井水泥环；② 压差估算，要求在屏障基底往上有 300m 水泥环	试压
裸眼井	探顶	—	—	—

表 6.7　组合式永久屏障的评估准则

屏障类型	井内 / 油管内屏障的确认		套管环空屏障的确认	
	位置	密封能力	位置	密封能力
过油管屏障	探顶	试压	① 测井确认，要求至少 60m 的优质固井水泥环；② 压差估算，要求在屏障基底往上有 300m 水泥环	试压
过油管坐在机械支撑上的屏障	探顶	分别进行机械屏障、油管内屏障、环空水泥屏障的试压	① 测井确认，要求至少 60m 的优质固井水泥环；② 压差估算，要求在屏障基底往上有 300m 水泥环	试压
套管内屏障	探顶	试压	① 测井确认，要求至少 60m 的优质固井水泥环；② 压差估算，要求在屏障基底往上有 300m 水泥环	试压
套管内坐在固定支撑上的屏障	探顶	分别对机械屏障与水泥封隔塞进行试压	① 测井确认，要求至少 60m 的优质固井水泥环；② 压差估算，要求在屏障基底往上有 300m 水泥环	试压
裸眼井	探顶	—	—	—

6.5.3.2　裸眼井单个永久屏障评估

如图 6.55 所示，裸眼完井的井眼屏障由主要屏障（裸眼段 100m 水泥塞）、次要屏障（套管内 100m 水泥塞与至少 50m 水泥环）组成。

主要屏障评估：水泥塞探顶确定位置（要求机械支撑塞至水泥塞顶部至少 100m）；水泥塞压力测试，试压值应该高于封隔塞以下井段的注入压力（比如射孔段的注入压力或管鞋下部裸眼地层的注入压力），且不低于 5MPa。

次要屏障评估：（1）套管环空屏障评价，通过测井确定至少 50m 的良好水泥密封段；同时进行套管鞋处 LOT 测试，确定密封能力。（2）套管内水泥塞屏障评价：探顶，确定水泥塞位置（要求机械支撑塞至水泥塞顶部至少 100m）；水泥塞压力测试，试压值应该高于封隔塞以下井段的注入压力（比如射孔段的注入压力或管鞋下部裸眼地层的注入压力），且不低于 5MPa。

6.5.3.3　裸眼井复合屏障评估

如果已经验证环空中的套管水泥封固段，井眼或射孔套管 / 衬管裸眼部分需要从油藏处（或尽可能接近油藏）设置两个连续水泥塞。管柱内部的水泥塞长度应覆盖环空的测井间隔。如图 6.56 所示，井眼复合屏障主要由：裸眼段至套管鞋段 100m 水泥塞，30m 环空水泥塞，套管内 50m 水泥塞与至少 30m 的套管环空水泥塞。

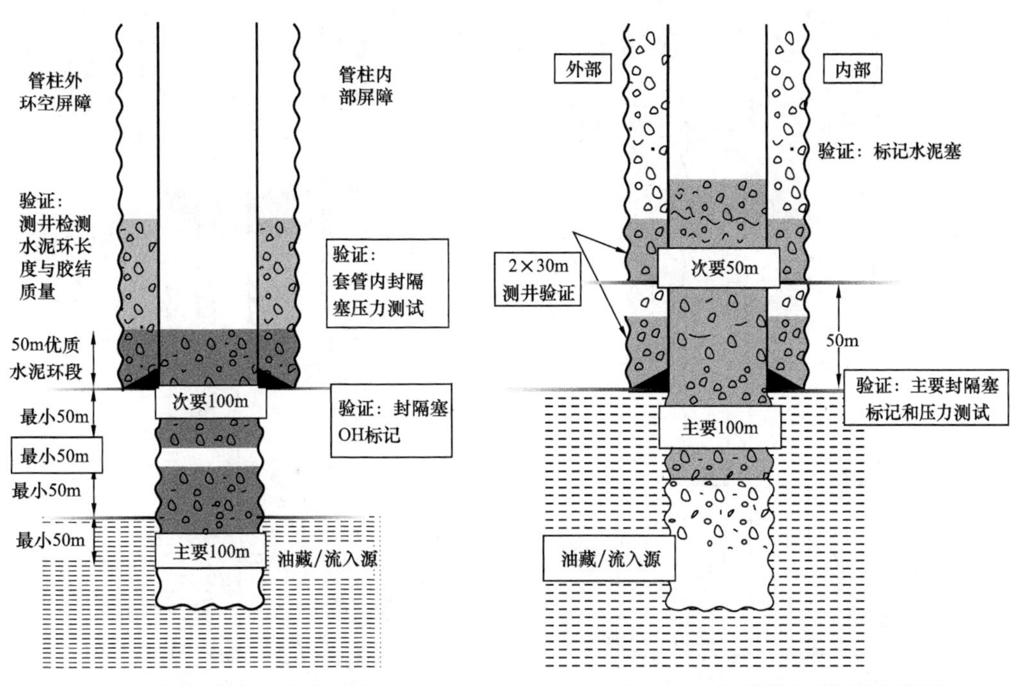

图 6.55 裸眼井永久屏障评估要求

图 6.56 裸眼井复合屏障的评估

复合屏障评估：（1）环空水泥塞：测井评估确定至少 2×30m 的良好水泥密封段；（2）井内水泥塞：① 水泥塞探顶确定裸眼段至套管鞋段 100m 水泥塞，套管内水泥塞要求机械支撑塞至水泥塞顶部至少 100m；② 水泥塞压力测试，试压值应该高于封隔塞以下井段的注入压力（比如射孔段的注入压力或管鞋下部裸眼地层的注入压力），且不低于 5MPa。

6.5.3.4 单水泥塞与机械塞组合屏障评估

对于油管井，油管没有打捞时，可以先下入机械塞，为水泥塞提供支撑基础，完成永久弃置井筒。如图 6.57 所示，其井筒屏障主要包括：完井套管、两个机械塞基底、主要屏障（套管外水泥环与井内水泥塞）、次要屏障（套管外水泥环与水泥塞）。

屏障评估：（1）水泥塞探顶确定位置，要求机械支撑塞至水泥塞顶部至少 200m。（2）水泥塞压力测试，试压值应该高于封隔塞以下井段的注入压力（比如射孔段的注入压力或管鞋下部裸眼地层的注入压力），且不低于 5MPa。（3）环空水泥塞：测井评估确定至少 2×30m 的良好水泥密封段。

6.5.3.5 过油管井筒屏障评估

对于油管残余井的永久封隔，如图 6.58 所示，是通过在储层上方（或尽可能靠近储层）设置主要水泥塞和次要水泥塞完成的。

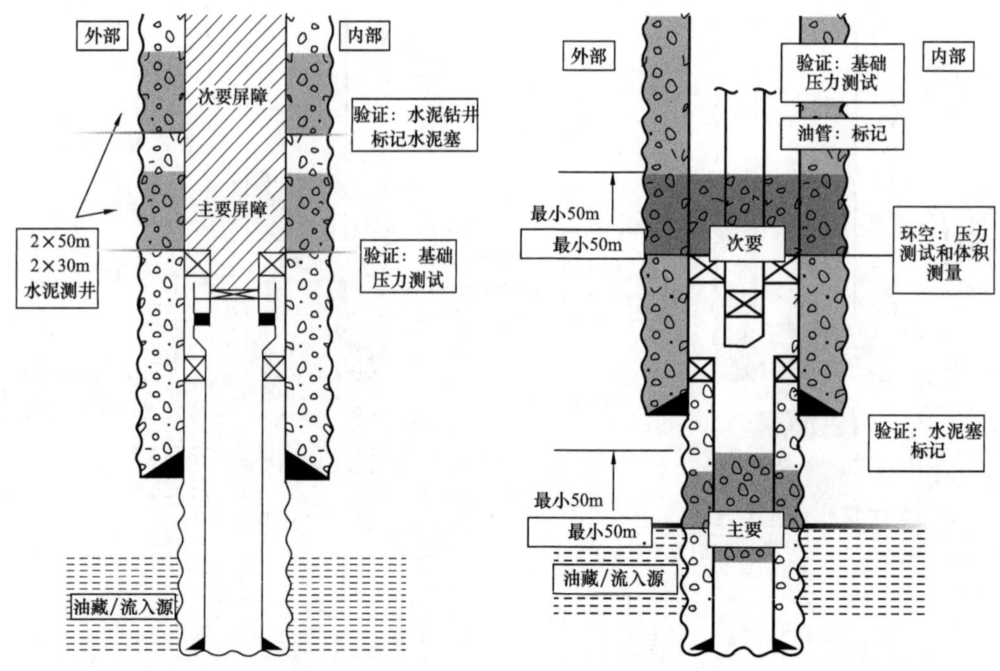

图 6.57　油管井双机械塞基底单水泥塞井筒屏障评估

图 6.58　油管残余井单个井筒屏障评估

主要屏障：生产套管内的水泥塞，水泥塞探顶确定位置，水泥塞长度不少于 100m；水泥塞压力测试，试压值应该高于封隔塞以下井段的注入压力（比如射孔段的注入压力），且不低于 5MPa。生产套管环空水泥塞通过测井确定至少 30m 的良好水泥段。

次要屏障：包括油管内水泥塞的探顶标记与压力测试，水泥塞长度不少于 100m；水泥塞压力测试，试压值应该高于封隔塞以下井段的注入压力（比如射孔段的注入压力），且不低于 5MPa。套管环空水泥塞评估：测井确定不少于 30m 胶结良好水泥段。油管外环空水泥塞要进行压力测试与体积测量确定其长度不小于 100m，能承受 5MPa 的压力。

6.5.3.6　段铣水泥塞段井筒屏障评估

对于段铣后整体复合屏障评估：如图 6.59（a）所示，段铣窗口至少 100m，水泥塞长度要进行探顶验证，确保水泥塞长度不少于 100m；水泥塞的密封性需要进行压力测试，试压值应该高于封隔塞以下井段的注入压力（比如射孔段的注入压力），且不低于 5MPa。

对于分段段铣的双封隔屏障评估：如图 6.59（b）所示，段铣窗口至少 50m；套管内水泥塞进行压力测试，试压值应该高于封隔塞以下井段的注入压力（比如射孔段的注入压力），且不低于 5MPa。

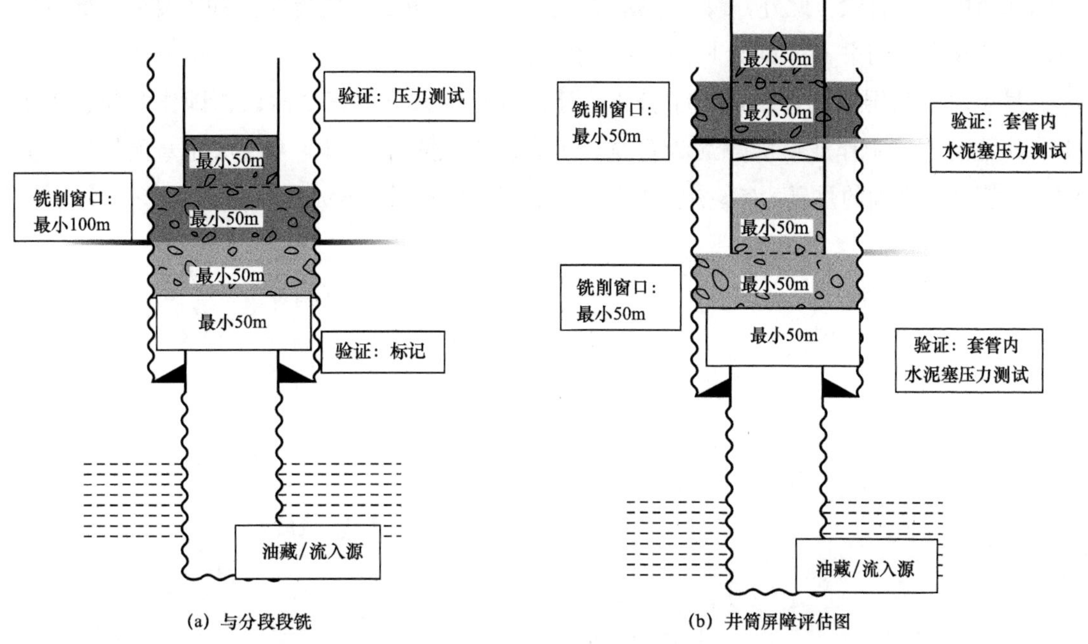

图 6.59 水泥塞整体段铣

6.6 小结

本章系统地分析、总结了弃置井筒的封固原理、封固技术体系及封固后井筒屏障评估技术体系。对于海上井筒弃置工程中重要的井筒封固作业提供了系统的技术指导。

首先从宏观上总结了弃置井筒封固作业的基本原理，即“封源头”“封通道”“封井口”；并系统描述了注水泥浆常用方法：循环顶替法、挤注法、机械赛法、倒灰法、灌注法等，阐述了这些方法的原理、流程、特点与适用范围，并着重介绍了水泥承留器法注水泥的作业规范与使用条件，为现场施工提供了可操作性的工艺指导。

通过建立有限元模型与有限数值差分模型，优选了封固作业中水泥塞长度、水泥塞材料特性。结合国内外现场标准，建议水泥塞长度不应小于 50m；水泥塞材料应注重材料的抗拉强度与弹性模量，尽可能使用高抗拉强度、低弹性模量和泊松比的水泥；封固作业前使用预应力固井技术，降低井筒封固失效风险。

总结了国内外封固作业中常用封固桥塞的种类、技术参数、适用范围、下入方式，为作业提供参考。也给出了高温高压井、含腐蚀性气体井筒、裂缝性易渗漏井段及井筒环空段水泥环微环隙井段等复杂井况下封固水泥浆体系的作业建议。

对国内外井筒封堵位置、数量现状的调研表明，井筒封固作业对于储层、套管鞋、尾管鞋、渗流层、高渗易漏层等位置必须进行封堵，且对于储层封堵需要建立两个井筒屏障以确保封固作业有效。此外，总结了落物井、套管错断井、套管外窜漏井等复杂井况下的封固工艺技术，列举了封固作业中的注意事项。

最后对永久屏障的评估进行了分析，建议评估体系分为三个阶段，即作业前、作业中、作业后，其中作业后屏障最为重要。可靠、可行的方法为重力探水泥塞顶与压力测试，且探水泥塞顶的重量为 5～7t，压力测试的压力值不低于 5MPa。

参考文献

[1] Kaiser M J. Rigless well abandonment remediation in the shallow water U.S. Gulf of Mexico [J]. Journal of Petroleum Science & Engineering, 2017, 151: 94–115.

[2] Kuip M D C V D, Benedictus T, Wildgust N, et al. High–level integrity assessment of abandoned wells[J]. Energy Procedia, 2011, 4: 5320–5326.

[3] Carey J W, Svec R, Grigg R, et al. Experimental investigation of wellbore integrity and CO–brine flow along the casing–cement microannulus [J]. International Journal of Greenhouse Gas Control, 2010, 4(2): 272–282.

[4] Sepp N, Benedikter S, Kofler H, et al. Evaluation of the potential for gas and CO_2 leakage along wellbores [J]. SPE Drilling & Completion, 2007, 24 (1): 115–126.

[5] Ravi K, Bosma M, Gastebled O. Safe and economic gas wells through cement design for life of the well[J]. SPE Gas Technology Symposium, 2002.

[6] Scherer G W, Celia M A, Prévost J H, et al. Leakage of CO_2 Through Abandoned Wells [C] // Carbon Dioxide Capture for Storage in Deep Geologic Formations – Results from the CO_2 Capture Project. Elsevier Ltd, 2005: 827–848.

[7] Chris Carpenter. Stinger or tailpipe placement of cement plugs [J]. Journal of Petroleum Technology, 2014: 147 – 149.

[8] Obodozie I E, Trahan S J, Joppe L C, et al. Eliminating sustained casing pressure in well abandonment [C] // Offshore Technology Conference Asia. 2016.

[9] Crawshaw J P, Frigaard I. Cement plugs : stability and failure by buoyancy–driven mechanism [C]. SPE–56959–MS, 1999.

[10] 邓宗成，张颖，栾忠庆．海上石油平台及管线弃置的海洋环境保护研究 [J]. 油气田环境保护，2016, 26 (4): 56–58.

[11] 杨永斌．海上平台弃置技术及市场前景预测 [J]. 中国海洋平台，2013, 28 (4): 4–7.

[12] 张宇，朱庆，何激扬，等．高温高压高含硫气井生产运行期井筒完整性管理 [J]. 天然气勘探与开发，2017, 40 (2): 80–86.

[13] 郑有成，张果，游晓波，等. 油气井完整性与完整性管理 [J]. 石油钻采工艺，2008, 31 (5): 6–9.

[14] 孙莉，樊建春，孙雨婷，等．气井完整性概念初探及评价指标研究 [J]. 中国安全生产科学技术，2015, 11 (10): 79–85.

[15] 何汉平．油气井井筒完整性系统风险评估方法 [J]. 石油钻探技术，2017, 45 (3): 72–76.

[16] 张智，周延军，付建红，等．含硫气井的井筒完整性设计方法 [J]. 天然气工业，2010, 30 (3): 67–69.

[17] 张智，李炎军，张超，等．高温含 CO_2 气井的井筒完整性设计 [J]. 天然气工业，2013, 33 (9): 79–86.

[18] 王云，李文魁．高温高压高酸性气田环空增压井风险级别判别模式 [J]. 石油钻采工艺，2012, 34 (5):

57-60.

[19] 郭建华．高温高压高含硫气井井筒完整性评价技术研究与应用［D］．成都：西南石油大学，2013：40-66.

[20] 高德利．油气井管柱力学与工程［M］．东营：中国石油大学出版社，2006：24-186.

[21] 管志川，赵洪山．注汽井套管的三轴预应力设计［J］．工程力学，2007，24（4）：188-192.

[22] 张智，徐壁华，施太和，等．可靠性理论在套管柱强度设计中的应用［J］．西部探矿工程，2007，19（8）：49-51.

[23] 窦益华，张福祥，王维君，等．井下套管磨损深度及剩余强度分析［J］．石油钻采工艺，2007，29（4）：36-39.

[24] 顾军，杨卫华，张玉广，等．固井二界面滤饼仿地成凝饼与凝灰岩成岩的关联性［J］．中国石油大学学报（自然科学版），2011，35（2）：64-68.

[25] 郭辛阳，步玉环，沈忠厚，等．井下复杂温度条件对固井界面胶结强度的影响［J］．石油学报，2010，31（5）：834-837.

[26] 殷有泉，蔡永恩，陈朝伟，等．非均匀地应力场中套管载荷的理论解［J］．石油学报，2006，27（4）：133-138.

[27] 李军，陈勉，柳贡慧，等．套管、水泥环及井壁围岩组合体的弹塑性分析［J］．石油学报，2005，26（6）：99-104.

[28] 陈朝伟，蔡永恩．套管—地层系统套管载荷的弹塑性理论分析［J］．石油勘探与开发，2009，36（2）：242-246.

[29] 沈吉云，石林，李勇，等．大压差条件下水泥环密封完整性分析及展望［J］．天然气工业，2017，37（4）：98-108.

[30] 李军，陈勉，张辉，等．不同地应力条件下水泥环形状对套管应力的影响［J］．天然气工业，2004，24（8）：50-52.

[31] 刘硕琼，李德旗，袁进平，等．页岩气井水泥环完整性研究［J］．天然气工业，2017，37（7）：76-82.

[32] 刘奎，高德利，曾静，等．温度与压力作用下页岩气井环空带压力学分析［J］．石油钻探技术，2017，45（3）：8-15.

[33] 周卫东，王瑞和，刘银仓，等．磨料射流切割套管的实验研究［J］．石油钻探技术，2003，31（1）：7-9.

[34] 翟宏涛．浮式钻井平台切割套管工具介绍［J］．内蒙古石油化工，2011，37（8）：73-75.

[35] 田晓洁，刘永红，孙鹏飞，等．基于电弧放电切割套管的研究和应用［C］// 全国特种加工学术会议．2013.

[36] 王瑞和，李罗鹏，周卫东，等．磨料射流旋转切割套管试验及工程计算模型［J］．中国石油大学学报（自然科学版），2010，34（2）：56-61.

[37] 陈建兵．磨料射流切割套管技术研究及在海上弃井中的应用［J］．石油钻探技术，2013（5）：46-51.

[38] 周卫东，王瑞和．前混式磨料水射流切割套管的深度计算模型［J］．中国石油大学学报（自然科学版），2001，25（2）：3-5.

[39] 周卫东，王瑞和，杨永印，等．磨料射流切割套管过程中工作参数和流体介质影响的实验研究［J］．石油钻探技术，2001（3）．

[40] 周卫东，王瑞和，杨永印，等．水力参数和磨料参数对前混式磨料射流切割套管的影响研究［J］．石油钻探技术，2001，29（2）：10–12.

[41] 王超，刘作鹏，陈建兵，等．250MPa 磨料射流内切割套管技术在我国海上弃井中的应用［J］．海洋工程装备与技术，2015，2（4）：258–263.

[42] 冯定．海洋弃井套管切割作业偏心工况分析［J］．中国海上油气，2017，29（2）：103–108.

[43] 贯惠芹，党博．切割海上废弃套管的完整性监测方法［J］．自动化仪表，2017，38（6）：79–81.

[44] 王晚中．水压割管器的研制及应用［J］．煤，2001，10（3）：58–59.

[45] 王瑞和，仲冠宇，周卫东，等．基于基因表达式编程算法的磨料射流切割深度预测模型［J］．中国石油大学学报（自然科学版），2015（1）：60–65.